Zulässigkeit von Biobanken aus verfassungsrechtlicher Sicht

RECHT & MEDIZIN

Herausgegeben von den Professoren
Dr. Erwin Deutsch, Dr. Adolf Laufs, Dr. Hans-Ludwig Schreiber

Bd./Vol. 77

PETER LANG
Frankfurt am Main · Berlin · Bern · Bruxelles · New York · Oxford · Wien

Ulrike Morr

Zulässigkeit von Biobanken aus verfassungsrechtlicher Sicht

PETER LANG
Europäischer Verlag der Wissenschaften

Bibliografische Information Der Deutschen Bibliothek
Die Deutsche Bibliothek verzeichnet diese Publikation in der
Deutschen Nationalbibliografie; detaillierte bibliografische
Daten sind im Internet über <http://dnb.ddb.de> abrufbar.

Zugl.: Halle-Wittenberg, Univ., Diss., 2005

Gedruckt auf alterungsbeständigem,
säurefreiem Papier.

3
ISSN 0172-116X
ISBN 3-631-54604-1
© Peter Lang GmbH
Europäischer Verlag der Wissenschaften
Frankfurt am Main 2005
Alle Rechte vorbehalten.

Das Werk einschließlich aller seiner Teile ist urheberrechtlich
geschützt. Jede Verwertung außerhalb der engen Grenzen des
Urheberrechtsgesetzes ist ohne Zustimmung des Verlages
unzulässig und strafbar. Das gilt insbesondere für
Vervielfältigungen, Übersetzungen, Mikroverfilmungen und die
Einspeicherung und Verarbeitung in elektronischen Systemen.

Printed in Germany 1 2 3 4 5   7

www.peterlang.de

Vorwort

Die vorliegende Arbeit wurde im Wintersemester 2004/2005 von der Juristischen Fakultät der Martin-Luther-Universität Halle-Wittenberg als Dissertation angenommen.

Mein herzlicher Dank gilt zunächst meinem Doktorvater, Herrn Professor Dr. Winfried Kluth, für die wertvolle Betreuung und die Erstellung des Erstgutachtens. Er stand mir beim Entstehen dieser Arbeit stets konstruktiv mit Rat zur Seite. Zu Dank verpflichtet bin ich außerdem Herrn Professor Dr. Hans Lilie für die Erstellung des Zweitgutachtens sowie den Professoren Schreiber, Laufs und Deutsch für die Aufnahme der Arbeit in die von ihnen herausgegebene Reihe „Medizin und Recht".

Mein besonderer Dank gebührt meinen Eltern, die mich nicht nur während meines Promotionsvorhabens in jedweder Art und Weise gefördert haben und derer Unterstützung ich mir immer sicher sein kann. Schließlich danke ich Patrick, meiner Schwester und meinen Freunden für ihre offenen Ohren und ihre unterstützenden Worte.

Münster, im Juli 2005

Ulrike Morr

Inhaltsverzeichnis

1. Teil: Einführung 1
   A) Anlass der Untersuchung 1
   B) Anliegen der Untersuchung 2

2. Teil: Grundlagen 3
   A) Inhalt von Biobanken 3
   B) Nutzen von Biobanken 3
      I. Entwicklung in der Humangenomforschung 4
         1) Begriff des Gens 5
         2) Begriff des Genoms 5
         3) Begriff der Genomanalyse 6
            a) Direkte DNA-Analyse 6
            b) Indirekte DNA-Analyse 7
      II. Populationsgenetik und Pharmakogenomik 7
         1) Populationsgenetik 7
         2) Pharmakogenomik 9
   C) Erscheinungsformen von Biobanken 10
      I. Krankheits- und populationsbezogene Biobanken 10
      II. Private und öffentliche Biobanken 11
         1) Staatliche Biobanken 11
         2) Private Biobanken 11
         3) Public-Private-Partnerships 11
            a) Betriebsführungsmodell 12
            b) Betreibermodell 12
            c) Konzessionsmodell 12
            d) Beteiligungsmodell 12

III. Beispiele für bereits existierende Biobanken 13
    1) Das isländische Genomprojekt 13
    2) Aufbau einer Biobank in Estland 15
    3) Errichtung einer Biobank in Großbritannien 17
    4) Biobank des US-Biotechnologieunternehmens „DNA-Science" 18
    5) Biobank des Herzzentrums Ludwigshafen 19

3. Teil: Verfassungsrechtliche Anforderungen an Biobanken 21
  A) Europäischer Grundrechtsschutz 21
    I. EMRK 21
    II. Europäische Grundrechts-Charta 22
  B) Grundrechte des Grundgesetzes als Prüfungsmaßstab 23
    I. Öffentlich-rechtliche Biobanken 24
    II. Privatrechtliche Biobanken 24
  C) Grundrechte des Datenspenders 26
    I. Garantie der Menschenwürde, Art. 1 I GG 26
        1) Grundrechtscharakter des Art. 1 I GG 26
        2) Schutzbereich 27
            a) Positiver Definitionsansatz 27
            b) Negativer Definitionsansatz 28
        3) Beeinträchtigung der Menschenwürde durch die Erhebung,
            Speicherung und Nutzung von Daten und Körpersubstanzen
            in einer Biobank 29
    II. Recht auf informationelle Selbstbestimmung, Art. 2 I i.V.m.
    Art. 1 I GG 31
        1) Persönlicher Schutzbereich 31
            a) Vor der Geburt 32
            b) Nach dem Tod 32

2) Sachlicher Schutzbereich 33
   a) Begriff der „persönlichen Daten" 34
   b) Schutz von Blut- und Gewebeproben 36
   c) Zusammenfassung 38
3) Eingriff 38
   a) Eingriffsmöglichkeiten bei einer staatlichen Biobank 38
      (1) Staatliche Datenerhebung 39
      (2) Staatliche Datenverarbeitung 39
      (3) Weitergabe von Daten aus einer staatlichen Biobank 40
         (a) Angehörige 40
         (b) Arbeitgeber 41
         (c) Versicherungsunternehmen 41
         (d) Zugangsinteresse des Staates 42
   b) Eingriffsmöglichkeiten bei einer privaten Biobank 43
   c) Verantwortung des Staates für privates Handeln 44
      (1) Unterlassen von Schutzpflichten als Eingriff 44
      (2) Verletzung eines Schutzanspruches 45
III. Recht auf Nichtwissen, Art. 2 I i.V.m. Art. 1 I GG 47
  1) Schutzbereich 47
  2) Eingriff 48
IV. Recht auf körperliche Unversehrtheit, Art. 2 II 1 GG 50
  1) Schutzbereich 50
  2) Eingriff 51
V. Freiheit der Ehe und Familie, Art. 6 I und II GG 52
  1) Schutzbereich 52
  2) Eingriff 52
VI. Eigentumsrecht, Art. 14 I GG 53
  1) Schutzbereich 53

a) Eigentumsfähigkeit von Blut- und Gewebeproben 54

(1) Analoge Anwendung des § 953 BGB 55

(2) Aneignungsrecht 55

(3) Kombinationslösung 56

b) Eigentumsfähigkeit von Körpersubstanzen Verstorbener 56

c) Eigentumsfähigkeit der gesammelten Daten 57

2) Eingriff 58

VII. Berufsfreiheit, Art. 12 I GG 59

1) Schutzbereich 59

2) Eingriff 59

VIII. Diskriminierungsverbot, Art. 3 I GG 61

1) Anwendbarkeit des allgemeinen Gleichheitsgrundsatzes 61

2) Unzulässige Ungleichbehandlung 61

IX. Zusammenfassung 63

D) Grundrechte der Forscher und Betreiber von Biobanken 63

I. Recht auf Freiheit der Forschung, Art. 5 III GG 63

1) Persönlicher Schutzbereich 63

2) Sachlicher Schutzbereich 64

3) Eingriff 66

II. Berufsfreiheit, Art. 12 I GG 66

1) Schutzbereich 66

2) Verhältnis zu Art. 5 III GG 66

3) Eingriff 67

III. Zusammenfassung 67

E) Grundrechte Dritter 67

I. Allgemeines Persönlichkeitsrecht bzw. Recht auf informationelle
Selbstbestimmung, Art. 2 I i.V.m. Art. 1 GG 68

II. Recht auf Nichtwissen, Art. 2 I i.V.m. Art. 1 GG 69

III. Recht auf körperliche Unversehrtheit, Art. 2 II S. 1 GG 69
IV. Freiheit der Ehe und Familie, Art. 6 I und II GG 70
V. Diskriminierungsverbot, Art. 3 I GG 70
F) Kollision der betroffenen Grundrechte 70

4. Teil: Lösungsansätze für den Interessenkonflikt 73
A) „Informed Consent" als Rechtfertigung der potentiellen Grundrechtseingriffe 73
   I. Zulässigkeit einer Einwilligung 73
      1) Herleitung der Zulässigkeit 74
      2) Gesetzesvorbehalt als Zulässigkeitsschranke 76
      3) Einwilligung in Grundrechtsbeeinträchtigungen im Privatrecht 77
   II. Wirksamkeitsvoraussetzungen einer Einwilligung 78
      1) Freiwilligkeit der Einwilligung 79
      2) Aufklärung des Einwilligenden 80
         a) Rechtsgrundlage der Aufklärungspflicht 81
         b) Inhalt der Aufklärung 81
      3) Form und Zeitpunkt der Einwilligung 82
      4) Einwilligungsfähigkeit 84
         a) Begriff der Einwilligungsfähigkeit 84
            (1) Einwilligungsfähigkeit im Privatrecht 84
            (2) Einwilligungsfähigkeit im öffentlichen Recht 85
         b) Probleme bei Nicht-Einwilligungsfähigen 86
            (1) Definition von Einwilligungsunfähigkeit 86
            (2) Medizinische Forschung mit Einwilligungsunfähigen 88
            (3) Besondere Schutzbestimmungen für Einwilligungsunfähige 89
                (a) Subsidiarität 90
                (b) Bedeutung des Forschungsvorhabens 90

(c) Nutzen-Risiko-Abwägung 91
(d) Einwilligung des gesetzlichen Vertreters 91
(e) Zustimmung einer Ethikkommission 93
c) Stellungnahme 94
III. Inhaltliche Reichweite einer Einwilligung 95
1) Enge Zweckbindung 96
2) Blankoeinwilligung 96
3) Vermittelnde Lösung 97
IV. Widerrufsrecht des Datenspenders 99
V. Zusammenfassung 100
B) Erlass eines Spezialgesetzes für Biobanken 102
I. Notwendigkeit einer gesetzlichen Rechtsgrundlage 102
1) Vorbehalt des Gesetzes 102
2) Grundrechtliche Schutzpflichten 103
3) Erforderlichkeit eines Spezialgesetzes 104
a) BDSG und LDSG 104
b) Allgemeines „genetisches" Datenschutzrecht oder Biobank-Gesetz 106
II. Gesetzgebungskompetenz 107
1) Ausschließliche Gesetzgebungskompetenz des Bundes 107
2) Konkurrierende Gesetzgebungskompetenz 108
a) Art. 74 I Nr. 13 GG 108
b) Art. 74 I Nr. 19 GG 108
c) Art. 74 I Nr. 26 GG 109
d) Art. 72 II GG 110
e) Ergebnis 110
III. Inhalt des Gesetzes 111
1) Bereits bestehende Rechtsgrundlagen 111

a) Internationale Bestimmungen und Erklärungen 111
  (1) Die Menschenrechtskonvention zur Biomedizin 112
  (2) Allgemeine Erklärung der UNESCO über das menschliche
      Genom und Menschenrechte 114
  (3) Deklaration des Weltärztebundes von Helsinki 115
      (a) Neufassung der Deklaration von Helsinki 115
      (b) Deklaration zu ethischen Aspekten in Bezug auf medi-
          zinische Datenbanken, 2002 117
  (4) Leitlinien des internationalen Humangenomprojekts 118
  (5) Richtlinien des Medical Research Council, Großbritannien 119
b) Nationale Bestimmungen 122
  (1) Krebsregistergesetze der Bundesländer 122
  (2) Datenschutzkonzepte existierender Kompetenznetze 123
  (3) Regelungsvorschläge der Konferenz der Datenschutz-
      beauftragten zur Selbstbestimmung bei genetischen
      Untersuchungen 125
c) Spezialgesetze zu Biobanken anderer Länder 126
  (1) Act on a Health Sector Database, Island 127
  (2) Gesetz über die Humangenforschung, Estland 128
  (3) Biobanks (Health Care) Act, Schweden 129
2) Einzelne inhaltliche Aspekte 131
  a) Generelle Zulässigkeit von Biobanken 131
  b) Verwendungszweck von Biobanken 132
  c) Diskriminierungsverbot 132
  d) Rechtsträgerschaft 133
  e) Verfahren der Erhebung und Speicherung der Daten und
     Proben 134
    (1) Anonymisierung der Daten und Proben 135

XIII

(a) Definition von Anonymität 135
(b) Zweckmäßigkeit einer Anonymisierung 136
(2) Pseudonymisierung der Daten und Proben 136
(a) Definition von Pseudonymität 136
(b) Pseudonymarten 137
(c) Datentreuhandschaft 137
(3) Einwilligung des Datenspenders 139
(a) Wirksamkeitsvoraussetzungen 140
(b) Ausnahmen 141
f) Dauer der Speicherung und Nutzung 142
g) Zugangsrechte 143
(1) Datenspender 143
(2) Angehörige 144
(3) Andere Forschungseinrichtungen 145
(4) Staatliche Behörden 147
(5) Versicherungen 148
(6) Arbeitgeber 149
h) „benefit sharing" 151
(1) Privilegierter Zugang zu neuen Therapien 152
(2) Finanzieller Ausgleich 152
(3) Zahlung in Fonds 153
i) Forschungsgeheimnis 154
j) Kontrollinstanzen 155
(1) Überwachung des Betriebs 156
(2) Begutachtung durch eine Ethikkommission 156
IV. Zusammenfassung 157

5. Teil: Schlussbetrachtungen 159

6. Teil: Zusammenfassende Thesen 161

Literaturverzeichnis 163

1. Teil: Einführung

A) Anlass der Untersuchung

Krankheiten wie Aids, Alzheimer, Asthma, Diabetes, Depressionen, Herzerkrankungen, verschiedene Krebsarten und Parkinson zählen gegenwärtig bereits zu den sogenannten „Volkskrankheiten", an denen ein großer Teil der Weltbevölkerung leidet. Für die Erforschung dieser Krankheitsarten und zur Ermittlung ihrer Ursachen ist die medizinische Forschung unverzichtbar. Um jedoch in diesem Bereich aussagekräftige Fortschritte erzielen zu können, sind Forschungsprojekte im Bereich der öffentlichen Gesundheit auf eine weit umfassende Menge von Daten über Patienten, über ihre Krankheitsverläufe und über die Versorgungsmethoden angewiesen.[1]

Die negativen Erfahrungen mit klinischen Prüfungen aus der Zeit des Dritten Reiches[2] spielen in der heutigen Diskussion über die Zulässigkeit medizinischer Forschung weiterhin eine entscheidende Rolle.[3] Die Angst vor einer undurchschaubaren hochtechnisierten Medizin und vor einem Missbrauch der eigenen persönlichen Daten führt zu der verbreiteten Ansicht, dass medizinische Forschung etwas ist, „wovor man sich in Acht nehmen muss".[4] Auf der anderen Seite verlangt die Gesellschaft gerade aber auch Fortschritte im Kampf gegen die bereits genannten Massenkrankheiten.[5]

Die medizinische Forschung dient zuvorderst dazu, kranke Menschen zu heilen bzw. neue Behandlungsmöglichkeiten für Krankheiten zu erforschen.[6] Gerade die Fortschritte in der humangenetischen Forschung, der modernen Technik und der damit verbundenen Datenverarbeitung haben in den letzten Jahren immer wieder zu neuen Formen wichtiger wissenschaftlicher Hilfsmittel geführt. Der

---

[1] *Schrell/Heide*, GRUR Int. 2001, S. 304; *v. Ferber*, Jahrbuch für Wissenschaft und Ethik 2000, S. 211 (220).
[2] Siehe dazu den Nürnberger Kodex von 1947, welcher im Anschluß an den Nürnberger Ärzteprozess als Reaktion auf die gewissenlosen Menschenversuche und den Massenmord an psychisch kranken und behinderten Menschen im Nationalsozialismus erlassen wurde, NJW 1947, S. 377.
[3] *Elzer*, MedR 1998, S. 122 (123).
[4] *Helgesson*, in: Biobanks as resources for health, S. 152; *Wolfslast*, KritV 1998, S. 74 (78).
[5] *Wolfslast*, KritV 1998, S. 74 (85).
[6] *Zentrale Ethikkommission bei der Bundesärztekammer (ZEKO)*, Jahrbuch für Wissenschaft und Ethik 2000, S. 451.

Aufbau von sogenannten „Biobanken" stellt dabei die jüngste Möglichkeit dar, Informationen für die medizinische und pharmazeutische Forschung zu gewinnen.

B) Anliegen der Untersuchung

Bei der zu untersuchenden Frage der Zulässigkeit von Biobanken in Deutschland stellen sich für die Rechtswissenschaft und insbesondere für das in vielen Aspekten verfassungsrechtlich geprägte Datenschutzrecht neue Fragen.[7] Durch den Aufbau von Biobanken ergibt sich ein Spannungsfeld insbesondere zwischen dem Recht der betroffenen Datenspender auf informationelle Selbstbestimmung, dem Allgemeininteresse an einer fortschrittlichen medizinischen Forschung und den Forschungsinteressen der Datennutzer. Ziel dieser Arbeit ist die Untersuchung, ob und unter welchen Voraussetzungen diese sich entgegenstehenden Interessen und Rechte aus verfassungsrechtlichem Blickwinkel in Einklang zu bringen sind.

Im Folgenden sollen dazu einführend im 1. Teil der Begriff, Nutzen und die Erscheinungsformen einer Biobank näher erläutert werden, sowie einige bereits existierende Biobankprojekte vorgestellt werden. Diesem schließt sich in einem 2. Teil eine Ausarbeitung der verfassungsrechtlichen Anforderungen an eine Biobank an. So wird aufgezeigt, welche einzelnen grundrechtlich geschützten Belange der jeweiligen Beteiligten durch den Aufbau und Betrieb einer Biobank betroffen sein können. Im abschließenden 3. Teil der Arbeit werden dann Lösungsansätze für den aufgeworfenen Interessenkonflikt erarbeitet. Mittelpunkt der Untersuchung sind dabei die Einwilligung der Daten- und Probenspender sowie der Erlass eines deutschen Spezialgesetzes zu Biobanken.

---

[7] *Schimmelpfeng-Schütte*, MedR 2003, S. 214.

2. Teil: Grundlagen

A) Inhalt von Biobanken

Bei Biobanken handelt es sich um eine spezielle neue Form von medizinischen Datenbanken. Biobanken unterscheiden sich von den bisherigen Erscheinungsformen medizinischer Datenbanken insofern, als sie neben der langfristigen Aufbewahrung von Substanzen des menschlichen Körpers, wie Zellmaterial, Gewebeproben, Blutproben oder Organe, zusätzlich auch die Speicherung der aus dem biologischen Material gewonnenen genetischen Daten ermöglichen.[8] Des weiteren werden in Biobanken auch Angaben des Datenspenders über seine bisherigen Krankheitsverläufe und über seine Verwandschaftsverhältnisse gesammelt, sowie über Verhaltensmerkmale, ob er zum Beispiel raucht oder an Schlafmangel leidet. Die Besonderheit der Biobanken liegt somit in der Zusammenführung der Körpersubstanzen mit den dazugehörigen genetischen Informationen und den allgemeinen Angaben zum Gesundheitszustand und zum Lebensstil der betroffenen Personen.[9] Der Vorteil solcher umfassenden Datenbanken liegt in der parallelen Speicherung der genannten verschiedenen Datenarten. Sie alle können für sich allein gesehen aber gerade im Zusammenspiel Ursache für die zu untersuchenden Krankheiten sein. Die Möglichkeit, nur auf eine statt auf eine Vielzahl von Datenbanken zurückgreifen zu müssen, stellt eine Erleichterung für die Forschung dar und erhöht gleichzeitig die Vielfalt der Auswertung.

B) Nutzen von Biobanken

Bereits seit Anfang des 20. Jahrhunderts gibt es medizinische Datenbanken zu den verschiedensten Zwecken. So wurden beispielsweise schon damals in mehreren Ländern Register mit an Tuberkulose Erkrankten erstellt, um auf diese Weise die Ursache und Verbreitung dieser Krankheit zu verfolgen.[10] Biobanken stellen die zeitlich jüngste Art einer Informationsquelle für die medizinische und pharmazeutische Forschung dar. Im Bereich der biomedizinischen Forschung sind neben rein patientenorientierten Versuchen vor allem Versuche mit nur mittelbarem Nutzen für den Probanden, Forschungsprojekte mit gruppenspezifi-

---

[8] *Helgesson*, in: Biobanks as resources for health, S. 149; *Wellbrock*, MedR 2003, S. 77 (79); *Rabbata*, Dt.Ärztebl. 2002, S. 1571; *Engels*, Wortprotokoll der Jahrestagung des Nationalen Ethikrates zum Thema Biobanken vom 24.10.2002, S. 2.
[9] *Schneider*, Biobanken im Spannungsfeld zwischen Gemeinwohl und partikularen Interessen, S. 1; Gemeinsame Erklärung des Nationalen Ethikrates und des Comité consultatif national d'éthique Frankreichs vom 02.10.2003, S. 1.
[10] *Chadwick/Berg*, Nature 2001, S. 318; so auch *Schneider*, Biobanken im Spannungsfeld zwischen Gemeinwohl und partikularen Interessen, S. 1.

schem Nutzen und die rein fremdnützige Forschung zu unterscheiden.[11] Forschungsprojekten mit Daten und Proben aus einer Biobank ist ein gruppenspezifischer Nutzen zuzusprechen, ist es doch ihr Ziel, Erkenntnisse über Ursachen und neue Behandlungsmethoden für genetisch bedingte Krankheiten zu gewinnen. Sie dienen damit nicht zur Erforschung der Funktionen einzelner Gene, sondern sollen helfen, Zusammenhänge zwischen Gendefekten und auftretenden Krankheiten zu verstehen.[12] Es werden also Erkenntnisse gewonnen, die nicht primär dem betroffenen Spender, sondern all den Personen dienen sollen, die sich in der gleichen Altersgruppe befinden oder die von der gleichen Krankheit betroffen sind.[13]

Die Bedeutung von Biobanken in der heutigen Forschung steht im engen Zusammenhang mit der raschen Entwicklung in der Humangenomforschung und der darauf aufbauenden Pharmakogenomik und Populationsgenetik.

I. Entwicklung in der Humangenomforschung

Schon seit den 1980er Jahren beschäftigen sich zahlreiche nationale und internationale Kommissionen mit der Erforschung und Diagnose genetisch bedingter Krankheiten. Die Genomforschung kann definiert werden als „die Wissenschaft, die die Verknüpfung zwischen Genstruktur und Genwirkung erkundet". Aus seiner Struktur soll die Funktion des einzelnen Gens abgeleitet werden.[14]

Mit Abschluss des internationalen Projekts zur Aufschlüsselung des menschlichen Genoms, koordiniert von „HUGO" (Human Genom Organization), ist man diesem Ziel sehr nahe gekommen. Mit der vollständigen Sequenzierung des Genoms sind Forscher nun in der Lage, den Vergleich der Erbsubstanz einer großen Zahl von Menschen durchzuführen. Durch diesen Vergleich erhofft sich die Wissenschaft, Ursachen von Krankheiten auf genetischer Ebene zu erkennen.[15] Körperflüssigkeiten, Gewebe sowie die daraus zu gewinnenden genetischen Informationen werden daher in wissenschaftlichen Kreisen als „Gold des 21. Jahrhunderts" gehandelt.[16]

---

[11] *Fröhlich*, Forschung wider Willen?, S. 119; *Jürgens*, KritV 1998, S. 34 (48).
[12] *Lindberg*, in: Biobanks as resources for health, S. 21; *Lowrance*, BMJ 2001, S. 1009; *McEwen/Reilly*, Am.J.Hum.Genet. 1995, S. 1477.
[13] *Taupitz/Fröhlich*, VersR 1997, S. 911 (914); Stellungnahme der *ZEKO*, Dt.Ärztebl. 1997, S. 811.
[14] Bericht des Ausschusses für Bildung, Forschung und Technikfolgenabschätzung zum Thema „Stand und Perspektiven der genetischen Diagnostik", BT-Drs. 14/4656, S. 11.
[15] *Winter*, in: Genmedizin und Recht, S. 7; *Chadwick/Berg*, Nature 2001, S. 318 (319).
[16] *Schneider*, Biobanken im Spannungsfeld zwischen Gemeinwohl und partikularen Interessen, S. 1.

1) Begriff des Gens

Ein Gen ist der aus einer Folge von Nucleotiden der Desoxyribonukleinsäure (DNA)[17] bestehenden Abschnitt eines Chromosoms, der die Informationen für ein bestimmtes Protein speichert.[18] Chromosome wiederum befinden sich in doppelter Ausführung (insgesamt 46 Stück) im Kern jeder menschlichen Körperzelle und stellen die Träger des Erbgutes dar.[19] Insgesamt hat der Mensch ungefähr 100.000 Gene.[20] Jedes dieser Gene ist für eine bestimmte Stoffwechselleistung zuständig. Vereinfacht gesprochen sind Gene Textabschnitte des Genoms, die Bauplan und Steuerungssignal für die verschiedenen Stoffwechselleistungen sind.[21] Ist ein Gen defekt, so kann es nicht seine vorgesehene Leistung erbringen und löst durch diese Störung ein bestimmtes Krankheitsbild aus. Beispielsweise verursacht ein defektes Insulin-Gen die Zuckerkrankheit.[22]

2) Begriff des Genoms

Als Genom wird die gesamte genetische Information einer menschlichen Keimzelle bezeichnet.[23] Es handelt sich somit um die mit Abstand umfassendste Datenbank personenbezogener Informationen, die ein jeder ständig mit sich trägt.[24] Nicht das gesamte Genom enthält jedoch Gene mit lebensnotwendigen Informationen des Erbgutes. Es gibt auch sogenannte „nicht kodierende" Sequenzen, die nach dem momentanen wissenschaftlichen Erkenntnisstand keine persönlichkeitsrelevanten, sondern nur neutrale Informationen enthalten.[25]

---

[17] DNA ist die englische Abkürzung für Desoxyribonukleinsäure (DNS). Da sich „DNA" im allgemeinen Sprachgebrauch als Abkürzung eingebürgert hat, soll im folgenden dieser Begriff benutzt werden.
[18] *Roche-Lexikon Medizin*, unter dem Stichwort „Gen"; *Brückl*, Rechtsfragen zur Verwendung von genetischen Informationen über den Menschen, S. 69.
[19] *Herdegen*, JZ 2000, S. 633; *Roche-Lexikon Medizin*, unter dem Stichwort „Chromosomen".
[20] Bericht des Ausschusses für Bildung, Forschung und Technikfolgenabschätzung zum Thema „Stand und Perspektiven der genetischen Diagnostik", BT-Drs. 14/4656, S. 11.
[21] *Reich*, Jahrbuch Menschenrechte 2003, S. 109.
[22] *Bickel*, VerwArch 87 (1996), S. 169 (171).
[23] *Roche-Lexikon Medizin*, unter dem Stichwort „Genom"; *Brückl*, Rechtsfragen zur Verwendung von genetischen Informationen über den Menschen, S. 69; *Meyer*, ArztR 2001, S. 172 (173).
[24] *Tinnefeld/Ehlmann*, Einführung in das Datenschutzrecht, S. 27; *Steinmüller*, DuD 1993, S. 6 (7).
[25] Zunächst nahm man nur einen kodierenden Anteil von ca. 5% der DNA an. Mittlerweile werden bereits 70 % mit Genen in Verbindung gebracht (siehe *Brückl*, Rechtsfragen zur Verwendung von genetischen Informationen über den Menschen, S. 69; *Tinnfeld/Böhm*, DuD 1992, S. 62 (63)).

3) Begriff der Genomanalyse

Mit Hilfe der Genomanalyse können die menschlichen Erbinformationen entschlüsselt werden und einem oder mehreren Genen zugeordnet werden.[26] Bei der Genomanalyse wird im Gegensatz zu den bisherigen Methoden genetischer Analysen das genetische Material erstmals selbst untersucht.[27] Die Besonderheit der Genomanalyse liegt darin, dass sie nicht erst die Wirkungen genetischer Defekte zeigt, sondern schon die Ursachen.[28] Ausgangspunkt für eine Genomanalyse kann jedes vorhandene Körpermaterial in kleinster Menge sein, wie zum Beispiel Blut, Haar oder Speichel.[29] Um den menschlichen genetischen Code zu entschlüsseln gibt es zwei unterschiedliche Verfahrensarten: die direkte DNA-Analyse und die indirekte DNA-Analyse.

a) Direkte DNA-Analyse

Im Fall der direkten DNA-Analyse müssen, um beim zu untersuchenden Material einen Gendefekt feststellen zu können, der Aufbau und die Lage des die Krankheit auslösenden defekten Gens bekannt sein.[30] Bei diesem Verfahren werden aus einer Zelle DNA-Stränge isoliert und durch Erhitzen in Einzelstränge geteilt. An diesen Einzelsträngen werden dann intakte, künstlich vervielfältigte DNA-Stränge vorbeigeführt. Lagern sich diese an den Einzelsträngen an, so bildet sich ein DNA-Doppelstrang. Dies geschieht nur, wenn die beiden DNA-Fragmente in allen Bausteinen komplementär sind. Findet dagegen keine Anlagerung statt, so ist eine Mutation der zu untersuchenden DNA vorhanden und ein Gendefekt zu bejahen.[31] Mutationen können bereits im Erbgut vorhanden sein, sie können aber, wie zum Beispiel bei Krebserkrankungen, auch erst während des Lebens durch schädliche Umwelteinflüsse entstehen.[32]

---

[26] *Brückl*, Rechtsfragen zur Verwendung von genetischen Informationen über den Menschen, S. 70.
[27] *Bickel*, VerwArch 87 (1996), S. 169 (176). Die phänotyoische Genanalyse beruhte beispielsweise ausschließlich euf einem auffällig veränderten Erscheinungsbild.
[28] *Stumper*, Informationelle Selbstbestimmung und DNA-Analysen, S. 40.
[29] *Meyer*, ArztR 2001, S. 172 (173).
[30] *Brückl*, Rechtsfragen zur Verwendung von genetischen Informationen über den Menschen, S. 74; *Tinnefeld/Böhm*, DuD 1992, S. 62 (63).
[31] *Hofmann*, Rechtsfragen der Genomanalyse, S. 9; *Vollmer*, Genomanalyse und Gentherapie, S. 21.
[32] *Reich*, Jahrbuch Menschenrechte 2003, S. 109 (110).

b) Indirekte DNA-Analyse

Auch wenn die Struktur des der Krankheit zugrundeliegenden Gens nicht bekannt ist, können auch bei diesen Genen die krankheitsverursachenden Veränderungen untersucht werden und zwar durch eine indirekte DNA-Analyse. Gegenstand dieser Analyse ist der sogenannte „genetische Marker" innerhalb der Nachbarschaft der betreffenden Gene.[33] Diesem liegt die Erkenntnis zugrunde, dass Genmutationen häufig miteinander gekoppelt auftreten, somit in unmittelbarer Nähe zueinander liegen.[34] Je geringer die Entfernung des genetischen Markers zum defekten Gen ist, desto eher werden sie gemeinsam vererbt.[35] Kennt man somit einen mit einem Gendefekt gekoppelten Marker, so wird bei der indirekten DNA-Analyse infolgedessen aus dem Vorliegen des bekannten Gendefekts auf weitere „benachbarte" Genmutationen geschlossen. Dieses Verfahren ist demzufolge mit einer gewissen Unsicherheit behaftet, und es lassen sich nur Wahrscheinlichkeitsvermutungen aufstellen.[36]

II. Populationsgenetik und Pharmakogenomik

Die sogenannte „Populationsgenetik" und „Pharmakogenomik" sind seit der Entschlüsselung des menschlichen Genoms die zwei bedeutsamsten Wachstumsbranchen in der humangenetischen Forschung und damit die interessantesten Anwendungsbereiche für Biobanken.[37]

1) Populationsgenetik

Die Populationsgenetik basiert auf der Annahme, dass häufig auftretende Krankheiten auf ein Zusammenspiel von Umwelteinflüssen, genetischen Faktoren und der Lebensweise der Patienten zurückzuführen sind.[38]
Bislang wurde versucht, nach einer Diagnose am Krankenbett die Entwicklung der Krankheit mit Hilfe von Laboruntersuchungen in Form einer Prognose vorauszusagen.[39] Bei Krankheiten mit überwiegend chronischen Gesundheitsproblemen, wie beispielsweise Asthma, Allergien, chronisch-entzündliche Darmer-

---

[33] *Hofmann*, Rechtsfragen der Genomanalyse, S. 10; *Tinnefeld/Böhm*, DuD 1992, S. 62 (63).
[34] *Tjaden*, Genanalyse als Verfassungsproblem, S. 68; *Vollmer*, Genomanalyse und Gentherapie, S. 21.
[35] *Tjaden*, Genanalyse als Verfassungsproblem, S. 68.
[36] *Hofmann*, Rechtsfragen der Genomanalyse, S. 10.
[37] Bericht des Ausschusses für Bildung, Forschung und Technikfolgenabschätzung zum Thema „Stand und Perspektiven der genetischen Diagnostik", BT-Drs. 14/4656, S. 19.
[38] *Schroeder/Williams*, Ethik in der Medizin 2002, S. 84 (85); *Lowrance*, BMJ 2001, S. 1009 (1010).
[39] *Tinnefeld*, ZRP 2000, S. 10.

krankungen (Morbus Crohn), Herz-Kreislauf-Erkrankungen wie Herzinsuffizienz, Herzrythmusstörungen oder Bluthochdruck wird seit geraumer Zeit ein genetischer Zusammenhang vermutet.[40] Innerhalb der bislang etwa 400 genetisch bedingten Krankheiten[41] unterscheidet man zwischen monogenen (Folge eines bestimmten Gendefekts) und polygenen (Folge verschiedener Mutationen) Erkrankungen.[42]

Ziel der humangenetischen Forschung ist es, genetisch bedingte gesundheitliche Beeinträchtigungen so frühzeitig und wirksam wie möglich zu erkennen und ihnen entgegenzuwirken.[43] Für die Aufklärung der Entstehung solcher Krankheiten spielt die Variation innerhalb des Genoms eine entscheidende Rolle.[44] In einer Studie über genetische Zusammenhänge bei Brust- und Gebärmutterkrebs ist es Forschern bereits gelungen, das krankheitsverursachende Gen zu finden. So sollen diese Krebsformen durch eine Mutation der Gene BRCA1 und BRCA2 ausgelöst werden. Das heißt, Frauen, in deren Familien bereits mehrere Fälle von Brust- oder Gebärmutterkrebs aufgetreten sind, tragen somit ein erhöhtes Risiko, selbst an Brust- oder Gebärmutterkrebs zu erkranken.[45]

Mit der neuen Möglichkeit, die Beschaffenheit der Gene des einzelnen Menschen durch eine Genomanalyse testen zu können, kann nun der biologische Beweis für erblich bedingte Krankheiten schon vor ihrem Ausbruch erbracht werden. Zu beachten bleibt aber, dass durch das Ergebnis einer Genomanalyse zwar der Ausbruch einer genetisch bedingten Krankheit feststeht, der tatsächliche Zeitpunkt jedoch ungewiss ist. Mit Hilfe der Fortschritte in der Humangenomforschung können folglich derzeit gesunde Menschen oder deren Nachkommen als „zukünftig" kranke Menschen qualifiziert werden.[46]

Es ist die Aufgabe der Populationsgenetik, präventive Maßnahmen zur Verhinderung eines Krankheitsausbruchs zu erforschen. Gerade zu ihrer Erfüllung sind Biobanken von großem Nutzen, denn Forscher sind auf fremde Daten angewiesen, um ihre Forschungsvorhaben effizient durchführen zu können.[47] Nur durch den Vergleich einer großen Datenmenge über Krankheitsverläufe, Umweltein-

---

[40] *Brückl*, Rechstfragen zur Verwendung von genetischen Informationen über den Menschen, S. 77; *Schreiber/Lehrach*, in: Das Nationale Genomforschungsnetz, S. 17.
[41] *Damm*, MedR 2004, S. 1.
[42] *Brückl*, Rechtsfragen zur Verwendung von genetischen Informationen über den Menschen, S. 72; *Laage-Hellman*, in: Biobanks as resources for health, S. 53.
[43] *Schuster*, in: Genetische Untersuchungen und Persönlichkeitsrecht, S. 35 (36).
[44] Bericht des Ausschusses für Bildung, Forschung und Technikfolgenabschätzung zum Thema „Stand und Perspektiven der genetischen Diagnostik", BT-Drs. 14/4656, S. 5.
[45] Ausführlich dazu siehe *King/Marks/Mandell*, Science 2003, S. 643 ff.
[46] *Tinnefeld*, ZRP 2000, S. 10 (11).
[47] *Tinnefeld*, RDV 1995, S. 22.

flüsse und Lebensstile können genauere Risikofaktoren und dementsprechende Vorsorgemaßnahmen für die genannten „Volkskrankheiten" ermittelt werden.[48]

2) Pharmakogenomik

Schwerpunkt der Pharmakogenomik ist es, die Verträglichkeit und Effektivität von Medikamenten in Abhängigkeit der genetischen Konstitution zu untersuchen.[49] Es wird angenommen, dass Veränderungen des Gens oder Variationen der Struktur bestimmter Gene eine veränderte Reaktion auf die Einnahme von Arzneimitteln bewirken können. Dies kann wiederum beim einzelnen zu einer abgeschwächten oder verstärkten Wirkung des Medikaments oder zu spezifischen Nebenwirkungen führen.[50]

Ziel der pharmakogenetischen Forschung ist es daher, nach Analyse von genetisch bedingten Unterschieden in der Abbaufähigkeit oder Reaktion auf chemische Stoffe spezielle Medikamente für bestimmte Patientengruppen entwickeln zu können. Ferner soll auf diese Weise unter den vorhandenen Medikamenten für den einzelnen die bestmögliche, das heißt die mit minimalsten Nebenwirkungen verbundene Behandlung ausgewählt werden können.[51] Als erstes „maßgeschneidertes" Medikament auf dem Markt gilt das Arzneimittel „Herceptin". Dieses Medikament darf seit 2000 zur Behandlung einer bestimmten Brustkrebsart an solche Patientinnen verschrieben werden, die aufgrund ihrer genetischen Veranlagung ein bestimmtes Protein, den sogenanten HER2-Rezeptor, im Tumorgewebe aufweisen.[52]

Auch der Bereich der Pharmakogenetik ist folglich auf die Verfügbarkeit einer großen Sammlung menschlicher Zellen und genetischer Daten angewiesen.[53]

---

[48] So auch der Britische Medizinische Forschungsrat zur UK-Biobank auf seiner Homepage unter *www.mrc.ac.uk/index/public-interest/public-news/public-news_archive/public-news _archive_1_2002/public-biobank_uk.htm*, abgerufen am 25.08.2004.
[49] *Kern*, in: Genetische Untersuchungen und Persönlichkeitsrecht, S. 55 (57); *Damm*, MedR 2004, S. 1; *Görlitzer*, BIOSKOP Nr. 17, März 2002, S. 8; *Schroeder/Williams*, Ethik in der Medizin 2002, S. 84 (85); *Lowrance*, BMJ 2001, S. 1009 (1010).
[50] *Paul/Ganten*, in: Das Nationale Genomforschungsnetz, S. 25; *Winter*, in: Genmedizin und Recht, S. 34; *Paul/Roses*, JMM 2003, S. 135 (137); *Schneider*, Jahrbuch Menschenrechte 2003, S. 130 (133).
[51] *Lindberg*, in: Biobanks as resources for health, S. 30; *Schmidtke*, in: Genetische Untersuchungen und Persönlichkeitsrecht, S. 25 (28); *Austin/Harding/McElroy*, Community Genet. 2003, S. 37(38); Bericht des Ausschusses für Bildung, Forschung und Technikfolgenabschätzung zum Thema „Stand und Perspektiven der genetischen Diagnostik", BT-Drs. 14/4656, S. 5.
[52] *Görlitzer*, BIOSKOP Nr. 17, März 2002, S. 8 f.
[53] *Paul/Roses*, JMM 2003, S. 135 (138); *Damm*, JZ 1998, S. 926 (933).

C) Erscheinungsformen von Biobanken

Biobanken lassen sich einerseits nach ihrem Inhalt in sogenannte krankheits- oder populationsbezogene Biobanken unterteilen. Andererseits ist auch eine Differenzierung nach dem Betreiber einer Biobank möglich. So können Biobanken entweder in privater oder in öffentlicher Trägerschaft betrieben werden.

I. Krankheits- und populationsbezogene Biobanken

Krankheitsbasierte Biobanken sind ausschließlich auf die Erforschung einzelner bestimmter Krankheiten hin ausgelegt, wie zum Beispiel eine Datenbank zur Erforschung von Alzheimer.[54] Eine solche spezielle Sammlung, in der genetische Daten und allgemeine Informationen nur von betroffenen Alzheimerpatienten miteinander verknüpft werden, dient folglich ausschließlich der Feststellung, ob das Auftreten von Alzheimer mit genetischen Faktoren zusammenhängt und ob es möglich ist, hierfür neue präventive Diagnose- und Therapiemaßnahmen entwickeln zu können.

In populationsbasierten Biobanken werden hingegen nicht nur die erforderlichen Daten zur Erforschung einer bestimmten speziellen Krankheit erfasst. Die Besonderheit dieser Art von Biobank ist darin zu sehen, dass die genetischen Daten, die Krankheitsdaten und Informationen zu Lifestyle und Umwelt von einer ganzen Bevölkerung gespeichert werden sollen bzw. von einem Teil der Bevölkerung, welcher ein repräsentatives Bild ermöglicht.[55] Der Vorteil einer solchen populationsbezogenen gegenüber einer krankheitsbezogenen Datensammlung liegt darin, dass nicht nur ein kleiner, weniger repräsentativer Ausschnitt von Erkrankten erfasst wird, sondern eine gesamte Bevölkerung in ihrer Vielfalt. Eine populationsbasierte Biobank ist demnach für eine Vielzahl von Forschungszwecken offen.[56]

---

[54] *Schroeder/Williams*, Ethik in der Medizin 2002, S. 84 (85).
[55] *v. Redecker/Reimer*, Jahrbuch für Ostrecht 2001, S. 361 (365).
[56] *Schroeder/Williams*, Ethik in der Medizin 2002, S. 84 (85); *Mullari/v. Redecker/Sild*, WiRO 2001, S. 201 (202).

II. Private und öffentliche Biobanken

Nach ihrer Organisationsform kann es sich bei einer Biobank zum einen um eine staatlich geführte Datenbank handeln, zum anderen kann der Betreiber auch eine private Gesellschaft sein. Daneben kommen Mischformen, sogenannte Public-Private-Partnerships, in Betracht.

1) Staatliche Biobanken

Ist eine Biobank rein staatlich organisiert, liegt der Aufbau und der Betrieb der Daten- und Probensammlung ausschließlich in öffentlicher Hand. Betreiber kann demnach beispielsweise eine staatliche Universität, das Gesundheitsministerium oder eine andere staatliche Behörde sein. Die Finanzierung staatlich organisierter Biobanken wird durch staatliche Gelder oder einen speziellen Fond getragen.

2) Private Biobanken

Wird eine Biobank von einem privaten Forschungsinstitut oder Unternehmen betrieben und verwaltet, handelt es sich um eine private Biobank. Biobanken unter privater Trägerschaft finanzieren sich überwiegend durch den Verkauf der gespeicherten Daten und Proben an andere Forschungseinrichtungen oder durch den Verkauf der aus der Analyse der Daten und Proben gewonnenen Ergebnisse an interessierte Pharmaunternehmen.[57]

3) Public-Private-Partnerships

Als weitere mögliche Organisationsform einer Biobank ist an eine Mischform, an sogenannte Public-Private-Partnerships, zu denken. Unter dem Begriff Public-Private-Partnership werden verschiedene Arten der Kooperation zwischen öffentlicher Verwaltung und Privaten bei der Erfüllung öffentlicher Aufgaben zusammengefasst.[58] Es handelt sich um ein Kombination von staatlicher Aufgabenverantwortung und privater Aufgabenerfüllung.[59] In Bezug auf ihre organisatorische Ausgestaltung und Einsatzbereiche variieren Public-Private-Partnerships von einer informellen Zusammenarbeit, über den Abschluss von Verträgen bis hin zur Gründung gemeinsamer Gesellschaften.[60] Für den Aufbau und Betrieb von Biobanken kommen als Modellformen insbesondere das Betriebsfüh-

---

[57] *Laage-Hellmann*, in: The Use of Biobanks – Ethical, Social, Economical and Legal Aspects, S. 20.
[58] *Becker*, ZRP 2002, S. 303.
[59] *Stober*, in: Wolff/Bachof/Stober, Verwaltungsrecht, § 92 Rn 3.
[60] *Becker*, ZRP 2002, S. 303 (304); *Greiling*, WiSt 2002, S. 339 f.

rungsmodell, das Betreibermodell, dass Konzessionsmodell und das Beteiligungsmodell in Betracht.

a) Betriebsführungsmodell

Bei dem sogenannten Betriebsführungsmodell wird im Rahmen einer öffentlichen Ausschreibung ein Privater ermittelt, der auf vertraglicher Basis gegen Entgelt eine Einrichtung des öffentlichen Auftraggebers in dessen Namen und auf dessen Rechnung betreibt. Betreiber der Einrichtung, also der Biobank, im Außenverhältnis bleibt der öffentliche Auftraggeber.[61]

b) Betreibermodell

Im Vergleich zu dem bereits genannten Betriebsführungsmodell übernimmt der Private beim Betreibermodell nur bestimmte Teilaufgaben der öffentlichen Einrichtung gegen Entgelt, bei Biobanken beispielsweise nur die Analyse der gesammelten Daten und Proben. Es handelt sich dabei lediglich um eine Art technische Erfüllungshilfe. Im Außenverhältnis zum Bürger, also zum Datenspender, tritt nur der öffentliche Träger der Einrichtung auf.[62]

c) Konzessionsmodell

Von dem unselbständigen Betreibermodell zu unterscheiden ist das sogenannte Konzessionsmodell. Danach ist der Private vertraglich nicht nur für die Planung und Errichtung der öffentlichen Einrichtung, vorliegend der Biobank, zuständig, er tritt auch insgesamt im Verhältnis zum Bürger als Betreiber der Biobank in Erscheinung.[63] Diesem Modell zufolge trägt der Konzessionär als privater Investor zwar das Nutzungsrisiko der Einrichtung, er erhält jedoch ein Nutzungsrecht, also im Fall des Betriebs einer Biobank die Berechtigung, die Daten und Proben selbst zu verarbeiten und zu verwerten.[64]

d) Beteiligungsmodell

Schließlich kommt für eine Biobank als Organisationsform das Beteiligungs- oder Gesellschaftsmodell in Betracht. Dieses Modell eines Public-Private-Partnerships ist dann gegeben, wenn die Verwaltung mit Privaten zur Erfüllung

---

[61] *Stober*, in: Wolff/Bachof/Stober, Verwaltungsrecht, § 92 Rn 25.
[62] *Becker* beschreibt dieses Modell am Beispiel der Abwasserentsorgung, ZRP 2002, S. 303 (304 f.)
[63] *Greiling*, WiSt 2002, S. 339 (341).
[64] *Stober*, in: Wolff/Bachof/Stober, Verwaltungsrecht, § 92 Rn 27.

der öffentlichen Aufgaben eine Gesellschaft gründet.[65] Die tatsächliche Durchführung, also vorliegend der Betrieb der Biobank, erfolgt bei dieser Konstellation durch den privaten Mitgesellschafter, die öffentliche Hand ist jedoch mehrheitlich am Gesellschaftseigentum beteiligt. Betreiber der öffentlichen Einrichtung im Außenverhältnis ist die Beteiligungsgesellschaft in Form eines gemeinwirtschaftlichen Unternehmens.[66]

III. Beispiele für bereits existierende Biobanken

Weltweit existieren bereits über 400 molekulargenetische Datenbanken.[67] Dabei handelt es sich meist um kleinere krankheitsbezogene Gendatenbanken, die beispielsweise von Krankenhäusern in Zusammenarbeit mit der Pharmaindustrie als Sponsor privat aufgebaut wurden. In einigen wenigen Ländern gibt es jedoch auch groß angelegte populationsbezogene Biobanken. Nachfolgend sollen einige wichtige Beispiele dargestellt werden.

1) Das isländische Genomprojekt

Die isländische Gendatenbank gilt als Vorreiter einer populationsbezogenen, privat geführten Biobank. Ihre Besonderheit liegt in der isländischen Bevölkerung selbst. Die circa 270 000 Köpfe umfassende isländische Bevölkerung ist für genetische Analysen deswegen so interessant, weil seit der Gründung Islands durch die Wikinger im 9. Jahrhundert das isländische Volk aufgrund der geographischen Abgeschiedenheit mehr oder weniger isoliert lebte und somit kaum eine Vermischung mit anderen Völkern stattgefunden hat.[68] Die daraus resultierende genetische Ähnlichkeit der Inselbewohner wollten Wissenschaftler nutzen, um genetischen Ursachen von Krankheiten des Stoffwechsels, des Herz-Kreislauf-Systems und der Psyche auf die Spur zu kommen.[69] Daher schlug 1997 die private, isländische Biotechnologie-Firma „de-Code Genetics"[70] dem isländischen Gesundheitsministerium den Aufbau einer zentralen Gesundheits-

---

[65] *Becker*, ZRP 2002, S. 303 (305).
[66] Siehe dazu *Stober*, in: Wolff/Bachof/Stober, Verwaltungsrecht, § 92 Rn 29; *Greiling*, WiSt 2002, S. 339 (340 f.).
[67] *Schrell/Heide*, GRUR Int. 2001, S. 304 (305, Fn 3); Beschreibung einiger Beispiele bei *Lindberg*, in: Biobanks as resources for health, S. 53.
[68] *Laage-Hellman*, in: Biobanks as resources for health, S. 62; *Schulz*, DuD 2001, S. 12; Bericht des Ausschusses für Bildung, Forschung und Technikfolgenabschätzung zum Thema „Stand und Perspektiven der genetischen Diagnostik", BT-Drs. 14/4656, S. 14.
[69] *Bördlein*, Dt.Ärztebl. 1999, S. 1156.
[70] Initiatoren des Projekts waren zwei Neurologen der Harvard Medical School, Karl Stefánsson und Jeffrey Gulcher, die zuvor bei Forschungsarbeiten 1994 die genetischen Ursachen der multiplen Sklerose entdeckt hatten, siehe *Laage-Hellman*, in: Biobanks as resources for health, S. 62; *Schulz*, DuD 2001, S. 12 (13).

datenbank vor.[71] Am 17.12.1998 verabschiedete das isländische Parlament ein Gesetz zur Errichtung einer Biobank[72], aufgrund dessen die isländische Regierung der Firma „de-Code Genetics" für den Aufbau, die Verwaltung und die Nutzung dieser Gendatenbank eine gebührenpflichtige Lizenz für die Dauer von 12 Jahren erteilte.[73]

Das isländische Genomprojekt sieht die Einrichtung von drei selbständigen Datenbanken vor: einer Gesundheitsdatenbank, einer Biobank mit gesammelten Gewebeproben und einer dritten Datenbank, welche die genealogischen Daten der Probanden erfasst.[74] Alle hierfür erforderlichen Daten werden gem. Art. 7 des „Act on a Health Sector Database" von den Gesundheitsbehörden, Kliniken und niedergelassenen Ärzten in verschlüsselter Form übermittelt und gespeichert.[75] Die drei Datenbanken des isländischen Genomprojekts beruhen damit auf einer automatischen Speicherung der notwendigen Daten durch das Forschungsunternehmen. Entspricht dies nicht dem Willen des Datenspenders, so muss er selbst ausdrücklich verlangen, dass seine personenbezogenen Daten nicht in die Datenbank aufgenommen werden sollen.[76] Man spricht hierbei von einer sogenannten „opt-out"-Einwilligung.[77] Der isländischen Bevölkerung steht somit lediglich ein Widerspruchsrecht zu, um die Speicherung ihrer persönlichen Daten zu verhindern. Zur Ausübung dieses sehr bedeutsamen Rechts sind in allen Gesundheitseinrichtungen und Arztpraxen Informationsmaterial über die Biobank und Widerspruchsformulare erhältlich.[78]

Die Nutzungsrechte der gesammelten Daten liegen prinzipiell allein in der Hand des Lizenzinhabers „de-Code Genetics". Art. 9 des isländischen Gesetzes zur Errichtung einer genetischen Datenbank erlaubt jedoch auch dem isländischen Gesundheitsministerium jederzeit den kostenfreien Zugang zu den Daten zu gesundheitspolitischen Zwecken.[79]

---

[71] *Sokol*, DuD 2001, S. 5.
[72] Der isländische „Act on a Health Sector Database" ist als Anlage abgedruckt.
[73] Vgl. Art. 4 und 5 Nr. 9 des „Act on a Health Sectaor Database"; *Austin/Harding/McElroy*, Community Genet. 2003, S. 37 (39); *Schulz*, DuD 2001, S. 12; Schlussbericht der Enquete-Kommission „Recht und Ethik der modernen Medizin", BT-Drs. 14/9020, S. 151.
[74] *Sootak*, in: Strafrecht, Biorecht, Rechtsphilosophie, S. 869 (870).
[75] *Sokol*, DuD 2001, S. 5 (7); *Gulcher/Stefánson*, N.Engl.J.Med. 2000, S. 1827 (1829); *Bördlein*, Dt.Ärztebl. 1999, S. 1156.
[76] Vgl. Art. 8 des „Act on a Health Sector Database".
[77] *Laage-Hellman*, in: Biobanks as resources for health, S. 64; *Schroeder/Williams*, Ethik in der Medizin 2002, S. 84 (86).
[78] *Sokol*, DuD 2001, S. 5 (7); *Gulcher/Stefánsson*, N.Engl.J.Med. 2000, S. 1827.
[79] *Bördlein*, Dt.Ärztebl. 1999, S. 1156.

Mit einer Summe von 200 Mio. Dollar ist das Pharmaunternehmen Hoffman-La Roche an dem isländischen Genomprojekt finanziell beteiligt. In dem auf fünf Jahre angelegten Kooperationsvertrag mit „de-Code Genetics" hat sich Hoffman-La Roche für einzelne Forschungsvorhaben die exklusive Nutzung der Forschungsergebnisse gesichert. Im Gegenzug hat sich das Unternehmen sowohl zur Zahlung der Beteiligung, als auch zu einer freien Abgabe von Medikamenten, die aufgrund der Forschung mit den Daten entwickelt werden, an die isländische Bevölkerung verpflichtet.[80]

Der Aufbau der isländischen Biobank wird in der öffentlichen Diskussion stark kritisiert.[81] So sei zum einen die Privatsphäre des einzelnen Spenders nicht ausreichend geschützt. Zwar versuche der Betreiber die Daten so zu anonymisieren, dass eine Reidentifizierung nicht möglich scheint, jedoch bliebe bei einer so kleinen Bevölkerung und bei seltenen Krankheiten immer ein großes Risiko, den Datenspender ausfindig zu machen. Zum anderen zerstöre die automatische Speicherung der Daten das Arzt-Patienten-Verhältnis, indem der Arzt verpflichtet wird ohne Rücksprache mit dem Patienten die Krankheitsdaten weiterzugeben. Schließlich wird auch die Monopolstellung des Unternehmens „de-Code Genetics" kritisiert. Auf diese Weise würde den übrigen Forschungseinrichtungen in Island die Möglichkeit genommen, Zugang zu den Daten zu bekommen und eigene Forschungsprojekte zu betreiben.[82]

2) Aufbau einer Biobank in Estland

Am 13.12.2000 wurde vom Estnischen Parlament das „Gesetz über die Humangenforschung"[83] verabschiedet, welches am 08.01.2001 in Kraft trat. Ziel dieses Gesetzes ist es, die genetische Forschung am Menschen zu organisieren und den Aufbau einer Biobank zu sichern. Mit einer Unterstützung von 90 % der 1,45 Mio. Einwohner soll damit die bislang größte populationsbasierte Biobank der Welt entstehen (wie bereits erwähnt umfasst die isländische Datenbank im Vergleich nur Daten von ca. 270.000 Menschen).[84]

---

[80] *Schneider*, Jahrbuch Menschenrechte 2003, S. 130; *Schulz*, DuD 2001, S. 12 (13); *Berger*, BMJ 1999, S. 11; Bericht des Ausschusses für Bildung, Forschung und Technikfolgenabschätzung zum Thema „Stand und Perspektiven der genetischen Diagnostik", BT-Drs. 14/4656, S. 14.
[81] *Berger*, BMJ 1999, S. 11.
[82] *Berger*, BMJ 1999, S. 11.
[83] Eine Übersetzung dieses Gesetzes ist abgedruckt in: Jahrbuch für Ostrecht 2001, S. 459 ff.
[84] *Mullari/v. Redecker/Sild*, WiRO 2001, S. 201 (202); *Schrell/Heide*, GRUR Int. 2001, S. 304.

Zweck der estnischen Biobank ist neben der Forschungsförderung, der Datenerfassung und der Statistik vor allem auch die Verbesserung der öffentlichen Gesundheit. Die Gendatenbank soll einerseits der allgemeinen Entwicklung medizinischer Produkte und Behandlungsmethoden dienen, andererseits aber auch einer konkreten individuellen Krankheitsprävention.[85] Während bei der isländischen Biobank die „Reinheit" der isländischen Bevölkerung aus Sicht der Forscher noch als vorteilhaft angesehen wurde, gilt nunmehr das estnische Volk, welches zum Teil auch russischer oder ukrainischer Herkunft ist, für europäische und internationale Forschungsgruppen als wesentlich interessanter. Inzwischen hat sich die Meinung verstärkt, dass gerade zur Erforschung komplizierter Massenkrankheiten wie Krebs, Asthma oder Diabetes, die sich nicht nur auf Mutationen einzelner Gene zurückführen lassen, das genetische Material von vielfältigen Spendergruppen erforderlich ist.[86]

Nach ihrer Organisationsform handelt es sich bei der in Estland geplanten Biobank um eine staatliche geführte Datenbank. Gem. § 3 I des estnischen Gesetzes über die Humangenforschung soll der Betreiber der Biobank eine nichtkommerzielle, vom Staat gegründete Stiftung sein, die dem Geschäftsbereich des Sozialministeriums angehört.[87]

Im Gegensatz zu dem isländischen Genomprojekt soll in Estland nur eine Datenbank errichtet werden, welche sowohl die Gesundheitsdaten, als auch die genetischen und genealogischen Daten der estnischen Bevölkerung enthält. Im Detail werden in der estnischen Biobank sechs verschiedene Arten von genspenderbezogenen Daten gespeichert: die typischen Daten zur Identifzierung einer Person (Name, Geschlecht, Geburtsdatum etc.), die genealogischen Angaben des Spenders (Namen, Geburtsdatum und Verwandschaftverhältnisse der Vorfahren und Nachkommen), eine Beschreibung des Gesundheitszustandes des Spenders (Krankheiten, Allergien, Rauchen, Schlafmangel etc.) Gewebeproben, eine DNA-Beschreibung und die zugeordneten Kodierungsdaten, die eine Rückidentifzierung ermöglichen sollen.[88] Gem. § 12 II des estnischen Gesetzes über die Humangenforschung ist die Teilnahme an dem Aufbau einer Biobank freiwillig. Die Speicherung der Daten muss auf einer förmlichen Zustimmung des Datenspenders basieren, die sowohl bedingungs- als auch befristungsfeindlich ist. Willigt der Genspender ein, so entnimmt die Zentralstelle eine Gewebeprobe

---

[85] *v. Redecker/Reimer*, Jahrbuch für Ostrecht 2001, S. 361 (364).
[86] *Mullari/v. Redecker/Sild*, WiRO 2001, S. 201 (202); so auch *Schneider*, Jahrbuch Menschenrechte 2003, S. 130 (131).
[87] Siehe Abdruck des Estnischen Gesetzes über die Humangenforschung in: Jahrbuch für Ostrecht 2001, S. 459 (460).
[88] *Sootak*, in: Strafrecht, Biorecht, Rechtsphilosophie, S. 869 (870); *v. Redecker/Reimer*, Jahrbuch für Ostrecht 2001, S. 361 (365).

und befragt den Spender über seine Familiengeschichte und seinen Gesundheitszustand. Diese Informationen werden anschließend mittels eines nur der Zentralstelle bekannten Schlüssels kodiert und in der Datenbank gespeichert.[89]

Das Eigentum und damit das Nutzungsrecht an den Gewebeproben und den gespeicherten Daten geht mit Erhebung an den Betreiber der Biobank über.[90] Diese Exklusivlizenz des estnischen Biobankbetreibers wird jedoch sowohl zugunsten des Genspenders als auch zugunsten öffentlicher akademischer Forschungsstellen durchbrochen. § 11 II 1, IV des estnischen Gesetzes gewährleistet dem Genspender den Zugang zu seinen persönlichen Daten für eine individuelle genetische Beratung, Aufklärung und Vorsorge, um insbesondere im Hinblick auf einen Kinderwunsch oder auf die Früherkennung von Krankheitsrisiken vorbeugende Maßnahmen treffen zu können.[91] Die gesetzliche Regelung in § 19 I 3 des Gesetzes über die Humangenforschung stellt die Möglichkeit einer kostenfreien Nutzung der Biobank für weitere Forschungseinrichtungen des Staates sicher.[92]

3) Errichtung einer Biobank in Großbritannien

Auch in Großbritannien unterstützen das Gesundheitsministerium und der staatliche Medizinische Forschungsrat (Medical Research Council) seit Juni 1999 die Errichtung einer Biobank.[93] Im Vergleich zu den Projekten in Island und Estland handelt es sich bei dieser staatlich geführten und staatlich finanzierten[94] Biobank um eine kleinere populationsbezogene Datenbank, die nur die Daten einer bestimmten Altersgruppe erfasst. Das „UK Population Biomedical Collection" - Projekt soll die genetischen Informationen, die bisherigen Gesundheitsdaten, Informationen über Familienkrankheiten und über die Lebensumstände von über 500.000 zufällig ausgewählten, freiwilligen Patienten im Alter zwischen 45 und 69 Jahren umfassen.[95] Ziel der britischen Biobank ist die Erforschung der gerade

---

[89] *v. Redecker/Reimer*, Jahrbuch für Ostrecht 2001, S. 361 (367); *Schrell/Heide*, GRUR Int. 2001, S. 304.

[90] Siehe § 15 I des estnischen Gesetzes über die Humangenforschung.

[91] *Austin/Harding/McElroy*; Community Genet. 2003, S. 37 (41); *Schneider*, Jahrbuch Menschenrechte 2003, S. 130 (132); *v. Redecker/Reimer*, Jahrbuch für Ostrecht 2001, S. 361 (364).

[92] *Sootak*, in: Strafrecht, Biorecht, Rechtsphilosophie, S. 869 (875).

[93] *Austin/Harding/McElroy*, Community Genet. 2003, S. 37 (39); *Schneider*, Jahrbuch Menschenrechte 2003, S. 130 (135); *Görlitzer*, BIOSKOP Nr. 18, Juni 2002, S. 12.

[94] Siehe *Parliamentary Office of Science and Technology*, postnote july 2002 nr. 180, S. 1 (2).

[95] *Lowrance*, BMJ 2001, S. 1009 (1010); Bericht des Ausschusses für Bildung, Forschung und Technikfolgenabschätzung zum Thema „Stand und Perspektiven der genetischen Diagnostik", BT-Drs. 14/4656, S. 14.

in diesem Lebensabschnitt häufig auftretenden Krankheiten, wie Krebs, Diabetes, Alzheimer, Herz- und Kreislauferkrankungen sowie Stoffwechselkrankheiten.[96]

Die zufällige Auswahl der Patienten erfolgt in ca. 10 regionalen Zentren, die alle für die Biobank notwendigen Daten von den umliegenden Krankenhäusern und Allgemeinärzten erhalten.[97] Den ausgewählten Probanden wird zunächst eine Broschüre mit Informationen über das Projekt selbst und ein Formular einer Einwilligungserklärung zugesandt. Erklären sich die Ausgewählten bereit, ihre persönlichen Daten in der Biobank speichern zu lassen, werden sie ärztlich untersucht, und es wird eine Blutprobe abgenommen. Zusätzlich müssen sie einen Fragebogen zu Risikofaktoren und ihrem Lebensstil beantworten und sich mit späteren, dem Vergleich dienenden Nachfolgeuntersuchungen einverstanden erklären.[98] Alle personenbezogenen Daten und Proben der Probanden werden in verschlüsselter Form gespeichert, um so eine spätere Reidentifzierung zu ermöglichen.[99]

Das Eigentum der in der Biobank gespeicherten Daten und Proben liegt allein in der Hand der staatlichen Betreiber der Gendatenbank. Dennoch soll die Nutzung der Datensammlung grundsätzlich allen Interessenten, einschließlich derer mit kommerziellem Interesse, gegen Bezahlung einer Gebühr zur Verfügung stehen. Im Gegensatz zu der isländischen Biobank werden demnach keine Exklusivrechte an der Datenbank verkauft, sondern man muss sich um die Nutzungsrechte bewerben. Ein individuelles Feedback des teilnehmenden Patienten zur eigenen genetischen Beratung ist jedoch nicht vorgesehen.[100]

4) Biobank des US-Biotechnologieunternehmens „DNA-Science"

Eine weitere private Biobank wird seit 2001 von dem amerikanischen Unternehmen „DNA-Science" aufgebaut. Auch diese Sammlung von DNA-Proben und persönlichen Daten zu Krankheiten und Lebensumständen, deren Mitbetreiber James Watson, der Mitentdecker der Doppelhelix, ist, soll der Erforschung von Krebs, Multiples Sklerose, Diabetes und Herzerkrankungen sowie der Entwicklung von Medikamenten dienen.[101] Die Datenspender werden per Internet

---

[96] *Görlitzer*, BIOSKOP Nr. 18, Juni 2002, S. 12; *Parliamentary Office of Science and Technology*, postnote july 2002 nr. 180, S. 1; *Kaye/Martin*, BMJ 2000, S. 1146.
[97] *Ho/Papadimitriou*, Human DNA ‚BioBank' Worthless.
[98] *Parliamentary Office of Science and Technology*, postnote july 2002 nr. 180, S. 1 (2).
[99] *Görlitzer*, BIOSKOP Nr. 18, Juni 2002, S. 12 (13); *Parliamentary Office of Science and Technology*, postnote july 2002 nr. 180, S. 1 (3).
[100] *Parliamentary Office of Science and Technology*, postnote july 2002 nr. 180, S. 1 (4); *Schroeder/Williams*, Ethik in der Medizin 2002, S. 84 (86).
[101] *Schrell/Heide*, GRUR Int. 2001, S. 304 (305, Fn 3).

zur freiwilligen Teilnahme an dem Projekt aufgerufen, indem sie online einen Fragebogen zu ihrer eigenen Krankheitsgeschichte und der ihrer Familie ausfüllen und sich zu einer Blutentnahme bereit erklären können.[102]

Die aus der Analyse der in der Biobank gespeicherten Daten gewonnenen Erkenntnisse werden an Forschungsinstitute und Pharmaunternehmen lizenziert. Um den Mißbrauch der Informationen zu verhindern, werden die Daten nur verschlüsselt in Form von Gruppendaten weitergegeben, so dass eine Identifizierung des einzelnen nicht möglich sein soll.[103]

5) Biobank des Herzzentrums Ludwigshafen

Zwar ist bislang in Deutschland noch keine groß angelegte populationsbezogene Biobank geplant, dennoch gibt es auch hier zu Lande bereits kleinere Gendatenbanken.[104] Ein Beispiel für eine privat geführte, krankheitsbasierte Biobank stellt die durch das Herzzentrum Ludwigshafen in Kooperation mit dem Pharmaunternehmen Aventis aufgebaute Datenbank dar. Seit 1997 sind in dieser Datensammlung mittlerweile über 3500 Datensätze verschiedener Patienten enthalten. Die Biobank des Herzzentrums Ludwigshafen beinhaltet allgemeines Patientenmaterial, genetische Daten, Angaben zu Familienkrankheiten und andere Labormessungen, wie beispielsweise einen Hormonspiegel oder Merkmale von Abwehrzellen. Die Auswertung der gespeicherten Informationen dient der Erforschung des Zusammenspiels von genetischer Veranlagung und Umwelteinflüssen bei Herzkrankheiten, Diabetes, Bluthochdruck und Übergewicht.[105] Im Kooperationsabkommen ist festgelegt, dass Aventis die Biobank für eigene weiterführende Untersuchungen nutzen darf, um so beispielsweise zu erforschen, für welche Patientengruppen sich die Entwicklung eines neuen Medikamentes lohnen könnte.[106]

Die Speicherung der verschlüsselten persönlichen Daten erfolgt ausschließlich mit Einwilligung des Patienten. Wie dem Datenspender in einem Aufklärungsschreiben zugesichert wird, stehen Zugang und Nutzungsrechte der Datensammlung allein dem Betreiber der Biobank zu.[107]

---

[102] *Koch*, SZ vom 06.02.2001.
[103] *Rötzer*, Neues Unternehmen sucht DNA-Spender.
[104] *Koch*, SZ vom 06.02.2001.
[105] *Flöhl*, FAZ vom 10.01.2001.
[106] *Schneider*, Jahrbuch Menschenrechte 2003, S. 130 (135); Schlussbericht der Enquete-Kommission „Recht und Ethik der modernen Medizin", BT-Drs. 14/9020, S. 150.
[107] Schlussbericht der Enquete-Kommission „Recht und Ethik der modernen Medizin", BT-Drs. 14/9020, S. 150; *Koch*, SZ vom 06.02.2001.

3. Teil: Verfassungsrechtliche Anforderungen an Biobanken

Der Aufbau und Betrieb von Biobanken ist, wie bereits dargestellt, aus Sicht der medizinischen und pharmazeutischen Forschung von großem Nutzen. In der Bevölkerung lösen Datenbanken jedoch Ängste und Misstrauen aus, da die Sorge besteht, die Daten und Körpersubstanzen würden zu einem anderen Zweck genutzt, als zu welchem sie gesammelt wurden.[108]

Die Errichtung und Nutzung einer Biobank führt zu einer Kollision der verschiedenen Interessen aller Beteiligter. Während sich die Forscher und Betreiber von Biobanken auf ihr Recht der freien Forschung und auf das gesundheitliche Gemeinwohl der Bevölkerung berufen, steht für die Datenspender der Schutz ihrer Persönlichkeitssphäre im Vordergrund. In der Beurteilung der Zulässigkeit von Biobanken in Deutschland kann demzufolge nicht allein auf den positiven Nutzen der Datensammlung abgestellt werden. Entscheidend ist, welche rechtlichen Grenzen sich aus den Vorgaben der deutschen Verfassung, aber auch aus der Europäischen Grundrechts-Charta und der Europäischen Menschenrechtskonvention (EMRK) für den Betrieb einer Gendatenbank ergeben. Als Prüfungsmaßstab kommen dabei die Grundrechte des Datenspenders, der Forscher und die von betroffenen Dritten, wie zum Beispiel von Angehörigen des Datenspenders, in Betracht.

A) Europäischer Grundrechtsschutz

Im Hinblick auf ein vereintes Europa und einer bevorstehenden Europäischen Verfassung ist es geboten, im Rahmen einer Grundrechtsprüfung neben den nationalen Grundrechten auch Vorschriften zum Grundrechtsschutz auf europäischer Rechtsebene heranzuziehen. Als Meilensteine für den europäischen Grundrechtsschutz gelten insbesondere die Europäische Menschenrechtskonvention sowie die Europäische Grundrechtscharta.

I. EMRK

Die EMRK ist ein völkerrechtlicher Vertrag, der von den Mitgliedstaaten des Europarates am 4.11.1950 ausgearbeitet wurde und nach Ratifizierung durch zehn Staaten am 3.09.1953 in Kraft trat.[109] Sie kombiniert einen Katalog von Menschenrechten und Grundfreiheiten mit einem völkerrechtlichen Durchset-

---

[108] Gemeinsame Erklärung des Nationalen Ethikrats und des Comité consultatif national d'éthique Frankreichs vom 02.10.2003, S. 1.
[109] *Meyer-Ladewig*, in: Hk-EMRK, Einleitung Rn 1; *Walter*, in: Europäische Grundrechte und Grundfreiheiten, § 1 Rn 7.

zungsverfahren.[110] Zwar mag der Grundrechtskatalog der EMRK insgesamt etwas enger erscheinen als der des deutschen Grundgesetzes[111], im Einzelnen enthält aber auch die EMRK Grundrechte, die im Zusammenhang mit dem Aufbau und Betrieb von Biobanken von Bedeutung sind. So bestimmt beispielsweise Art. 2 ein Recht auf Leben, Art. 8 ein Recht auf Achtung des Privat- und Familienlebens oder Art. 1 des 1. Zusatzprotokolls ein Recht auf Achtung des Eigentums.

In Deutschland hat die Europäische Menschenrechtskonvention nach ihrer Transformation gemäß Art. 59 II GG formal den Rang eines einfachen Bundesgesetzes, wonach sie unmittelbar anwendbar ist und vor den deutschen Gerichten geltend gemacht werden kann.[112] Da die EMRK infolgedessen keinen mit dem Grundgesetz vergleichbaren verfassungsrechtlichen Status genießt, werden die Grundrechte der EMRK in der nachfolgenden verfassungsrechtlichen Untersuchung der Zulässigkeit von Biobanken nicht näher geprüft. Nach der Rechtsprechung des Bundesverfassungsgerichts (BVerfG) können sie jedoch als Auslegungshilfe für die Bestimmung von Inhalt und Reichweite der Grundrechte und rechtsstaatlichen Grundsätze des Grundgesetzes herangezogen werden.[113]

II. Europäische Grundrechts-Charta

Die Charta der Grundrechte der Europäischen Union wurde am 7.11.2000 zu Beginn des EU-Gipfels in Nizza feierlich proklamiert.[114] Grund für den Entwurf einer Europäischen Grundrechts-Charta ist die bestehende Regelungslücke für den Grundrechtsschutz der EU-Bürger bei unmittelbar geltenden grundrechtsrelevanten Maßnahmen von Gemeinschaftsorganen.[115] Diese Lücke wird bislang durch den Europäischen Gerichtshof (EuGH) rein richterrechtlich geschlossen. Dabei stützt der EuGH seine materiellen Grundrechtsprüfung auf gemeinsame Verfassungsüberlieferungen der Mitgliedstaaten, aber vor allem auf die Grund-

---

[110] *Ipsen*, Völkerrecht, § 49 Rn 3.
[111] *Schweitzer*, Staatsrecht III, Rn 711.
[112] BVerfGE 82, 106 (114); *Meyer-Ladewig*, in: Hk-EMRK, Einleitung Rn 29; *Schweitzer*, Staatsrecht III, Rn 709.
[113] BVerfGE 74, 358 (370); 82, 106 (115); *Ehlers*, in: Europäische Grundrechte und Grundfreiheiten, § 2 Rn 3.
[114] Siehe dazu *Kingreen*, in: Calliess/Ruffert, EUV/EGV, Art. 6 EUV Rn 26 b.
[115] *Calliess*, in: Europäische Grundrechte und Grundfreiheiten, § 19 Rn 1.

sätze der EMRK.[116] Aufgrund des Vorrangs des Gemeinschaftsrechts können Grundrechtsbeeinträchtigungen durch Gemeinschaftsorgane auch nicht anhand nationaler Grundrechte von mitgliedstaatlichen Gerichten überprüft werden.[117] Vergleichbar mit dem deutschen Grundgesetz beginnt der Grundrechtskatalog der EU-Grundrechts-Charta in Art.1 mit der absoluten Garantie der Menschenwürde, welcher in Art. 2 das Recht auf Leben und in Art. 3 das Recht auf körperliche Unversehrtheit folgt.[118] Weitere wichtige Grundrechte im Zusammenhang mit dem Aufbau und Betrieb von Biobanken finden sich in Art. 7 (Schutz der Privatsphäre), Art. 8 (Schutz personenbezogener Daten), Art. 13 (Forschungsfreiheit) und in Art. 21 (Diskriminierungsverbot). Der Anwendungsbereich der EU-Grundrechts-Charta bestimmt sich nach Art. 51 der Charta. Danach sollen die Gemeinschaftsrechte die Mitgliedstaaten der EU nur bei der Durchführung von Gemeinschaftsrecht binden.[119] Da die Charta noch nicht Bestandteil des Unionsvertrages ist und daher als bloße Proklamation rechtlich noch nicht verbindlich ist[120], wird im Anschluss auf die Grundrechte der EU-Grundrechts-Charta nicht näher eingegangen.

B) Grundrechte des Grundgesetzes als Prüfungsmaßstab

Maßgeblich für die folgende Untersuchung verfassungsrechtlicher Anforderungen an Biobanken sind allein die Grundrechte des Grundgesetzes. Es soll ein Überblick darüber verschafft werden, welche Grundrechte allgemein im Rahmen des Aufbaus und Betriebs von Biobanken beeinträchtigt sein können. Bevor im einzelnen mögliche Grundrechtsverletzungen durch den Aufbau und die Nutzung einer Biobank geprüft werden, stellt sich die Frage, ob die Grundrechte der Betroffenen als einheitlicher Prüfungsmaßstab für die Zulässigkeit jeder Art von Biobank geeignet sind. An dieser Stelle ist zwischen Biobanken in staatlicher und solchen in privater Trägerschaft zu unterscheiden.[121]

---

[116] EuGH, Rs. 11/70, (Int. Handelsgesellschaft/Einfuhr- und Voratsstelle Getreide), Slg. 1970, 1125, Rn 4; EuGH, Rs. C-299/95, (Kremzow), Slg. 1997, I-2629, Rn 14; *Kingreen*, in: Calliess/Ruffert, EUV/EGV, Art. 6 EUV Rn 34 f.
[117] *Calliess*, in: Europäische Grundrechte und Grundfreiheiten, § 19 Rn 1.
[118] *Calliess*, in: Europäische Grundrechte und Grundfreiheiten, § 19 Rn 6.
[119] *Borowsky*, in: Meyer, Kommentar zur Charta der Grundrechte der Europäischen Union, Art. 51 Rn 25 ff; *Kingreen*, in: Calliess/Ruffert, EUV/EGV, Art 6 EUV Rn 56 ff. Zur Frage, ob die Bindung der Mitgliedstaaten an die EU-Grundrechts-Charta auch im Rahmen des nationalen Umsetzungsrechts gelten soll, siehe *Calliess*, in: Europäische Grundrechte und Grundfreiheiten, § 19 Rn 26.
[120] *Schweitzer*, Staatsrecht III, Rn 404 a.
[121] Siehe oben unter 1. Teil C) II.

I. Öffentlich-rechtliche Biobanken

Gem. Art. 1 III GG binden die Grundrechte die Gesetzgebung, die vollziehende Gewalt und die Rechtsprechung als unmittelbar geltendes Recht. Grundrechte schützen demnach in erster Linie den Einzelnen vor ungerechtfertigten Eingriffen durch den Staat, um so eine individuelle Selbstbestimmung und autonome Lebensgestaltung zu ermöglichen.[122] Bei einer staatlich organisierten Biobank sind demzufolge die Grundrechte aller Beteiligten als unmittelbarer Prüfungsmaßstab für die Zulässigkeit heranzuziehen.

II. Privatrechtliche Biobanken

Fraglich ist jedoch, ob und inwiefern die Betreiber einer privaten Gendatenbank an die Beachtung der Grundrechte gebunden sind, denn das Sammeln und Nutzen von Daten durch Private stellt seinerseits selbst eine Grundrechtsausübung in Form der Forschungsfreiheit gemäß Art. 5 III GG oder der Berufsfreiheit gemäß Art. 12 GG dar.[123] Bei der Datenerhebung und Speicherung durch eine privatrechtlich geführte Biobank handelt es sich um eine Rechtsbeziehung zwischen zwei Grundrechtsträgern, die sich beide auf ihre Grundrechte berufen können, damit jedoch die Grundrechtsausübung des jeweils anderen beeinträchtigen können.

Natürliche und juristische Personen des Privatrechts werden im Wortlaut des Art. 1 III GG ausdrücklich nicht aufgeführt. Eine unmittelbare Wirkung der Grundrechte zwischen Privatpersonen kommt folglich im Allgemeinen nicht in Betracht.[124] Rechtskonflikte zwischen Privaten werden grundsätzlich durch das Zivilrecht geregelt. Da jedoch der Gesetzgeber gem. Art. 1 III GG an die Grundrechte gebunden ist, müssen auch die von ihm erlassenen gesetzlichen Vorschriften des Privatrechts den verfassungsrechtlichen Anforderungen und damit den Grundrechten genügen.[125] Diese mittelbare Wirkung der Grundrechte wird auch mit Einfallstor- oder Schlüsselmetaphern beschrieben. Das heißt, die Grundrechte benötigen eine zivilrechtliche Vorschrift, um in einem privatrechtlichen Rechtsverhältnis Einlass zu finden.[126]

---

[122] *Badura*, StaatsR, C Rn 3; *Isensee*, in: HStR V, § 111 Rn 2.

[123] *Di Fabio*, in: Maunz/Dürig, GG, Art. 2 I Rn 189; *Starck*, in: v. Mangoldt/Klein/Starck, GG, Art. 2 Rn 164.

[124] *Pietzcker*, in: Das akzeptierte Grundgesetz, S. 345 (347); *Sachs*, VerfR II, A5 Rn 30; *Schmalz*, Grundrechte, Rn 265; *Tjaden*, Genanalyse als Verfassungsproblem, S. 123.

[125] BVerfGE 31, 58 (73); 81, 242 (254); *Badura*, StaatsR, C Rn 23; *Rüfner*, in: HStR V, § 117 Rn 59.

[126] *Krings*, Grund und Grenzen grundrechtlicher Schutzansprüche, S. 331; *v. Münch*, Staatsrecht II, Rn 187.

Solche Schlüsselvorschriften im Zivilrecht stellen vor allem die Generalklauseln §§ 242, 133, 157 BGB oder die unbestimmten Rechtsbegriffe dar, so dass die Grundrechte insbesondere bei deren Auslegung ihre mittelbare Drittwirkung entfalten.[127]

Die mittelbare Wirkung der Grundrechte zwischen Privatpersonen wird zunehmend auch über die Lehre der grundrechtlichen Schutzpflichten begründet. Hinter der Drittwirkung von Grundrechten steht der gleiche Sinn und Zweck als hinter den Schutzpflichten, nämlich der Schutz von Freiheitssphären gegen private Übergriffe.[128] Die mittelbare Drittwirkung ist folglich eine Konkretisierungsvariante dieser Schutzpflichten.[129] Kennzeichen grundrechtlicher Schutzpflichten ist ein Dreieck von Rechtsbeziehungen zwischen zwei Grundrechtsträgern und jeder dieser Bürger zum Staat.[130] Danach ist es Aufgabe des Staates, den einzelnen Bürger durch geeignete Maßnahmen, wie beispielsweise durch den Erlass eines Gesetzes, in der Ausübung seiner Grundrechte zu schützen und vor Rechtsgutverletzungen durch Private zu bewahren.[131] Grundrechte beeinflussen aber nicht nur die Ausgestaltung materiellen Rechts, sondern haben auch eine organisations- und verfahrensrechtliche Dimension, so dass sie zugleich als Maßstäbe für eine Organisations- und Verfahrensgestaltung dienen.[132] Der Staat ist somit ferner verpflichtet, die Einhaltung und Verwirklichung der materiellen Grundrechte durch Organisations- und Verfahrensregeln sicherzustellen.[133] Ohne eine mittelbare Drittwirkung der Grundrechte unter Privaten bestünde die Gefahr, dass im Verhältnis der Privatrechtssubjekte untereinander ein Machtgefälle zur Aufhebung der Autonomie des einzelnen führt. Ohne mittelbare Drittwirkung würde somit der Stärkere in seiner Machtausübung geschützt.[134]

Im Ergebnis können somit sowohl für staatlich als auch für privat geführte Biobanken die Grundrechte als Prüfungsmaßstab herangezogen werden.

---

[127] Die mittelbare Drittwirkung ist seit dem „Lüth-Urteil", BVerfGE 7, 198 (205), ständige Rechtsprechung des Bundesverfassungsgerichts (BVerfG).
[128] *Krings*, Grund und Grenzen grundrechtlicher Schutzansprüche, S. 335; so auch *Isensee*, in: HStR V, § 111 Rn 134.
[129] *Krings*, Grund und Grenzen grundrechtlicher Schutzansprüche, S. 336.
[130] *Dietlein*, Die Lehre von den grundrechtlichen Schutzpflichten, S. 67; *Pietzcker*, in: Das akzeptierte Grundgesetz, S. 345.
[131] BVerfGE 39, 1 (42); 88, 203 (251); *Dreier*, in: Dreier, GG, Bd. I Vorb. Rn 101; *Isensee*, in: HStR V, § 111 Rn 129; *Sachs*, VerfR II, A5 Rn 30.
[132] BVerfGE 39, 276 (294); 69, 315 (355); *Stern*, StaatsR, Bd. III/1 S. 965.
[133] *Denninger*, in: HStR V, § 113 Rn 2; *Maurer*, StaatsR I, § 9 Rn 27; *Pieroth/Schlink*, Grundrechte, Rn 99.
[134] *Brückl*, Rechtsfragen zur Verwendung von genetischen Informationen über den Menschen 2001, S. 142; i.E. auch *Tjaden*, Genanalyse als Verfassungsproblem, S. 125.

C) Grundrechte des Datenspenders

Durch die Errichtung und den Betrieb einer Biobank sind vor allem die Grundrechte des Datenspenders betroffen. Dabei kommen insbesondere potentielle Eingriffe in die Menschenwürde, das allgemeine Persönlichkeitsrecht, das Eigentumsrecht, die Berufsfreiheit, die Freiheit der Ehe und Familie und ein Verstoß gegen das Diskriminierungsverbot in Betracht. Als mögliche Eingriffshandlungen sind die Erhebung, die Speicherung, die Nutzung und die Übermittlung der gespeicherten persönlichen Daten und Proben zu unterscheiden.

I. Garantie der Menschenwürde, Art. 1 I GG

Zunächst könnte das Sammeln und Verarbeiten persönlicher Daten und Körpersubstanzen in einer Biobank den Datenspender in der Achtung seiner Menschenwürde aus Art. 1 I GG verletzten.

1) Grundrechtscharakter des Art. 1 I GG

Fraglich ist jedoch, ob es sich bei der Garantie der Menschenwürde überhaupt um ein eigenständiges Grundrecht handelt.

Der Grundrechtscharakter der Menschenwürde ist bisweilen sehr umstritten. Während das BVerfG in seiner ständigen Rechtsprechung ohne es näher zu thematisieren von einer Grundrechtsqualität ausgeht[135], wird von der Gegenseite vertreten, dass die Menschenwürdegarantie ausschließlich als Grundprinzip und Wertemaßstab in die Interpretation der speziellen Freiheits- und Gleichheitsgrundrechte einzubeziehen sei.[136] Der gesamte subjektiv-rechtliche Gehalt der Menschenwürde sei demnach in den einzelnen Grundrechten enthalten und zudem hinreichend durch die Verfassungsgarantie in Art. 19 II GG geschützt.[137]

Die herrschende Auffassung in der Literatur hingegen bejaht in Anlehnung an das BVerfG den Grundrechtscharakter der Menschenwürde.[138] Art. 1 I GG sei die Wurzel und Quelle aller nachstehenden formulierten Grundrechte und damit

---

[135] So z.B. BVerfGE 1, 332 (343); 12, 113 (123); 15, 283 (286); 61, 126 (137). Das BVerfG hat jedoch die Grundrechtsqualität von Art. 1 III GG nie begründet (*Herdegen*, in: Maunz/Dürig, GG, Art. 1 I Rn 26).

[136] *Dreier*, in: Dreier, GG, Art. 1 I Rn 127; *Brückl*, Rechtsfragen der Verwendung von genetischen Informationen über den Menschen, S. 104.

[137] *Starck*, in: v. Mangoldt/Klein/Starck, GG, Art. 1 Rn 24; *Donner/Simon*, DÖV 1990, S. 907 (909).

[138] *Höfling*, in: Sachs, GG, Art. 1 Rn 4, m.w.N.

selbst das materielle Hauptgrundrecht.[139] Dieses Verständnis als objektive Basis für das gesamte grundrechtliche Wertesystem steht auch einer Deutung der Menschenwürde als subjektives Recht nicht zwingend entgegen.[140] Für eine Grundrechtsqualität der Menschenwürde spricht ferner Art. 142 GG, dessen Wortlaut den Grundrechtscharakter des Art. 1 I GG voraussetzt.[141] Nach überwiegender Ansicht stellt die Garantie der Menschenwürde folglich ein eigenständiges Grundrecht dar.

2) Schutzbereich

Die Menschenwürde garantiert den sozialen Wert- und Achtungsanspruch, der jedem Menschen wegen seines Menschseins zukommt.[142] Weder innerhalb der Gesellschaft, noch der Wissenschaft herrscht eine einheitliche Vorstellung über den Begriff der Menschenwürde. Dies trifft auch für die Rechtswissenschaft zu.

a) Positiver Definitionsansatz

Die sogenannte „Mitgiftstheorie" und „Leistungstheorie" sind zwei Auffassungen, die versuchen, den Schutzbereich der Menschenwürde positiv zu bestimmen. Nach der „Mitgifttheorie" läßt sich Menschenwürde definieren als den von Gott oder Natur dem Menschen mitgegebenen Wert, wie zum Beispiel die Eigenständigkeit, die Wesenheit oder die Natur des Menschen schlechthin.[143] Der sogenannten „Leistungstheorie" zufolge ist das Wesensmerkmal der Menschenwürde die Leistung der Identitätsbildung. Der Mensch hat seine Würde aufgrund seines eigenen Verhaltens, er bestimmt somit selbst, was seine Würde ausmacht.[144] Diese Ansicht stößt jedoch auf Probleme, wenn Menschen zu einer Eigenleistung von Anfang an nicht in der Lage sind oder noch gar nicht fähig sind, wie alle Menschen vor der Geburt.[145]

---

[139] *Starck*, in: v. Mangoldt/Klein/Starck, GG, Art. 1 Rn 24; *Hofmann*, Rechtsfragen der Genomanalyse, S. 31.
[140] *Herdegen*, in: Maunz/Dürig, GG, Art. 1 I Rn 26.
[141] *Höfling*, in: Sachs, GG, Art. 1 Rn 5; *Brückl*, Rechstfragen zur Verwendung von genetischen Informationen über den Menschen, S. 105.
[142] BVerfGE 87, 209 (228); *Jarass*, in: Jarass/Pieroth, GG, Art. 1 Rn 5.
[143] *Nipperdey*, Die Grundrechte II, S. 1; *Hofmann*, AöR 118 (1993), S. 353 (357).
[144] *Pieroth/Schlink*, Grundrechte, Rn 355.
[145] *Sachs*, VerfR II, B1 Rn 9.

b) Negativer Definitionsansatz

Da die Menschenwürde im Gegensatz zu anderen Grundrechtspositionen kein faßbares Attribut des Menschen, wie beispielsweise die körperliche Unversehrtheit oder Eigentum, als Schutzgegenstand umfasst, wird verbreitet auf eine positive Definition der Menschenwürde verzichtet. Vielmehr sei der Schutzgegenstand der Menschenwürde von den möglichen Beeinträchtigungen her negativ zu erfassen.[146] Durch diesen Wechsel der Fragestellung verlagert die herrschende Meinung die Problematik der Begriffsdefinition vom Schutzbereich auf die Eingriffsebene.[147] Konsequenz dessen ist, dass im Rahmen der Garantie der Menschenwürde die rechtsdogmatische Unterscheidung zwischen Grundrechtstatbestand, Eingriff und Grundrechtsschranken keine Anwendung findet, mögliche Verletzungen und rechtfertigende Elemente somit bereits mit in die Bestimmung des Schutzbereichs einzubeziehen sind.[148]

Jede den Menschen in seinem Wesen entwürdigende Verhaltensweise stellt eine Beeinträchtigung der Menschenwürde dar.[149] Welche Verhaltensweisen darunter fallen, läßt sich jedoch nicht generell, sondern nur in Ansehung des konkreten Falls feststellen.[150] Als Leitfaden dafür gilt die vom BVerfG aufgegriffene sogenannte „Objektformel", wonach die Menschenwürde es verbietet, den Menschen zum bloßen Objekt zu machen oder ihn einer Behandlung auszusetzen, die seine Subjektqualität prinzipiell in Frage stellt.[151] Der Mensch darf nicht fremdbeherrscht werden und als bloße Nummer im System behandelt werden, sondern die Würde des Menschen liegt in seiner Anerkennung als verantwortliche Person.[152]

Schwäche dieser Objektformel ist jedoch, dass auch sie noch konkretisierungsbedürftig ist und damit Gefahr läuft, wegen ihrer Unbestimmtheit zu einer bloßen Floskel instrumentalisiert zu werden.[153] Das BVerfG hat selbst versucht, die Objektformel zu präzisieren, indem es in dem sogenannten „Abhörurteil" zu-

---

[146] *Höfling*, in: Sachs, GG, Art. 1 Rn 12; *Sachs*, VerfR II, B1 Rn 10; *Schmalz*, Grundrechte, Rn 389.
[147] *Pieroth/Schlink*, Grundrechte, Rn 358.
[148] *Höfling*, in Sachs, GG, Art. 1 Rn 15; *Starck*, in: v. Mangoldt/Klein/Starck, GG, Art. 1 Rn 30.
[149] *Badura*, StaatsR, C Rn 32.
[150] BVerfGE 30, 1 (25); *Brückl*, Rechtsfragen zur Verwendung von genetischen Informationen über den Menschen, S. 105; *Pieroth/Schlink*, Grundrechte, Rn 353.
[151] BVerfGE 30, 1 (26); 50, 166 (175); 87, 209 (228); *Herdegen*, in: Maunz/Dürig, GG, Art. 1 I Rn 34.
[152] BVerfGE 45, 187 (228); *Brückl*, Rechtsfragen zur Verwendung von genetischen Informationen über den Menschen, S. 106.
[153] *Herdegen*, in: Maunz/Dürig, GG, Art. 1 Rn 33; *Höfling*, in: Sachs, GG, Art. 1 Rn 14.

sätzlich eine subjektive Zielsetzung der verachtenden Behandlung eines Menschen forderte.[154] Aber auch dieser Ansatz trägt zur Konkretisierung des Schutzbereichs nicht bei und wurde vom BVerfG selbst in seiner nachfolgender Rechtsprechung nicht wieder aufgegriffen.[155]

Mithin kann auch unter Anwendung der Objektformel eine Gefährdung der Menschenwürde nur einzelfallbezogen bestimmt werden. Bei jeder Einzelfallbeurteilung ist stets zu beachten, dass die Würde des Menschen aufgrund ihres hohen Wertes in der Verfassung nicht für Belanglosigkeiten in Anspruch genommen werden sollte.[156] Die Unantastbarkeitsklausel in Art. 1 I 1 GG bringt zum Ausdruck, dass die Menschenwürde ausnahmslos nicht eingeschränkt werden darf.[157] Daraus folgt, dass allein ein absoluter Kernbereich der menschlichen Existenz von Art. 1 I GG geschützt wird.[158] Die Prüfung einer Verletzung der Menschenwürde hat sich somit an einem restriktiven Verständnis der Menschenwürde zu orientieren.[159]

3) Beeinträchtigung der Menschenwürde durch die Erhebung, Speicherung und Nutzung von Daten und Körpersubstanzen in einer Biobank

Geschichtlich sind als typische Eingriffe in Art. 1 I GG beispielsweise die Sklaverei, Frauen- und Kinderhandel, Leibeigenschaft, Folter, heimliche medizinische Manipulationen zu Züchtungszwecken oder massive Verletzungen der körperlichen und seelischen Identität und Integrität anerkannt.[160] Fraglich ist, ob auch der Aufbau und Betrieb einer Biobank den Datenspender zu einem bloßen Objekt degradiert und ihn in seiner Menschenwürde verletzt. Dabei wirft insbesondere die Speicherung und Nutzung genetischer Daten erhebliche Bedenken bezüglich der Achtung der Menschenwürde auf.

---

[154] BVerfGE, 30, 1 (26); *Donner/Simon*, DÖV 1990, S. 907 (910).
[155] BVerfGE, 45, 187 (228); 50, 166 (175); *Höfling*, in: Sachs, GG, Art. 1 Rn 15.
[156] *Brückl*, Rechtsfrgaen zur Verwendung von genetischen Informationen über den Menschen, S. 105.
[157] *Jarass*, in: Jarass/Pieroth, GG, Art. 1 Rn 10; *Starck*, in: v. Mangoldt/Klein/Starck, GG, Art. 1 Rn 30.
[158] *Höfling*, in: Sachs, GG, Art. 1 Rn 16.
[159] *Brückl*, Rechtsfragen zur Verwendung von genetischen Informationen über den Menschen, S. 107.
[160] *Pieroth/Schlink*, Grundrechte, Rn 361.

Das genetische Material ist der biologische Grundstein menschlicher Identitätsbildung. Eine Analyse der genetischen Daten offenbart daher elementares Wissen über die Eigenschaften eines Menschen. Demzufolge betrifft jede Entschlüsselung von Erbmaterial den Kernbereich der menschlichen Existenz und damit Art. 1 I GG.[161]

Geht man der herrschenden Ansicht folgend davon aus, dass eine Verletzung der Menschenwürde nur im Einzelfall nachgewiesen werden kann, so kann bei der Verwendung genetischer Daten nicht pauschal ein Verstoß gegen die Menschenwürde angenommen werden. Vielmehr muss im konkreten Fall der Sinn und Zweck der Datensammlung beachtet werden. Ist demnach alleinige Motivation für das Erfassen genetischer Daten zusammen mit Informationen über den Lebensstil, die Gesundheit und Verwandschaftsverhältnisse des Spenders die Möglichkeit, ein totales Datenprofil der betreffenden Personen erstellen und damit beispielsweise eine Rassenauswahl treffen zu können, so ist dies zweifellos ein die Menschenwürde verletzender Zweck, welcher den Menschen zu einem bloßen Datenobjekt macht.[162] Auch stellt eine zwangsweise Erhebung und Verwertung der Daten, welche dem einzelnen vielleicht selbst noch nicht bekannt sind, zu Zwecken, die er selbst nicht gesetzt hat, eine gravierende Mißachtung der menschlichen Autonomie und damit eine Verletzung der Menschenwürde dar.[163] Die Analyse von menschlichen Genen stellt für sich allein jedoch noch keine Mißachtung des Personenwertes dar.[164]

Der Aufbau einer Biobank ist strikt von dem im Zusammenhang mit der Menschenwürde sehr umstrittenen[165] Bereich des Klonens bzw. der prädiktiven Diagnostik abzugrenzen. Ausschließliches Ziel von Biobanken ist es, mit Hilfe einer Analyse aller gesammelten Daten von unterschiedlichen Spendern Ursachen von Krankheiten und neue Behandlungsmethoden zu erforschen. Die Errichtung und Nutzung einer Biobank dient dementsprechend allein dem medizinischen und pharmazeutischen Fortschritt und damit dem gesundheitlichen Gemeinwohl.[166] Es fehlt daher an einem individuellen Bezug der potentiellen Eingriffshandlungen, insbesondere wenn die persönlichen Daten vor ihrer Speicherung wirksam verschlüsselt wurden. Da für den Nutzen von Biobanken nur diejenigen geneti-

---

[161] *Brückl*, Rechtsfragen zur Verwendung von genetischen Informationen über den Menschen, S. 112.
[162] *Hofmann*, Rechtsfragen der Genomanalyse, S. 35.
[163] *Brückl*, Rechtsfragen zur Verwendung von genetischen Informationen über den Menschen, S. 113; *Donner/Simon*, DÖV 1990, S. 907 (910); *Stumper*, DuD 1995, S. 511 (514).
[164] *Höfling*, in: Sachs, GG, Art. 1 Rn 37; *Hofmann*, Rechtsfragen der Genomanalyse, S. 33.
[165] Vertiefend siehe *Dreier*, in: Dreier, GG, Art. 1 Rn 58 ff.; *Herdegen*, in: Maunz/Dürig, GG, Art. 1 Rn 93 ff.
[166] *Propping*, Wortprotokoll der Sitzung des Nationalen Ethikrates am 22.05.2003, S. 12.

schen Dispositionen von Interesse sind, die Informationen über Erbkrankheiten enthalten, besteht im Zusammenhang mit Biobanken auch keine Gefahr der totalen Ausforschung des einzelnen und des Erstellens eines kompletten Persönlichkeitsprofils.[167]

Zusammenfassend ist festzuhalten, dass, solange der Sinn und Zweck von Biobanken eingehalten wird, das Speichern und Nutzen von genetischen und personenbezogenen Daten in einer Biobank als solches zu keiner Verletzung der Menschenwürde führt.

II. Recht auf informationelle Selbstbestimmung, Art. 2 I i.V.m. Art. 1 I GG

Im Zusammenhang mit der Zulässigkeit von Biobanken ist das informationelle Selbstbestimmungsrecht der Datenspender gem. Art. 2 I i.V.m. Art. 1 I GG von sehr großer Bedeutung. Das Recht auf informationelle Selbstbestimmung ist kein Herrschaftsrecht und damit keine Variante des Eigentumsrechts, sondern konkretisiert als spezieller Teilbereich des allgemeinen Persönlichkeitsrechts den Schutz der Persönlichkeit in der Öffentlichkeit.[168] Einige Landesverfassungen enthalten das Recht auf informationelle Selbstbestimmung bereits als eigenständiges Grundrecht auf Datenschutz.[169]

1) Persönlicher Schutzbereich

Bei dem informationellen Selbstbestimmungsrecht aus Art. 2 I i.V.m. Art. 1 I GG handelt es sich aufgrund seiner Herleitung aus dem allgemeinen Persönlichkeitsrecht um ein sogenanntes Jedermann-Grundrecht. Unter den Begriff „jeder" im Sinne von Art. 2 I i.V.m. Art. 1 I GG fallen alle rechtsfähigen Menschen unabhängig ihrer Staatsangehörigkeit. Die Grundrechtsinhaberschaft knüpft allein an das Menschsein an, so dass auch Ausländer, Staatenlose und Minderjährige sich auf den Schutz ihres Persönlichkeitsrechts berufen können.[170]

---

[167] *Brückl*, Rechtsfragen zur Verwendung von genetischen Informationen über den Menschen, S. 116; *Ladeur*, DuD 2000, S. 12 (13).

[168] *Kluth*, in: Genetische Untersuchungen und Persönlichkeitsrecht, S. 85 (90); *Meyer*, Der Mensch als Datenträger, S. 174, *Simitis*, KritV 2000, S. 359 (367).

[169] Siehe dazu Art. 6 LVerf Sachsen-Anhalt, Art. 4 II LVerf NRW, Art. 2 LVerf Saarland, Art. 4a LVerf Rheinland-Pfalz, Art. 6 LVerf Thüringen, Art. 33 LVerf Sachsen, Art. 11 LVerf Brandenburg, Art. 12 LVerf Bremen, Art. 33 LVerf Berlin und Art. 6 LVerf Mecklenburg-Vorpommern.

[170] *Di Fabio*, in: Maunz/Dürig, GG, Art. 2 I Rn 10; *Kunig*, in: v. Münch/Kunig, GG, Art. 2 Rn 39; *Starck*, in: v. Mangoldt/Klein/Starck, GG, Art. 2 Rn 40.

a) Vor der Geburt

Die im Zusammenhang mit DNA-Analysen aufgeworfene Frage[171], ob auch einem Nasciturus ein allgemeines Persönlichkeitsrecht zugesprochen werden sollte, spielt für die Beurteilung der Zulässigkeit von Biobanken keine entscheidende Rolle. Stellt man auf den Sinn und Zweck von Biobanken ab, so kommen allein geborene Menschen als Datenspender in Betracht. Zwar können inzwischen durch spezielle Analyseverfahren die genetischen Informationen des ungeborenen Lebens gewonnen werden. Da jedoch noch keinerlei medizinische Daten und Informationen über die Lebensverhältnisse vorhanden sind, wären diese Daten für die Forschungszwecke einer Biobank von nur sehr geringem Interesse.

b) Nach dem Tod

Bedeutsamer im Zusammenhang mit Biobanken ist die Frage, ob Gewebeproben, genetische und medizinische Daten von Verstorbenen gespeichert und verarbeitet werden können.

Grundsätzlich können Träger des allgemeinen Persönlichkeitsrechts nur lebende, rechtsfähige Personen sein. Die Rechtsfähigkeit eines Menschen und damit die Grundrechtsberechtigung endet mit seinem Tod.[172] Ein Recht aus Art. 2 I i.V.m. Art. 1 I GG steht Verstorbenen folglich nicht zu. Darüber kann auch nicht der vielfach verwendete Begriff des „postmortalen Persönlichkeitsrechts" hinwegtäuschen. In seinem hierfür ausschlaggebenden „Mephisto"-Beschluss hat das BVerfG aus dem Menschenwürdeprinzip abgeleitet, dass der Staat verpflichtet ist, dem Einzelnen Schutz gegen Angriffe auf seine Menschenwürde auch nach dem Tod zu gewähren.[173] Zwar manifestiert sich die Menschenwürde auch im allgemeinen Persönlichkeitsrecht[174], der Begriff des postmortalen Persönlichkeitsschutzes besagt jedoch nur, dass das Persönlichkeitsrecht auch nach dem Tod gewisse Folgewirkungen entfaltet. Ein Grundrechtsschutz des Verstorbenen aus Art. 2 I i.V.m. Art. 1 I GG ist damit nicht gemeint.[175] Träger dieses auf den

---

[171] Vertiefend siehe z.B. *Stumper*, Informationelle Selbstbestimmung und DNA-Analysen, S. 76 ff.

[172] BVerfGE 30, 173 (194); *Kunig*, in: v. Münch/Kunig, GG, Art. 2 Rn 39; *Rüfner*, in: HStR V, § 116 Rn 118.

[173] BVerfGE 30, 173 (194).

[174] *Kunig*, in: v. Münch/Kunig, GG, Art. 2 Rn 30; *Starck*, in: v. Mangoldt/Klein/Starck, GG, Art. 2 Rn 15.

[175] *Pieroth/Schlink*, Grundrechte, Rn 120; *Taupitz*, JZ 1992, S. 1089 (1093).

Toten bezogenen Persönlichkeitsrecht, dessen Intensität zeitlich nachlässt[176], sind die Angehörigen des Verstorbenen, bzw. sie sind Träger eines eigenen Persönlichkeitsrechts mit Schutzpflichten zugunsten des Verstorbenen.[177]

Da die informationelle Selbstbestimmung von dem allgemeinen Persönlichkeitsschutz mitumfasst wird, muss diese postmortale Wirkung auch für das Recht auf informationelle Selbstbestimmung gelten. Gerade in Bezug auf sehr sensible persönliche Daten scheint es schlüssig, einen nachwirkenden Schutz der Persönlichkeit anzunehmen. Dafür spricht auch die Tatsache, dass die Daten des Verstorbenen zugleich Informationen und Kenntnisse über die noch lebenden Verwandten beinhalten können.[178]

Im Ergebnis unterliegen somit auch die persönlichen Daten eines Toten weiterhin dem Schutzbereich des Art. 2 I i.V.m. Art. 1 I GG, solange sie Bezug zu den noch lebenden Angehörigen aufweisen.

2) Sachlicher Schutzbereich

Das Recht auf informationelle Selbstbestimmung ist Ausdruck des modernen Grundrechtsverständnisses, welches ausgehend von der Würde des Menschen die Möglichkeit zur selbstbestimmten Entfaltung in der freien Gesellschaft sicherstellt.[179] Die informationelle Selbstbestimmung[180] ist die verfassungsrechtliche Antwort auf eine systematisch aufgebaute, zunehmend technisierte und immer variablere Datenverarbeitung und Datenspeicherung.[181] Demnach soll der einzelne gegen die unbegrenzte Erhebung, Speicherung, Verwendung und Weitergabe seiner persönlichen Daten geschützt werden und ausschließlich ihm die Befugnis zustehen, selbst über die Preisgabe und Verwendung seiner persönlichen Daten zu bestimmen.[182] Es ist allein seine Entscheidung, wann und innerhalb welcher Grenzen seine persönlichen Lebenssachverhalte offenbart wer-

---

[176] *Di Fabio*, in: Maunz/Dürig, GG, Art. 2 I Rn 226; *Müller*, Die kommerzielle Nutzung menschlicher Körpersubstanzen, S. 57.
[177] *Taupitz*, JZ 1992, S. 1089 (1094).
[178] *European Society of Human Genetics (EHSG)*, Data storage and dna banking for biomedical research (Consultation document), S. 30; *Stumper*, Informationelle Selbstbestimmung und DNA-Analysen, S. 82; *Sokol*, DuD 2001, S. 5 (10).
[179] *Mand*, MedR 2003, S. 393 (394).
[180] Erstmals definiert wurde das Recht auf informationelle Selbstbestimmung durch das BVerfG in dem so genannten „Volkszählungsurteil" vom 25.03.1982, BVerfGE 65, 1 (42 f.).
[181] *Di Fabio*, in: Maunz/Dürig, GG, Art. 2 Rn 173; *Simtis*, KritV 2000, S. 359 (365); *Donner/Simon*, DÖV 1990, S. 907 (914).
[182] BVerfGE 65, 1 (43); 78, 77 (84); 80, 367 (373).

den.[183] Die informationelle Selbstbestimmung als „Grundrecht auf Datenschutz" umfasst drei Aspekte: das Recht, die Übermittlung der Informationen zu verweigern, das Recht, von den die eigene Person betreffenden Informationen Kenntnis oder keine Kenntnis zu haben[184], sowie das Recht, die Löschung und Berichtigung der Informationen zu verlangen.[185]

a) Begriff der „persönlichen Daten"

Im Rahmen des Rechts auf informationelle Selbstbestimmung gelten alle Daten über eine Person als sensibel und schutzbedürftig. Wegen der durch die EDV ermöglichten Verknüpfung einzelner Daten kann inzwischen ein umfassendes Persönlichkeitsprofil eines jeden erstellt werden, mit der Folge dass es in diesem Zusammenhang keine „belanglosen" Daten mehr gibt.[186] Mit dieser Feststellung hat das BVerfG hinsichtlich der informationellen Selbstbestimmung von der sogenannten „Sphärentheorie" Abstand genommen. Da sich der sachliche Schutzbereich des Art. 2 I i.V.m. Art. 1 I GG abschließend nicht umschreiben läßt[187], müssen nach der Sphärentheorie innerhalb des allgemeinen Persönlichkeitsrechts unterschiedlich intensiv geschützte Teilbereiche voneinander abgegrenzt werden. Absoluter Kernbereich der privaten Lebensgestaltung und damit der am intensivsten geschützte Teilbereich ist die Intimsphäre, welche sich weitesgehend mit dem Bereich der Menschenwürde deckt.[188] Dieser folgt die immer noch besonders schützenswerte Privatsphäre. Hierbei handelt es sich um den Bereich innerhalb der Familie, den der Einzelne für die Öffentlichkeit unzugänglich hält und in welchen er nur Personen seines Vertrauens hineinlässt.[189] Die dritte Sphäre, die sogenannte Sozialsphäre, betrifft das Ansehen und Handeln des Einzelnen in der Öffentlichkeit. Wegen des Bezugs nach außen wird dieser Bereich am wenigsten vom Schutz des allgemeinen Persönlichkeitsrechts erfasst.[190] Bezüglich der informationellen Selbstbestimmung kommt es nach der Entscheidung des BVerfG nicht darauf an, ob die persönlichen Daten der äuße-

---

[183] BVerfGE, 65, 1 (42); *Stumper*, Informationelle Selbstbestimmung und DNA-Analysen, S. 84; *Mand*, MedR 2003, S. 393 (394).
[184] Dieses Recht auf Nichtwissen wird im folgenden Abschnitt im Detail angeprüft.
[185] *Mullari/v. Redecker/Sild*, WiRO 2001, S. 201 (205).
[186] BVerfGE 65, 1 (45); *Di Fabio*, in: Maunz/Dürig, GG, Art. 2 Rn 174; *Pieroth/Schlink*, Grundrechte, Rn 377.
[187] Der Rechtsprechungspraxis ist sogar eine gewünschte Entwicklungsoffenheit des allgemeinen Persönlichkeitsrechts zu entnehmen, vgl. BVerfGE 54, 148 (153); 72, 155 (170); *Di Fabio*, in: Maunz/Dürig, GG, Art. 2 Rn 174; *Dreier*, in: Dreier, GG, Art. 2 I Rn 69.
[188] *Starck*, in: v. Mangoldt/Klein/Starck, GG, Art. 2 Rn 84; *Schmalz*, Grundrechte, Rn 422.
[189] *Starck*, in: v. Mangoldt/Klein/Starck, GG, Art. 2 Rn 160; *Sachs*, VerfR II, B2 Rn 54.
[190] *Sachs*, VerfR II, B2 Rn 54; *Schmalz*, Grundrechte, Rn 422.

ren oder inneren Sphäre zuzuordnen sind, sondern allein der konkrete Erhebungs- und Verwendungszweck ist entscheidend dafür, ob der Schutzbereich des Art. 2 I i.V.m. Art. 1 I GG betroffen ist.[191]

Der Begriff der persönlichen Daten im Sinne von Art. 2 I i.V.m. Art.1 I GG läßt sich ableiten aus der Legaldefinition des § 3 I des Bundesdatenschuzgesetzes (BDSG). Daten sind danach allgemeine Informationen jeder Art über Ereignisse, Sachen oder Personen.[192] Personenbezogene Daten sind solche Daten, die sich auf eine bestimmte oder bestimmbare Person beziehen.[193] Der nach dieser Definition erforderliche Personenbezug ist sowohl bei den in einer Biobank gesammelten genetischen und medizinischen Daten als auch bei den Angaben zum Lebensstil und den gesundheitsrelevanten Lebensgewohnheiten gegeben.[194] Unter medizinischen Daten sind alle Angaben über physische und psychische Faktoren, Risikofaktoren, Lebensgewohnheiten, die Krankheitsgeschichte und die familiären Hintergründe einer Person zu verstehen.[195] Genetische Daten, unabhängig davon, ob persönlichkeitsrelevant oder neutral, beziehen sich auf die biologischen Existenzbedingungen eines Menschen und ermöglichen dessen Identifizierung. Diese Informationen betreffen somit den Kern seiner Persönlichkeit.[196]

Fraglich ist jedoch, ob bei den in einer Biobank gesammelten Daten auch das Merkmal der Bestimmtheit bzw. Bestimmbarkeit vorliegt. Von Angaben über eine bestimmte Person spricht man, wenn aus den Daten direkt erkennbar ist, um welche konkrete Person es sich handelt. Eine Bestimmbarkeit der Person hingegen liegt vor, wenn für die Zuordnung der Daten ein Schlüssel oder ein anderer eindeutiger Zuordnungsparameter benötigt wird, die Identifizierung der konkreten Person aus den Daten selbst nicht möglich ist.[197] Bei rein statistischen und anonymisierten Daten, die keine Rückidentifizierung des Spenders erlauben,

---

[191] BVerfGE 65, 1 (45); *Höfling*, in: Sachs, GG, Art. 2 Rn 106; *Brückl*, Rechtsfragen zur Verwendung von genetischen Informationen über den Menschen, S. 137; *Meyer*, Der Mensch als Datenträger, S. 171.
[192] *Tilch/Arloth*, Deutsches Rechts-Lexikon; Band 1, unter dem Stichwort „Daten".
[193] *Di Fabio*, in: Maunz/Dürig, GG, Art. 2 Rn 175; *Badura*, StaatsR, C Rn 36; *Roßnagel/Scholz*, MMR 2000, S. 721 (722).
[194] *Brückl*, Rechtsfragen zur Verwendung von genetischen Informationen über den Menschen, S. 175; *Schladebach*, CR 2003, S. 225 (226); *v. Redecker/Reimer*, Jahrbuch für Ostrecht 2001, S. 361 (376).
[195] *Brückl*, Rechtsfragen zur Verwendung von genetischen Informationen über den Menschen, S. 119.
[196] *Tinnefeld/Böhm*, DuD 1992, S. 62 (63); im Ergebnis auch *Grand/Atia-Off*, in: Genmedizin und Recht, S. 529 (533).
[197] *Grand/Atia-Off*, in: Genmedizin und Recht, S. 529 (533); *Roßnagel/Scholz*, MMR 2000, S. 721 (722).

handelt es sich nicht um personenbezogene, sondern um sachbezogene Daten, die nicht unter den Schutz des informationellen Selbstbestimmungsrecht fallen.[198] Werden die in der Biobank gesammelten Informationen der Betroffenen demnach in der Weise anonymisiert, dass keinerlei Rückschlüsse auf die spendende Person möglich sind, kommt eine Gefährdung der informationellen Selbstbestimmung nicht in Betracht. Der Schutzbereich des Art. 2 I i.V.m. Art. 1 I GG ist jedoch eröffnet, wenn die in einer Biobank gesammelten persönlichen Daten nur in einer solchen Weise verschlüsselt werden, dass jederzeit eine Dekodierung der Daten möglich ist.[199]

b) Schutz von Blut- und Gewebeproben

Im Zusammenhang mit Biobanken stellt sich ferner die Frage, ob auch die gespeicherten Blut- und Gewebeproben mit in den Schutzbereich der informationellen Selbstbestimmung einzubeziehen sind. Bei menschlichen Blut- und Gewebeproben könnte es bereits an der Eigenschaft als Daten fehlen. Kennzeichnend dafür ist, dass es sich um Einzelangaben über persönliche oder sachliche Verhältnisse einer bestimmten oder bestimmbaren Person handeln muss.[200]

Versteht man „Angabe" als Ausdruck menschlicher Transformation seiner Sinneseindrücke mit einem finalen Element, so würde erst die durch Menschenhand geschaffene Konkretisierung, beispielsweise in Form einer Aufzeichnung, dieses Definitionsmerkmal erfüllen.[201] Dieser Ansicht zufolge wären Blut- und Gewebeproben für sich gesehen noch keine persönlichen Daten im Sinne von Art. 2 I i.V.m. Art. 1 I GG, sondern erst die durch eine Analyse daraus gewonnenen und aufgezeichneten Daten. Blut- und Gewebeproben wären demnach nur der Ausgangspunkt für das Herstellen von Angaben über eine Person.[202]

Andererseits könnte man unter „Angabe" auch ein bereits existierendes Phänomen unabhängig von einer menschlicher Konkretisierung verstehen.[203] Ähnlich einer Diskette würde es sich dieser Definition zufolge bei Blut- und Gewebeproben um eine Art Datenträger handeln, auf welchen die genetischen Informa-

---

[198] Das Recht an sachbezogenen Daten kann allenfalls dem Eigentumsschutz desjenigen unterliegen, der die Daten verarbeitet und auswertet.
[199] *v. Redecker/Reimer*, Jahrbuch für Ostrecht 2001, S. 361 (377); vgl. i. E. BVerfGE 32, 373 (379); 89, 69 (82); *Starck*, in: v. Mangoldt/Klein/Starck, GG, Art. 2 I Rn 93; *Hofmann*, Rechtsfragen der Genomanalyse, S. 42; *Damm*, MedR 2004, S. 1 (7); *Meschke/Dahm*, MedR 2002, S. 346 (348); *Meyer*, ArztR 2001, S. 172 (174).
[200] *Tilch/Arloth* Deutsches Rechts-Lexikon, Band 1, unter dem Stichwort „Daten".
[201] *Dammann*, in: Simitis, BDSG, § 3 Rn 5; *Stumper*, Informationelle Selbstbestimmung und DNA-Analysen, S. 86.
[202] *Dammann*, in: Simitis, BDSG, § 3 Rn 5.
[203] *Stumper*, Informationelle Selbstbestimmung und DNA-Analysen, S. 86.

tionen gespeichert sind. Im Gegensatz zu Disketten können aber die enthaltenen Daten nicht gelöscht werden, sondern sind unauflösbar mit dem Träger und damit mit dem betroffenen Genspender verbunden. Demzufolge würden auch Genproben als Personendaten unter den Persönlichkeitsschutz fallen.[204]

Die letztgenannte Ansicht läuft jedoch dem Schutzzweck des informationellen Selbstbestimmungsrechts zuwider. Das Recht auf informationelle Selbstbestimmung regelt den Umgang mit personenbezogenen Daten und die sich daraus ergebenden Gefahren. Ein solcher Umgang geht jedoch stets auf ein menschliches Handeln zurück, so dass allein erst durch menschliche Kommunikationsakte entstandene Daten als personenbezogen angesehen werden können.[205] Dazu zählen beispielsweise jegliche Art von Aufzeichnungen, Fingerabdrücke, aber auch Röntgenbilder.[206]

Abschließend ist festzuhalten, dass Blut- und Gewebeproben nicht dem Schutzbereich des informationellen Selbstbestimmungsrechts, sondern dem des allgemeinen Persönlichkeitsrechts unterliegen. Welcher „Sphäre" und damit welcher Schutzintensität sie zuzuordnen sind, richtet sich nach dem Abgrenzungskriterium des Sozialbezugs[207]. Danach sind nur solche Informationen einem absolut geschützten, unantastbaren Kernbereich (Intimsphäre) zuzuordnen, die keinen oder einen nur sehr schwachen sozialen Bezug aufweisen, also nicht die persönliche Sphäre von Mitmenschen und Belange des Gemeinschaftslebens berühren.[208] Entscheidend ist dabei nicht nur der Sozialbezug als solcher, sondern seine Intensität. Für die Einordnung in die im Gegensatz zur Intimsphäre weniger geschützte Privatsphäre kommt es folglich darauf an, ob der Sozialbezug des Sachverhalts intensiv genug ist.[209] Dies richtet sich wiederum allein nach den Besonderheiten des Einzelfalls.[210] Für sich gesehen betreffen Blut- und Gewebeproben zunächst allein die Sphäre des jeweiligen Spenders. Werden sie jedoch untersucht, analysiert und in Verhältnis zu anderen Proben gesetzt, können Blut- und Gewebeproben einen Sozialbezug aufweisen. Denn die Untersuchung gespeicherter Blut- und Gewebeproben betrifft dann nicht mehr nur die Sphäre des betroffenen Spender selbst, sie ermöglicht auch Aussagen über Blut- und Gewebeproben von Blutsverwandten und damit beispielsweise über für sie bestehende

---

[204] *Grand/Atia-Off*, in: Gendmedizin und Recht, S. 529 (539); *v. Redecker/Reimer*, Jahrbuch für Ostrecht 2001, S. 361 (377).
[205] *Stumper*, Informationelle Selbstbestimmung und DNA-Analysen, S. 87.
[206] *Tinnefeld/Ehlmann*, Einführung in das Datenschutzrecht, S. 184.
[207] Dieses Kriterium wurde durch die Tagebuch-Entscheidung des BVerfG auch auf Informationen ausgedehnt, vgl. BVerfGE 80, 367 (377).
[208] BVerfGE 35, 202 (220); *Kluth*, in: Genetische Untersuchungen und Persönlichkeitsrecht, S. 85 (90); *Schmitt Glaeser*, in: HbStR VI, § 129 Rn 36.
[209] Grundlegend dazu BVerfGE 6, 389 (433); *Schmitt Glaeser*, HbStR VI, § 129 Rn 36.
[210] BVerfG Urteil v. 3.03.2004 – Az. 1 BvR 2378/98, Rn 123; BVerfGE 80, 367 (374).

oder zukünftige Krankheitsrisiken. Daneben kann die Analyse von Blut- und Gewebeproben auch rein wissenschaftlichen Zwecken dienen, so dass auch Belange der gemeinnützigen Forschung berührt sein können. Um jedoch eine ausreichende Intensität des Sozialbezugs bejahen zu können, müssen hinreichend konkrete Anhaltspunkte für einen positiven Nutzen der Blut- und Gewebeproben zu Gunsten der Blutsverwandten oder der wissenschaftlichen Forschung gegeben sein. Nur unter diesen Voraussetzungen sind sie dem Schutzbereich der Privatsphäre zuzuweisen.

c) Zusammenfassung

Bezogen auf Biobanken ist bei der Prüfung des Schutzbereichs von Art. 2 I i.V.m. Art. 1 I GG zwischen den verschiedenen gesammelten Materialien zu differenzieren. Genetische und medizinische Daten betreffen als personenbezogene Daten den Schutzbereich des Rechts auf informationelle Selbstbestimmung. Blut- und Gewebeproben hingegen fallen unter den Schutzbereich des allgemeinen Persönlichkeitsrechts.

3) Eingriff

Es gibt wenige Bereiche, in denen eine Gefährdung des Datenschutzes und damit die Bedrohung der Privatsphäre so groß ist wie in der Biomedizin.[211] Bei der Frage, ob der Aufbau und der Betrieb einer Biobank einen Eingriff in Art. 2 I i.V.m. Art. 1 I GG darstellt, ist zunächst zwischen verschiedenen möglichen Beeinträchtigungsweisen sowohl personell als auch sachlich zu differenzieren. Mögliche Eingriffsformen stellen die Erhebung der Daten, das Speichern der Daten sowie der Blut- und Gewebeproben[212], das Nutzen der Daten und Materialien und nicht zuletzt die Weitergabe der Daten und Materialien dar. Diese Beeinträchtigungen können wiederum durch eine staatlich geführte oder durch eine private Biobank erfolgen.

a) Eingriffsmöglichkeiten bei einer staatlichen Biobank

Ein Eingriff in den Schutzbereich eines Grundrechts ist nach dem klassischen Eingriffsbegriff jede freiheitsverkürzende Maßnahme der grundrechtsgebundenen öffentlichen Gewalt. Voraussetzungen sind demnach erstens ein Handeln der Staatsgewalt, zweitens eine Behinderung des grundrechtlichen Schutzbereichs und drittens Kausalität zwischen dem Handeln und der Beeinträchti-

---

[211] *Tinnefeld*, ZRP 2000, S. 10 (11).
[212] Das Erheben der Blut- und Gewebeproben, also die Blutentnahme und die Entnahme von Gewebeproben, betrifft das Recht auf körperliche Unversehrtheit gem. Art. 2 II GG und wird unter 3. Teil B) IV. geprüft.

gung.²¹³ Dieser klassische Eingriffsbegriff gilt jedoch nach dem modernen Grundrechtsverständnis als zu eng. Ein Eingriff ist demnach jedes staatliche Handeln, das dem einzelnen ein grundrechtlich geschütztes Verhalten ganz oder teilweise unmöglich macht, unabhängig davon, ob dies final oder unbeabsichtigt, unmittelbar oder mittelbar, rechtlich oder faktisch, mit oder ohne Zwang erfolgt.²¹⁴

(1) Staatliche Datenerhebung

Wie der Begriff der personenbezogenen Daten wird auch der Begriff der Datenerhebung durch das BDSG legaldefiniert. Gem. § 3 III BDSG ist Erheben das Beschaffen von Daten über den Betroffenen. Es muss sich dabei um ein zielgerichtetes Sammeln von Informationen handeln.²¹⁵ Im Zusammenhang mit Biobanken erfolgt die Erhebung von genetischen Daten durch die Analyse der vorhandenen Blut- oder Gewebeproben. Die Informationen über Lebensumstände, Krankheitsgeschichte und Verwandtschaftsverhältnisse werden durch eine zielgerichtete Befragung des Datenspenders erhoben. Erfolgt eine solche Befragung nach den persönlichen Daten zwangsweise, das heißt wird dazu ein psychischer Druck auf den Betroffenen ausgeübt, oder werden die Daten bei den behandelnden Ärzten oder der Krankenkasse ohne Wissen des Betroffenen eingeholt, so beeinträchtigt dies das Recht auf informationelle Selbstbestimmung in der Form, dass der Datenspender nicht mehr frei und selbständig über die Preisgabe seiner persönlichen Informationen bestimmen kann. Eine staatliche Datenerhebung kann somit zu einem Eingriffs in Art. 2 I i.V.m. Art. 1 I GG führen.

(2) Staatliche Datenverarbeitung

Eine weitere mögliche Eingriffsform stellt die Datenverarbeitung durch eine staatliche Biobank dar. Hier muss erneut zwischen der Verarbeitung der Blut- und Gewebeproben und der Verarbeitung der personenbezogenen Daten differenziert werden.

Blut- und Gewebeproben sind, wie bereits geprüft, der Privatsphäre des einzelnen zuzuordnen. Werden diese in einer staatlichen Biobank bearbeitet und analysiert, so ist darin ein Eindringen in die persönliche Lebenssphäre des Spenders und damit eine potenzielle Beeinträchtigung des allgemeinen Persönlichkeitsrechts zu sehen.

---

[213] *Sachs*, VerfR II, A8 Rn 16, 17.
[214] *Pieroth/Schlink*, Grundrechte, Rn 240; ausführlich dazu *Eckhoff*, Der Grundrechtseingriff, S. 236 ff.
[215] *Dammann*, in: Simitis, BDSG, § 3 Rn 108; *Stumper*, Informationelle Selbstbestimmung und DNA-Analysen, S. 94.

Die ansonsten gespeicherten medizinischen und genetischen Daten sowie die Informationen über Lebensstil und Verwandtschaftsverhältnisse unterliegen dem informationellen Selbstbestimmungsrecht. Nach der Legaldefinition in § 3 IV BDSG umfasst die Verarbeitung personenbezogener Daten jedes Speichern, Verändern, Übermitteln, Sperren und Löschen dieser Daten.[216] Sind die persönlichen Daten erst einmal in der Hand der Biobank, so hat der betroffene Spender kaum noch eine Möglichkeit den Umgang mit seinen Daten zu kontrollieren. Demnach ist auch durch die Verarbeitung der personenbezogenen Daten seitens einer staatlich geführten Biobank ein Eingriff in das Recht auf informationelle Selbstbestimmung des Datenspenders möglich.

(3) Weitergabe von Daten aus einer staatlichen Biobank

Die Weitergabe der erhobenen Daten und Materialien an Dritte stellt für den betroffenen Datenspender den größtmöglichen Eingriff in sein allgemeines Persönlichkeitsrecht dar.[217] Die Übermittlung der persönlichen Daten und Körpersubstanzen durch den Betreiber der Biobank beeinträchtigt den Betroffenen in seinem Recht, ausschließlich selbst darüber zu entscheiden, wer wann Zugang zu seinen Daten haben soll. Die Datenweitergabe kann prinzipiell entweder durch ein aktives Tun oder durch ein Unterlassen erfolgen. Ein aktives Tun könnte darin bestehen, dass die Daten durch die speichernde Stelle selbst an den Empfänger übergeben werden. Ein Unterlassen läge vor, wenn der Empfänger eigenmächtig in die bereitgehaltenen Daten einsehen bzw. sie abrufen kann, somit ein Zugriff durch den Betreiber der Biobank nicht verhindert wird.[218] Der Kreis der an den in einer Biobank erfassten Informationen, insbesondere den genetischen Daten, Interessierten ist inzwischen sehr breit gefächert. So könnten beispielsweise die Angehörigen, der Arbeitgeber, Versicherungsunternehmen oder selbst der Staat Zugang zu den gespeicherten Daten verlangen.

(a) Angehörige

Die Besonderheit der in einer Biobank gesammelten Daten liegt nicht nur darin, dass es sich dabei überwiegend um äußerst intime und vertrauliche Informationen handelt, sondern dass sie darüber hinaus auch eine gewisse familiäre Komponente aufweisen. So können auch die Eltern, Geschwister oder die eigenen (noch zukünftigen) Kinder von den Analyseergebnissen betroffen sein.[219] Das

---

[216] Vertiefend dazu siehe *Dammann*, in: Simitis, BDSG, § 3 Rn 117 ff.
[217] *Tinnefeld*, RDV 1995, S. 22.
[218] *Tilch/Arloth*, Deutsches Rechts-Lexikon, Band 1, unter dem Stichwort „Datenübermittlung".
[219] *Schneider*, Biobanken im Spannungsfeld zwischen Gemeinwohl und partikularen Interessen, S. 2; *Damm*, MedR 2004, S. 1 (8).

Interesse der Angehörigen am Zugang zu den Daten ist folglich darin zu sehen, dass für sie auf diese Weise die Möglichkeit besteht, etwas über die eigene erbliche Veranlagung und mögliche zukünftige Lebensgestaltung zu erfahren.

(b) Arbeitgeber

Der Zugriff auf die in einer Biobank gespeicherten Daten und Informationen kann für den Arbeitgeber insbesondere bei Einstellungsuntersuchungen oder bei betriebsärztlichen Vorsorgeuntersuchungen von Bedeutung sein. So können zum Beispiel mit einem Arbeitsplatz erhöhte Erkrankungs- und Unfallgefahren verbunden sein, für deren Eintritt eine bestimmte Genstruktur entscheidend ist. Mit Kenntnis der genetischen und medizinischen Informationen könnte der Arbeitgeber überprüfen, ob seine Arbeitnehmer gegenwärtig oder zukünftig physisch oder psychisch geeignet sind, die vorgegebene Arbeitsaufgabe zu erfüllen.[220] Auf diese Weise ließe sich beispielsweise sehr leicht feststellen, ob ein Arbeitnehmer genetisch bedingt gegen bestimmte Arbeitsstoffe wie Chemikalien allergisch reagiert.[221] Dies kann zum einen zum gesundheitlichen Schutz der Arbeitnehmer geschehen.[222] Zum anderen hat ein Arbeitgeber ein legitimes Interesse daran, die von einem Arbeitgeber ausgehenden Gefahren für andere Menschen, wie Mitarbeiter oder Kunden, sowie die Kosten für den Betrieb zu verhindern bzw. zu beschränken.[223] Dies darf jedoch nicht dazu führen, dass „nichtresistenten" Arbeitnehmern durch ein solches Ausleseverfahren gekündigt wird bzw. sie erst gar nicht eingestellt werden.[224]

(c) Versicherungsunternehmen

Grundsätzlich bemißt sich die Prämienzahlung bei einer Kranken- und Rentenversicherung allein nach dem Einkommen des Versicherten, mit der Konsequenz, dass gesundheitliche Untersuchungen in der Regel[225] vor der Aufnahme nicht durchgeführt werden.[226] Dennoch kann ein Interesse vor allem der privaten Kranken-, Renten- und Lebensversicherungen an den in einer Biobank gespei-

---

[220] *Damm*, MedR 2004, S. 1 (16); *Schnittler*, DuD 1993, S. 290 (291).
[221] *Hofmann*, Rechtsfragen der Genomanalyse, S. 4; *Stumper*, Informationelle Selbstbestimmung und DNA-Analysen, S. 56; *Tinnefeld/Böhm*, DuD 1992, S. 62 (64).
[222] *Weichert*, DuD 2002, S. 133 (135); *Schnittler*, DuD 1993, S. 290 (291).
[223] *Hofmann*, Rechtsfragen der Genomanalyse, S. 156; *Wiese*, RPG 2002, S. 81 (82).
[224] *Tinnefeld/Ehlmann*, Einführung in das Datenschutzrecht, S. 26; *Schimmelpfeng-Schütte*, MedR 2003, S. 214 (217).
[225] Im Bereich der privaten Kranken- und Lebensversicherung sind gesundheitliche Untersuchungen vor Vertragsabschluss möglich, jedoch gem. § 160 VVG nicht verpflichtend.
[226] *Stumper*, Informationelle Selbstbestimmung und DNA-Analysen, S. 63; *Raestrup*, VersMed 1990, S. 37.

cherten Daten bestehen, um Schlussfolgerungen auf künftige Krankheiten des Versicherungsnehmers und damit auf das Versicherungsrisiko ziehen zu können.[227] So besteht die potentielle Gefahr, dass genetisch belastete Personen nur noch Versicherungsverträge mit hohen Risikozuschlägen abschließen können bzw. ihnen ein Vertragsabschluß völlig verwehrt wird.[228] Zwar hat die Versicherungswirtschaft selbstverpflichtend erklärt, nicht an den genetischen Informationen der Versicherungsnehmer interessiert zu sein. Dies scheint jedoch wenig glaubwürdig, da bereits heute in den Aufnahmebögen Fragen zu Erbkrankheiten in der Familie zu finden sind.[229]

(d) Zugangsinteresse des Staates

Für den Staat wäre der Zugriff auf Biobanken in mehreren Fällen interessant, so z. B. für Vaterschaftsermittlungen in Unterhaltszahlungsklagen oder aus nationalen Sicherheitsinteressen um Strafverbrechen aufzuklären.[230]

Im Rahmen eines Zivilprozesses über Unterhaltszahlungen ist der Zugriff auf die in einer Biobank gespeicherten genetischen Daten insofern von großem Interesse, als dies neben den herkömmlichen Abstammungsuntersuchungen eine vereinfachte Möglichkeit darstellt, eine Vaterschaft feststellen zu können.[231] Sind die genetischen Daten des in Frage kommenden Vaters bereits in einer Biobank erfasst, so bedarf es nicht einer erneuten Genanalyse gemäß § 372 a I Zivilprozessordnung (ZPO), sondern die Daten des Kindes können mit den bereits gespeicherten Daten verglichen werden. Der Betreiber einer Biobank könnte folglich per Beweisbeschluss des Gerichts nach § 358 ZPO gezwungen werden, die erforderlichen Daten herauszugeben.[232]

Von entscheidendem Interesse ist der Zugriff auf Biobanken zu Zwecken der Strafverfolgung. Die DNA-Analyse hat sich binnen kürzester Zeit zu einem außerordentlich effektiven kriminalistischen Instrument entwickelt und ist inzwischen in §§ 81 e und 81 f StPO gesetzlich geregelt.[233] Dabei darf sich die geneti-

---

[227] *Weichert*, DuD 2002, S. 133 (144).
[228] *Schimmelpfeng-Schütte*, MedR 2003, S. 214 (217); *Bickel*, VerwArch 87 (1996), S. 169 (179).
[229] *Hofmann*, Rechtsfragen der Genomanalyse, S. 191; *Spranger*, SuP 2000, S. 227; *Schmittler*, DuD 1993, S. 290 (291).
[230] *Schneider*, Biobanken im Spannungsfeld zwischen Gemeinwohl und partikularen Interessen, S. 4.
[231] *Hofmann*, Rechtsfragen der Genomanalyse, S. 3; *Meyer*, ArztR 2001, S. 172 (176).
[232] *Schneider*, Biobanken im Spannungsfeld zwischen Gemeinwohl und partikularen Interessen, S. 4.
[233] *Meyer*, ArztR 2001, S. 172 (175); *Schneider/Rittner*, ZRP 1998, S. 64 (65); *Schaar*, Tätigkeitsbericht des Bundesbeauftragten für Datenschutz 2001-2002, S. 52.

sche Untersuchung jedoch nur auf die nichtkodierenden Bereiche der DNA beschränken, eine Untersuchung auf bestimmte Erbkrankheiten ist unzulässig.[234] Durch den Einsatz von Genanalysen kann mit hoher Zuverlässigkeit eine beliebige Spur einem möglichen Tatverdächtigen, dem Opfer oder einem Zeugen zugeordnet werden. Andererseits kann dadurch auch ein zu Unrecht Beschuldigter vom Verdacht der Täterschaft entlastet werden.[235] Der Zugriff auf eine zentrale Datenbank mit DNA-Merkmalen wäre demzufolge ein effektives Hilfsmittel der polizeilichen Ermittlung für eine Täteridentifizierung und damit einen verbesserten Schutz möglicher weiterer Opfer.[236]

In Deutschland gibt es bereits seit April 1998 beim Bundeskriminalamt eine zentrale DNA-Analyse-Datei, in welcher alle DNA-Identifizierungsmuster erfasst werden, die sich aus den Spurenanalysen der jeweiligen Strafverfahren ergeben haben.[237] Die gesetzliche Grundlage für diese Datenbank findet sich in §§ 2 IV, 8 I, II und VI des Bundeskriminalamtsgesetzes i.V.m. § 3 des DNA-Identitätsfeststellungsgesetzes. Ein trotz dieser Datei bestehendes Zugriffsinteresse des Staates auf Biobanken könnte darauf zurückzuführen sein, dass in der Gendatenbank des Bundeskriminalamtes nur die Informationen derjenigen Personen erfasst sind, die an früheren Straftaten beteiligt waren.[238] Durch den Zugang zu einer Biobank wäre es möglich, die am Tatort gefundenen Spuren auch mit den Daten von bislang „strafrechtlich unauffälligen" Personen verglichen werden. Die Ermittlungsbehörden hätten somit eine größere Datenmenge zur Verfügung, um den Straftäter zu identifizieren. Zu beachten ist jedoch, dass durch derartige Zugriffsmöglichkeiten des Staates das Fundament des liberalen Rechtsstaates, nämlich die Unschuldsvermutung, stark ins Wanken gerät. Jeder Bürger, dessen Daten in einer Biobank gespeichert sind, würde demnach zunächst als potentieller Straftäter gelten.[239]

b) Eingriffsmöglichkeiten bei einer privaten Biobank

Grundsätzlich sind auch bei einer privaten Biobank die verschiedenen Eingriffsformen der Datenerhebung, Datenverarbeitung und Datenweitergabe zu unterscheiden. Es bestehen die gleichen Beeinträchtigungsmöglichkeiten wie bei ei-

---

[234] *Hofmann*, Rechtsfrage der Genomanalyse, S. 211, *Meyer*, ArztR 2001, S. 172 (176); *Schnittler*, DuD 1993, S. 290 (291).
[235] *Schneider*, DuD 1998, S. 6; *Tinnefeld/Böhm*, DuD 1992, S. 62 (65).
[236] *Schmitter*, in: Festschrift für Herold, S. 397 (415); *Schneider/Rittner*, ZRP 1998, S. 64.
[237] *Schmitter*, in: Festschrift für Herold, S. 397 (415); *Busch*, NJW 2002, S. 1754; *Lehne*, KrimJ 2002, S. 193 (197).
[238] *Lehne*, KrimJ 2002, S. 193 (198).
[239] *Schneider*, Biobanken im Spannungsfeld zwischen Gemeinwohl und partikularen Interessen, S. 4.

ner staatlich geführten Biobank. Unstrittig ist daher, dass auch durch die private Datenerhebung, Datenverarbeitung und Datenweitergabe der Schutzbereich der informationellen Selbstbestimmung beeinträchtigt ist. Schwierigkeiten bei der Eingriffsprüfung ergeben sich jedoch daraus, dass eine Biobank in privater Trägerschaft nicht, wie es die Definition eines Grundrechtseingriffs verlangt, hoheitlich handelt. Gem. Art. 1 III GG ist nur der Staat unmittelbar grundrechtsverpflichtet, zwischen Privatpersonen entfalten die Grundrechte lediglich eine mittelbare Wirkung.[240] Demzufolge kann der Aufbau und Betrieb einer privat geführten Biobank keinen eigenen Grundrechtseingriff darstellen.

c) Verantwortung des Staates für privates Handeln

Die Datenerhebung und Datenverarbeitung durch private Biobanken stellt zwar seitens des privaten Betreibers keinen Grundrechtseingriff dar. Fraglich ist jedoch, ob nicht dem Staat dieses private grundrechtsrelevante Verhalten zuzurechnen ist.

(1) Unterlassen von Schutzpflichten als Eingriff

Nach der sogenannten „abwehrrechtlichen Lösung" sind grundrechtliche Schutzpflichten des Staates Teil beziehungsweise Unterfall der Abwehrfunktion der Grundrechte.[241] Das Bestehen staatlicher Schutzpflichten entspricht dem klassischen Verständnis von Staatsaufgaben, wonach der Staat in erster Linie als Ordnungsmacht dafür Sorge zu tragen hat, dass die Bürger einander nicht schädigen.[242] Beruht eine Grundrechtsbeeinträchtigung durch eine Privatperson auf einem staatlichen Unterlassen dieser Schutzpflichten, so ist diesem Ansatz zufolge das private Handeln dem Staat als eigenes Handeln zuzurechnen und das Untätigbleiben des Staates gegenüber privaten Störungen als eigener Eingriff zu werten.[243]

Gegen den Eingriffscharakter eines Unterlassens grundrechtlicher Schutzpflichten spricht jedoch, dass dadurch der Eingriffsbegriff jede Kontur und Handhabbarkeit verliert. So ist durch die Erweiterung des klassischen Eingriffsbegriffs auch nach dem modernen Eingriffsbegriff die Voraussetzung eines staatlichen

---

[240] Siehe oben unter 3. Teil B) II.
[241] *Dietlein*, Die Lehre von den grundrechtlichen Schutzpflichten, S. 35; *Krings*, Grund und Grenzen grundrechtlicher Schutzpflichten, S. 104.
[242] *Sachs*, VerfR II, A4 Rn 28.
[243] *Murswiek*, Die staatliche Verantwortung für die Risiken der Technik, S. 107; *Hermes*, Das Grundrecht auf Schutz von Leben und Gesundheit, S. 72.

Handelns zwingend verblieben.[244] Unternimmt man den Vergleich zu strafrechtlichen unechten Unterlassensansprüchen, bedarf es auch bei einem Grundrechtseingriff durch Unterlassen einer Garantenstellung des Staates. Ebensowenig wie die Rolle eines universellen Überwachungsgaranten kommt dem Staat eine universelle Beschützergarantenstellung zu.[245] Dies wäre weder mit dem Staats- noch mit dem Freiheitsverständnis des Grundgesetzes vereinbar. Des weiteren widerspricht die Annahme eines Eingriffscharakters dem Grundsatz, dass Grundrechte im Verhältnis der Grundrechtsträger untereinander nicht unmittelbare Geltung finden. Dies würde man aber erreichen, wenn ein Eingriff des Staates in Form des Unterlassens von Schutzpflichten nur formal zwischengeschaltet wird.[246] Im Ergebnis ist somit ein Eingriff durch Unterlassen staatlicher Schutzpflichten abzulehnen.[247]

(2) Verletzung eines Schutzanspruches

Auch wenn das Unterlassen grundrechtlicher Schutzpflichten nicht als Grundrechtseingriff einzuordnen ist, kann dies dennoch in Form der Verletzung eines Schutzanspruchs des Grundrechtsträgers dem Staat zugerechnet werden. Während das BVerfG zur Subjektivierung von Schutzpflichten bislang nicht abschließend Stellung genommen hat, wohl aber eine Verfassungsbeschwerde zur Rüge von Schutzpflichtverletzungen für zulässig hält[248], ist im Schrifttum das Bestehen subjektiver Schutzansprüche anerkannt.[249] Der grundrechtliche Schutzanspruch des Grundrechtsträgers entspricht dem Inhalt und Gegenstand der grundrechtlichen Schutzpflicht.[250] Voraussetzung ist somit, dass dem Grunde nach eine den Anspruch begründende Schutzpflicht des Staates besteht und dass der Staat dieser Schutzpflicht in nicht ausreichendem Maße nachgekommen ist.[251]

Vorliegend müsste das hier betroffene allgemeine Persönlichkeitsrecht bzw. das informationelle Selbstbestimmungsrecht eine über den Abwehrcharakter hinausgehende staatliche Pflicht begründen, den einzelnen vor rechtswidrigen Zugriffen in seine Lebenssphäre und auf seine persönlichen Daten zu schützen. Nach

---

[244] *Krings*, Grund und Grenzen grundrechtlicher Schutzpflichten, S. 107; *Schmidt*, ZRP 1987, S. 345 (347).
[245] *Krings*, Grund und Grenzen grundrechtlicher Schutzpflichten, S. 121.
[246] *Krings*, Grund und Grenzen grundrechtlicher Schutzpflichten, S. 124.
[247] So auch *Klein*, DVBl. 1994, S. 489 (496),
[248] So z.B. BVerfGE 77, 170 (214); 79, 174 (201 f.).
[249] *Hermes*, Das Grundrecht auf Schutz von Leben und Gesundheit, S. 71 (m.w.N); *Stern*, StaatsR, Bd. III/1 S. 743.
[250] *Klein*, DVBl. 1994, S. 489 (495).
[251] *Manssen*, StaatsR I, Rn 51 ff.

herrschender Meinung ist der Staat allgemein verpflichtet, die Freiheitssphäre jedes einzelnen zu schützen und zu sichern. Somit kommen Schutzpflichten zugunsten aller in den Freiheitsgrundrechten garantierten Rechte in Betracht, so dass auch Art. 2 I i.V.m. Art. 1 I GG als objektive Schutznorm wirkt.[252] Der Staat ist demzufolge verpflichtet, Beeinträchtigungen des Persönlichkeitsrechts im Verhältnis der Bürger untereinander, wie bei einer privatrechtlichen Verpflichtung des Betroffenen zu einer Datenerhebung und Datenverarbeitung, vorzubeugen.[253]

Adressat grundrechtlicher Schutzpflichten ist in erster Linie der Gesetzgeber.[254] Die Grenze zwischen dem Bereich, den der Staat regeln muss, und dem Bereich, der der Privatautonomie überlassen werden darf, richtet sich nach dem Gewicht des Grundrechts und der Schutzbedürftigkeit des Betroffenen.[255] Zu berücksichtigen ist, dass das Sammeln, Verarbeiten und Weitergeben von Daten durch Private seinerseits eine grundrechtlich geschützte Tätigkeit darstellt. Die Regelungspflicht besteht demzufolge darin, die Schranken der sich gegenüberstehenden Rechte im einzelnen durch geeignete Schutzvorkehrungen in materieller und verfahrensrechtlicher Art auszuformen.[256] Im Zusammenhang mit dem Erheben und Verwerten von personenbezogenen Daten könnte der Gesetzgeber durch den Erlass des BDSG[257] seiner Regelungspflicht zum Schutz der Persönlichkeit ausreichend nachgekommen sein. Da in einer Biobank jedoch nicht nur personenbezogene Daten im Sinne des BDSG, sondern auch Blut- und Gewebeproben gesammelt werden und es sich insgesamt um sehr sensible Daten des Betroffenen handelt, erscheinen die allgemein gehaltenen Regeln des BDSG für den Zweck von Biobanken nicht ausreichend genug. Um Beeinträchtigungen durch privat geführte Biobanken zu verhindern, bedarf es folglich einer spezielleren gesetzlichen Regelung. Käme der deutsche Gesetzgeber dieser Pflicht nicht nach, so wäre darin ein Eingriff in Art. 2 I i.V.m. Art.1 I GG zu sehen.

---

[252] BVerfGE 92, 26 (46); *Isensee*, HStR V, § 111 Rn 86; *Manssen*, StaatsR I, Rn 49; *Di Fabio*, in: Maunz/Dürig, GG, Art 2 I Rn 67.

[253] *Kunig*, in: v. Münch/Kunig, GG, Art. 2 Rn 40; *Murswiek*, in: Sachs, GG, Art. 2 Rn 122; *Starck*, in: v. Mangoldt/Klein/Starck, GG, Art. 2 Rn 164; *Kern*, in: Genetische Untersuchungen und Persönlichkeitsrecht, S. 55 (64).

[254] *Dreier*, in: Dreier, GG, Art.2 I Rn 89; *Isensee*, HStR V, § 111 Rn 153; *Schmalz*, Grundrechte, Rn 245.

[255] *Schmalz*, Grundrechte, Rn 244; *Stein/Frank*, StaatsR, § 27 V.

[256] *Starck*, in: v. Mangoldt/Klein/Starck, GG, Art. 2 Rn 164; *Mand*, MedR 2003, S. 393 (394); *Gallwas*, NJW 1992, S. 2785 (2789).

[257] Vgl. §§ 27 ff. BDSG zur Datenverarbeitung nicht-öffentlicher Stellen.

III. Recht auf Nichtwissen, Art. 2 I i.V.m. Art. 1 I GG

Indem die in einer Biobank gespeicherten, persönlichen Daten des Spenders verarbeitet und analysiert werden und damit neue Erkenntnisse über ihn offenbart werden, könnte der Betroffene in seinem Recht auf Nichtwissen verletzt sein.

1) Schutzbereich

Hintergrund des Rechts auf Nichtwissen ist die Frage, ob sich jemand unter gewissen Voraussetzungen ein bestimmtes Wissen beschaffen und gegebenenfalls anderen gegenüber offenbaren muss, aber auch, ob er sich dagegen wehren kann, dass ihm das Wissen anderer aufgedrängt wird.[258] Das Recht auf Nichtwissen stellt somit das negative Gegenstück eines datenschutzrechtlichen Auskunftsanspruchs dar. Man könnte das Recht auf Nichtwissen auch als Recht auf Geheimnis umschreiben, ein Geheimnis gegenüber anderen und sich selbst.[259] Es muss grundsätzlich der Entscheidung des einzelnen überlassen bleiben, ob er sich mit der Kenntnis eigener oder der genetischen Risiken seiner Nachkommen auseinandersetzen will. Das Recht auf Nichtwissen schützt insofern vor der ungewollten Konfrontation mit Informationen über die eigene genetische und gesundheitliche Verfassung.[260]

Die Existenz eines solchen Rechts auf Nichtwissen ist heute nahezu unbestritten.[261] Hinsichtlich der dogmatischen Herleitung besteht die Übereinstimmung, dass das Recht auf Nichtwissen im Regelungsbereich des allgemeinen Persönlichkeitsrechts anzusiedeln ist. Ob es jedoch direkt vom allgemeinen Persönlichkeitsrecht abzuleiten ist, oder als Unterfall der informationellen Selbstbestimmung zu sehen ist, ist wiederum umstritten. Der Unterschied zwischen dem Recht auf informationelle Selbstbestimmung und dem Recht auf Nichtwissen liegt darin, dass beim informationellen Selbstbestimmungsrecht der einzelne bestimmen darf, ob Dritte Daten über ihn erheben und verarbeiten dürfen, wohingegen das Recht auf Nichtwissen ihm erlaubt, zu entscheiden, ob er selbst seine eigenen Daten kennen will oder nicht.[262] Der grundrechtliche Schutz der

---

[258] *Weichert*, DuD 2002, S. 133 (142); *Wiese*, RPG 2002, S. 81.
[259] *Meyer*, ArztR 2001, S. 172 (174); *Stumper*, DuD 1995, S. 511; *Tinnefeld/Böhm*, DuD 1992, S. 62 (63).
[260] *Brückl*, Rechtsfragen zur Verwendung von genetischen Informationen über den Menschen, S. 125; *Kern*, in: Genetische Untersuchungen und Persönlichkeitsrecht, S. 55 (61); *Tinnefeld*, DuD 1999, S. 35.
[261] *Brückl*, Rechtsfragen zur Verwendung von genetischen Informationen über den Menschen, S. 124; *Buchborn*, MedR 1994, S. 441 (444); *Donner/Simon*, DÖV 1990, S. 907 (912).
[262] *Wiese*, in: Festschrift für Niederländer, S. 484; *Stumper*, DuD 1995, S. 511 (512).

informationellen Selbstbestimmung bezieht sich demnach auf Daten, deren Informationsgehalt dem Betroffenen selbst bereits bekannt ist. Das Recht auf Nichtwissen kann andererseits nur beeinträchtigt werden, nachdem ein „humangenetisch geschulter" Dritter Kenntnis der Daten genommen hat und sie interpretiert hat. Erst dann besteht die Möglichkeit, dass der Betroffene selbst Kenntnis erlangen kann.[263] Ein weiterer Unterschied liegt in dem zeitlichen Beginn des Grundrechtsschutzes. Der Schutz des Rechts auf Nichtwissen muss bereits vor der Erhebung von Daten, also bereits bei der Erhebung von Zellmaterial und der Extraktion der DNA einsetzen, da der Betroffene ab diesem Zeitpunkt keinen Einfluss mehr auf die Entschlüsselung seiner Informationen hat.[264] Eine Beeinträchtigung der informationellen Selbstbestimmung kann jedoch auch erst später eintreten.[265] Das Recht auf Nichtwissen ist demzufolge grundrechtsdogmatisch dem allgemeinen Persönlichkeitsrecht und nicht der informationellen Selbstbestimmung zuzuordnen.[266]

Bei der Analyse der in einer Biobank gespeicherten genetischen und medizinischen Informationen kann die Situation auftreten, dass der Betreiber der Biobank über Informationen des Gesundheitszustandes des Datenspenders verfügt, die dem Betroffenen nicht einmal selbst bekannt sind. Da häufig trotz der genetischen Analyse das Ob und Wann des möglichen Krankheitsausbruchs ungewiss ist, will der Betroffene eine bestimmte Krankheitsanlage gar nicht kennen.[267] Der Schutzbereich des Rechts auf Nichtwissen, nämlich selbst zu entscheiden, ob man Kenntnis erlangen will oder nicht, ist mithin betroffen.[268]

2) Eingriff

Der durch die Analyse der in einer Biobank gesammelten Daten erbrachte Nachweis einer Disposition für bestimmte Krankheiten, lange bevor es zu einer tatsächlichen Erkrankung kommt, könnte für den Betroffenen irreversible Informationen bringen, die verschiedene Auswirkungen auf dessen Selbstverständnis, möglicherweise dessen komplette Lebensentwürfe haben können.[269]

---

[263] *Brückl*, Rechtsfragen zur Verwendung von genetischen Informationen über den Menschen, S. 128; *Stumper*, Informationelle Selbstbestimmung und DNA-Analysen, S. 124.
[264] *Brückl*, Rechtsfragen zur Verwendung von genetischen Informationen über den Menschen, S. 130.
[265] Siehe oben unter 2.Teil B) II) 3).
[266] So auch *Kluth*, in: Genetische Untersuchungen und Persönlichkeitsrecht, S. 85 (91).
[267] *Menzel*, DuD 2002, S. 146.
[268] *Grand/Atia-Off*, in: Genmedizin und Recht, S. 529 (531); *Hofmann*, Rechtsfragen der Genomanalyse, S. 47; *Stumper*, DuD 1995, S. 511.
[269] *Meyer*, ArztR 2001, S. 172 (174); *Kern*, MedR 2001, S. 9 (12); *Damm*, JZ 1998, S. 926 (932); *Steinmüller*, DuD 1993, S. 6.

Einerseits kann sich die Lebensplanung mit dem Wissen einer Erbkrankheit in dem Sinne verbessern, dass eine Situation der Ungewissheit beseitigt ist und man sich beispielsweise durch eine Behandlung, Diät oder sogar den Verzicht auf Nachwuchs oder einer Berufswahl leichter auf sein Schicksal einstellen kann. Das Leben wäre berechenbarer und die eigene Zukunft besser planbar.[270] Andererseits besteht vielleicht der Wunsch, seine genetische Konstitution gerade nicht zu erfahren, denn das Wissen über die eigene genetische Ausstattung und gesundheitliche Zukunft könnte die Lebensplanung des Betroffenen erheblich verunsichern und zu weitreichenden Konsequenzen wie einem Abbruch einer Schwangerschaft oder der Aufgabe eines bestimmten Berufs führen.[271] Ein Eingriff in das Recht auf Nichtwissen wäre in der Weise denkbar, dass der Betroffene angesichts der Unausweichlichkeit bestehender Erbkrankheiten in Depressionen verfällt und somit in seiner freien Selbstverwaltung schwerwiegend beeinträchtigt ist.[272] Aufgrund der Sensibilität der in einer Biobank gespeicherten Daten muss es demnach jedem freigestellt sein, ob er überhaupt Kenntnis von seinen eigenen genetischen Risiken nehmen will.[273]

Hinsichtlich der Beeinträchtigung des Rechts auf Nichtwissen durch eine private Biobank ist festzustellen, dass, wie auch das Recht auf informationelle Selbstbestimmung, das Recht auf Nichtwissen grundrechtliche Schutzpflichten enthält. Der Staat muss den einzelnen vor einem Verhalten privater Dritter schützen, das zur Erlangung von unerwünschtem Wissen führen kann. Insofern müsste der Gesetzgeber Regelungen treffen, die eine Alternative vorsehen, dass der Betroffene keine Kenntnis vom Ergebnis der Analyse seiner Daten erlangt.[274] Die in §§ 19 ff. BDSG normierten Rechte des Datenspenders umfassen zwar nur positives Auskunftsrecht über die eigenen personenbezogenen Daten, Schutzrechte gegen eine ungewollte Kenntnisnahme der eigenen Informationen enthalten sie jedoch nicht. Ferner ist bei Informationen, die zum Schutzbereich des allgemeinen Persönlichkeitsrechts gehören, grundsätzlich ein zivilrechtlicher Abwehranspruch gem. § 823 I BGB anerkannt[275]. Das allgemeine Persönlichkeitsrecht genießt als „sonstiges Recht" im Sinne des § 823 I BGB den Schutz der absoluten Rechte. Bei rechtswidriger Verletzung hat der Betroffene einen Anspruch auf

---

[270] *Brückl*, Rechtsfragen zur Verwendung von genetischen Informationen über den Menschen, S. 126; *Meyer*, Der Mensch als Datenträger, S. 189.

[271] *Schladebach*, CR 2003, S. 225; *Tinnefeld*, ZRP 2000, S. 10 (11); *Genewatch*, Giving Your Genes to BioBankUK – Questions to Ask.

[272] *Hofmann*, Rechtsfragen der Genomanalyse, S. 47; *Wiese*, RPG 2002, S. 81 (82); *Buchborn*, MedR 1996, S. 441 (442).

[273] *Schneider*, Jahrbuch Menschenrechte 2003, S. 130 (139).

[274] *Brückl*, Rechtsfragen zur Verwendung von genetischen Informationen über den Menschen, S. 125.

[275] So z.B. BGHZ 60, 296 (298); 106, 229 (232).

Unterlassung, Beseitigung oder auf Schadensersatz.[276] Da aber die unerwünschte Kenntnis von genetischen und gesundheitlichen Informationen zu solch schweren psychischen Belastungen führen kann, erscheint eine speziellere gesetzliche Regelung eines Rechts auf Nichtwissen im Zusammenhang mit Biobanken erforderlich.[277] Kommt der Gesetzgeber dieser Pflicht nicht in ausreichendem Maße nach, ist darin eine Verletzung des grundrechtlichen Schutzanspruchs des Betroffenen aus seinem Recht auf Nichtwissen zu sehen.

IV. Recht auf körperliche Unversehrtheit, Art. 2 II 1 GG

Durch die Entnahme der in einer Biobank gespeicherten Blut- und Gewebeproben könnte der betroffene Spender in seinem Recht auf körperliche Unversehrtheit gem. Art 2 II 1 GG beeinträchtigt sein. Eine Einwirkung in die körperliche Unversehrtheit könnte aber auch darin zu sehen sein, dass der Betroffene durch die Kenntnis seiner genetischen Veranlagung und damit seiner gesundheitlichen Zukunft psychische Belastungen erleidet.

1) Schutzbereich

Die körperliche Unversehrtheit schützt vor allen Einwirkungen, die die menschliche Gesundheit im biologisch-physiologischen Sinne beeinträchtigen. Dazu gehört vor allem der Schutz der körperlichen Integrität als solche.[278] Geschützt sind die einzelnen Glieder, Organe des Körpers, aber auch der Gesamtorganismus.[279] Nicht vom Schutzbereich des Art. 2 II GG erfaßt wird jedoch die bloße Ungestörtheit des geistig-seelischen Wohlbefindens.[280] Nichtkörperliche Einwirkungen führen nur dann zu Beeinträchtigungen der körperlichen Unversehrtheit, wenn sie ein solches Ausmaß erreichen, dass sie als körperlicher Schmerz empfunden werden. Dabei ist immer von einer objektiven Betrachtungsweise auszugehen.[281]

Bezüglich der Entnahme von Blut- und Gewebeproben ist der Schutzbereich des Art. 2 II 1 GG unproblematisch eröffnet. Hinsichtlich potentieller psychischer Belastungen können sich hingegen Schwierigkeiten ergeben. Da nicht jede

---

[276] Ausführlich dazu *Palandt*, BGB, § 823 Rn 83 ff.
[277] *Brückl*, Rechtsfragen zur Verwendung von genetischen Informationen über den Menschen, S. 125; *Wiese*, in: Festschrift für Niederländer, S. 475 (487).
[278] BVerfGE 56, 54 (73); *Jarass*, in: Jarass/Pieroth, GG, Art. 2 Rn 62.
[279] *Sachs*, VerfR II, B2 Rn 98.
[280] *Starck*, in: v. Mangoldt/Klein/Starck, GG, Art. 2 Rn 177; *Lorenz*, HStR VI, § 128 Rn 18.
[281] BVerfGE 56, 54 (75); *Hermes*, Das Grundrecht auf Schutz von Leben und Gesundheit, S. 225; *Kunig*, in: v. Münch/Kunig, GG, Art. 2 Rn 63.

Kenntnisnahme der eigenen genetischen Veranlagung zu einer Beeinträchtigung der körperlichen Unversehrtheit führen kann, kommt es für eine Differenzierung auf den Inhalt der Information und die damit in Verbindung stehende Intensität der psychischen Einwirkung an. Erfährt der Betroffene zum Beispiel, dass er aufgrund seiner genetischen Veranlagung an einer lebensbedrohlichen Krankheit erkranken wird, so ist die Wahrscheinlichkeit, dass er diesbezüglich in starke Depressionen verfällt, sehr groß. Umgekehrt wird die psychische Belastung nicht so stark sein, wenn die Analyse der genetischen und gesundheitlichen Daten für den Betroffenen positiv ausfällt, also keine lebensbedrohlichen Krankheiten vorhersagt. Demnach wäre nur in dem ersten Fall der Schutzbereich des Art. 2 II 1 GG eröffnet.

2) Eingriff

Ein Eingriff in die körperliche Unversehrtheit liegt immer dann vor, wenn die Beschaffenheit der Körpersubstanz verändert wird. Dazu zählt nicht nur die Zufügung von Körperverletzungen im engeren Sinn, sondern auch jede Blutentnahme, Operation, sogar das Haareschneiden.[282] Teilweise wird vertreten, dass es an einem Eingriff fehlen soll, wenn die Beeinträchtigung der körperlichen Unversehrtheit nur geringfügig und damit dem Betroffenen zumutbar ist.[283] Dagegen spricht jedoch, dass der Staat die körperliche Unversehrtheit insgesamt zu respektieren hat, somit keinerlei Ausnahmen in Betracht kommen.[284] Die Erhebung von Blut- und Gewebeproben stellt demnach eine Beeinträchtigung der körperlichen Unversehrtheit des Spenders dar. Auch in der Mitteilung der eigenen genetischen Veranlagung kann ein Eingriff in Art. 2 II 1 GG liegen, soweit der Schutzbereich eröffnet ist.

Wie bereits im Rahmen eines möglichen Eingriffs in Art. 2 I i.V.m. Art. 1 I GG ausgeführt wurde, stellt sich die Frage nach einer potentiellen Beeinträchtigung der körperlichen Unversehrtheit nur bei staatlich geführten Biobanken. Eine Blutentnahme oder Entnahme von Gewebe, sowie eine Mitteilung der Analyseergebnisse seitens einer privaten Biobank stellt keinen Grundrechtseingriff im eigentlichen Sinn dar. Letztere könnte allenfalls wiederum staatliche Schutzpflichten auslösen. Das Grundrecht auf körperliche Unversehrtheit begründet die Verpflichtung des Staates, durch geeignete Rechtsvorschriften die körperliche

---

[282] *Murswiek*, in: Sachs, GG, Art. 2 Rn 154; *Schulze-Fielitz*, in: Dreier, GG, Art. 2 II Rn 22; *Lorenz*, HbStR VI, § 128 Rn 17.
[283] BVerfGE 17, 108 (115).
[284] *Sachs*, VerfR II, B2 Rn 102; i. E. auch *Kunig*, in: v. Münch/Kunig, GG, Art. 2 Rn 64; *Jarass*, in: Jarass/Pieroth, GG, Art. 2 Rn 66.

Unversehrtheit gegen Dritte zu schützen.[285] Dieser Pflicht ist der Gesetzgeber jedoch durch §§ 223 ff. StGB oder § 823 I BGB in ausreichendem Maße nachgekommen.

V. Freiheit der Ehe und Familie, Art. 6 I und II GG

Als weiteres Grundrecht des Datenspenders, welches durch den Aufbau und Betrieb einer Biobank betroffen sein könnte, kommt das Recht auf Unverletzlichkeit des Familien- und Privatlebens aus Art. 6 I und II GG in Betracht.

1) Schutzbereich

Der Schutz der Ehe und Familie verstärkt die Entfaltungsfreiheit des allgemeinen Persönlichkeitsrechts im privaten Lebensbereich und erfasst damit die Ehe und Familie als einen gegen den Staat abgeschirmten Autonomiebereich.[286] Der Schutz der Ehe reicht von der Eheschließung über das eheliche Zusammenleben, die Entscheidung der Eltern, wann und wie viele Kinder sie haben wollen, bis zur Ehescheidung. Der Schutz der Familie umfasst die Familiengründung sowie alle Bereiche des familiären Zusammenlebens.[287] Für das Verhältnis zwischen Eltern und Kindern innerhalb der Familie ist das Elternrecht aus Art. 6 II GG lex specialis.[288] Die in einer Biobank gespeicherten genetischen Informationen des Datenspenders und Informationen über seine Lebensumstände können auch dessen Familienleben betreffen, so dass der Schutzbereich der Freiheit der Ehe und Familie grundsätzlich eröffnet ist.

2) Eingriff

Eingriffe in die Freiheit von Ehe und Familie sind alle staatlichen Maßnahmen, die die Ehe und Familie schädigen, stören oder sonst beeinträchtigen. In Bezug auf die Errichtung und den Betrieb einer Biobank kann eine Störung des Familienfriedens darin zu sehen sein, dass durch die Analyse der persönlichen Daten tatsächliche Abstammungsverhältnisse in einer Familie aufgeklärt werden könnten.[289] Eine weitere potentielle Beeinträchtigung des Familienlebens oder der

---

[285] *Badura*, StaatsR, C Rn 37; *Hermes*, Das Grundrecht auf Schutz von Leben und Gesundheit, S. 208 ff.
[286] BVerfGE 42, 234 (236); 57, 170 (178).
[287] *Pieroth*, in: Jarass/Pieroth, GG, Art. 6 Rn 3.
[288] BVerfGE 31, 194 (204); *Schmitt-Kammler*, in: Sachs, GG, Art. 6 Rn 47.
[289] *v. Redecker/Reimer*, Jahrbuch für Ostrecht 2001, S. 361 (390).

Ehe kann vorliegen, wenn durch die Verwertung der Informationen bislang unbekannte Erbkrankheiten in der Familie bekannt werden, wodurch der Betroffene in seiner eigenen Familienplanung beeinflusst wird.

Wie bereits bei den vorherigen Grundrechten erörtert, kann die Verwertung von persönlichen Daten durch eine private Biobank allenfalls die Verletzung einer staatlichen Schutzpflicht und damit eines grundrechtlichen Schutzanspruchs des Betroffenen darstellen. Anknüpfungspunkt wäre demnach das staatliche Unterlassen einer in Art. 6 I, II GG enthaltenen Schutzpflicht. Nach ständiger Rechtsprechung besitzt das Recht auf Freiheit der Ehe und Familie nicht nur die Funktion eines Abwehrrechts, sondern verpflichtet zusätzlich den Staat, Ehe und Familie vor Beeinträchtigungen seitens Dritter durch geeignete Maßnahmen zu schützen.[290] Um eine Beeinträchtigung des Art. 6 I, II GG zu verhindern, müsste der Gesetzgeber demnach spezielle Regelungen treffen, die eine Kenntnisnahme der Informationen über die genetische und gesundheitliche Veranlagung und über die Abstammungsverhältnisse nur auf Wunsch des Betroffenen zulassen.[291]

VI. Eigentumsrecht, Art. 14 I GG

Das Recht auf Eigentum des Datenspenders könnte durch den Betrieb einer Biobank insofern beeinträchtigt sein, als der Betreiber der Datenbank die genetischen und medizinischen Informationen kommerziell nutzt, indem er sie im eigenen Interesse verwertet oder an Dritte weitergibt.

1) Schutzbereich

Nach einem weit gefassten Eigentumsbegriff bedeutet Eigentum im Sinne von Art. 14 I GG jede privatrechtliche vermögenswerte Rechtsposition, die einer Person zur Geltendmachung im eigenen Interesse zugeordnet ist.[292] Das bedeutet jedoch nicht, dass Eigentum im Sinne des Grundgesetzes identisch ist mit dem Eigentum des bürgerlichen Rechts. Gem. Art. 14 I 2 GG bestimmt sich der Schutzbereich des Eigentums vielmehr durch alle zum maßgeblichen Zeitpunkt geltenden die Eigentümerstellung regelnden Gesetze.[293] Art. 14 I GG schützt nur den vorhandenen Bestand des Eigentums. Das heißt, bloße Umsatz-, Erwerbs- oder Gewinnchancen fallen nicht unter den Schutzbereich des Art. 14 I GG.[294]

---

[290] So z.B. BVerfGE 6, 55 (76); 55, 114 (126); 87, 1 (35).
[291] Bzgl. bereits existierender Rechtsvorschriften siehe Ausführungen oben unter 3. Teil C) II. 3) c) oder III. 2).
[292] *Wendt*, in: Sachs, GG, Art. 14 Rn 21 ff; *Schmalz*, Grundrechte, Rn 763.
[293] *Wieland*, in: Dreier, GG, Art. 14 Rn 25.
[294] BVerfGE 74, 129 (148); 105, 252 (277).

Ferner ist auch die Nutzung des Eigentums geschützt. Der Eigentümer hat nicht nur die Freiheit, sein Eigentum zu behalten, sondern auch es zu verwenden, zu verbrauchen und zu veräußern.[295]

Im Zusammenhang mit Biobanken stellt sich die grundlegende Frage, ob die gesammelten Blut- und Gewebeproben und die personenbezogenen Daten eigentumsfähig sind und damit der Schutzbereich des Art. 14 I GG überhaupt betroffen sein kann.

a) Eigentumsfähigkeit von Blut- und Gewebeproben

„Leben", „Körper" und „Gesundheit" sind keine Güter, die der Kategorie des Habens bzw. des Besitzes zuzuordnen sind. Es handelt sich dabei vielmehr um Lebensgüter, die von der Natur der Sache dem Träger zugewiesen sind.[296] Der Körper des lebenden Menschen ist an sich zwar ein Rechtsgegenstand, jedoch keine bürgerlich-rechtliche Sache im Sinne von § 90 BGB. Aufgrunddessen ist die rechtliche Beziehung der Person zum Körper nicht als Eigentum, sondern vielmehr als Persönlichkeitsrecht zu qualifizieren.[297]

Etwas anderes ergibt sich jedoch hinsichtlich der Eigentumsfähigkeit bei vom Körper getrennten Substanzen, wie beispielsweise Blut- oder Zellproben. Nach einer Mindermeinung in der Literatur sind auch abgetrennte Körpersubstanzen keine Sachen, sondern ein fortbestehender Teil der Persönlichkeit.[298] Die herrschende Ansicht vertritt jedoch den Standpunkt, dass menschliche Körperteile mit ihrer Trennung zu bürgerlich-rechtlichen Sachen im Sinne von § 90 BGB werden. Zwar kann verfassungsrechtlich ein Persönlichkeitsrecht weiterhin an den abgetrennten Körpersubstanzen bestehen bleiben. Dies wird jedoch nur dann angenommen, wenn die Körpersubstanzen mit dem Ziel der Wiedereingliederung entnommen wurden. Ansonsten ist die Rechtsbeziehung zu den abgetrennten Körperteilen als Eigentum einzustufen.[299] Dem rein persönlichkeitsrechtlich orientierten Ansatz der Mindermeinung wird entgegengehalten, dass auch bei einer eigentumsrechtlichen Betrachtungsweise dem Schutz des Persönlichkeitsrechts Rechnung getragen werden kann, indem der Substanzträger nach einer

---

[295] *Wendt*, in: Sachs, GG, Art. 14 Rn 41; *Pieroth/Schlink*, Grundrechte, Rn 914.
[296] *Taupitz*, JZ 1992, S. 1089 (1091).
[297] *Depenheuer*, in: v. Mangoldt/Klein/Starck, GG, Art. 14 Rn 148; *Müller*, Die kommerzielle Nutzung menschlicher Körpersubstanzen, S. 34; *Nitz/Dierks*, MedR 2002, S. 400 (401); *Damm*, JZ 1998, S. 926 (933).
[298] *Müller*, Die kommerzielle Nutzung menschlicher Körpersubstanzen, S. 38.
[299] *Depenheuer*, in: v. Mangoldt/Klein/Starck, GG, Art. 14 Rn 149; *Heinrichs*, in: Palandt, BGB, § 90 Rn 3; *Nitz/Dierks*, MedR 2002, S. 400 (401); *Lippert*, MedR 2001, S. 406 (407); *Damm*, JZ 1998, S. 926 (933).

Eigentumsübertragung weiterhin Einflussmöglichkeiten auf die Körpersubstanz haben soll, etwa wenn bei der Verwendung der Körpersubstanz abredewidrig gehandelt wird.[300]

Die in einer Biobank unter anderem gesammelten Blut- und Gewebeproben sind nicht mit dem Zweck entnommen worden, dem Spender zu einem späteren Zeitpunkt wieder einzuführen. Im Gegenteil sollen diese Körpersubstanzen im Besitz des Betreibers einer Biobank oder eines Dritten bleiben. Demnach ist eine Ablösung des Persönlichkeitsrechts durch das Eigentumsrecht im Zeitpunkt der Trennung anzunehmen. Die Begründungen für die Umwandlung des Persönlichkeitsrechts in ein Eigentumsrecht gehen jedoch innerhalb der herrschenden Meinung auseinander.

(1) Analoge Anwendung des § 953 BGB

Zum Teil wird die Umwandlung des Persönlichkeitsrechts in ein Eigentumsrecht bei abgetrennten Körperteilen mit einer analogen Anwendung des § 953 BGB begründet.[301] § 953 I BGB bestimmt, dass getrennte Bestandteile einer Sache nach der Trennung dem Eigentümer der Sache gehören. Zwar kann man an seinem Körper selbst kein Eigentum haben, dennoch sei der Eigentumserwerb die logische Folge der intensiven Bindung des Körpers an die Persönlichkeit. Das Persönlichkeitsrecht schwäche sich gleichsam zu einem Eigentumsrecht ab.[302]

(2) Aneignungsrecht

Eine andere Ansicht in der Literatur verneint einen unmittelbaren Eigentumserwerb an den abgetrennten Körperteilen und stuft diese nach ihrer Trennung als herrenlose Sachen ein. Allerdings soll dem Substanzträger als Ausfluss seines Persönlichkeitsrechts ein Aneignungsrecht zustehen, welches gem. § 958 II BGB einen Eigentumserwerb des nichtberechtigten Eigenbesitzers ausschließt.[303] Voraussetzung dafür sei aber, dass das Aneignungsrecht tatsächlich ausgeübt wird, da es ansonsten bei der Herrenlosigkeit der Körpersubstanzen

---

[300] *Marly*, in: Soergel, BGB, § 90 Rn 7.
[301] *Heinrichs*, in: Palandt, BGB, § 90 Rn 3; *Lippert*, MedR 2001, S. 406 (407); *Taupitz*, AcP 191, S. 209.
[302] BGH v. 03.06.1958 – Az. 5 StR 179/58, MDR 1958, S. 739 (740); *Müller*, Die kommerzielle Nutzung menschlicher Körpersubstanzen, S. 36.
[303] *Holch*, in: MüKo, BGB, § 90 Rn 27; *Müller*, Die kommerzielle Nutzung menschlicher Körpersubstanzen, S. 37.

bleibt. Oft wird dieser Meinung zufolge jedoch ein Verzicht auf das Aneignungsrecht angenommen, wenn der Betroffene die getrennten Körperteile und Substanzen beim Arzt oder Forschungsinstitut zurückläßt.[304]

(3) Kombinationslösung

Ein weiterer Standpunkt in der Literatur favorisiert eine sogenannte „Kombinationslösung". Danach stehen nach der Trennung von Körpersubstanzen Persönlichkeitsrecht und Eigentum nebeneinander. Das Eigentum an den Körpersubstanzen und eine Persönlichkeitsverletzung durch den Umgang Dritter mit den Körpersubstanzen seien folglich getrennt zu beurteilen.[305]

Im Ergebnis sind die in einer Biobank gesammelten Blut-, Zell- und Gewebeproben somit eigentumsfähig, so dass insofern der Schutzbereich des Art. 14 I GG betroffen sein kann.

b) Eigentumsfähigkeit von Körpersubstanzen Verstorbener

Die Frage der Eigentumsfähigkeit stellt sich ferner bei den in einer Biobank gespeicherten Körpersubstanzen von Verstorbenen. Auch sie können weiterhin analysiert werden und Rückschlüsse auf die Persönlichkeit des Verstorbenen ermöglichen. Dies könnte insbesondere für die Analyse der Daten der Angehörigen von Interesse sein.

Der herrschenden Meinung zufolge handelt es sich bei einem Leichnam grundsätzlich um eine herrenlose, nicht aneignungsfähige Sache. Die Rechte am Leichnam sind daher nicht als Eigentum zu qualifizieren.[306] Unabhängig davon handelt es sich bei vom Leichnam getrennten Körpersubstanzen um eigentumsfähige Sachen. Wenn bereits die vom lebenden Körper getrennten Substanzen Sachen sind[307], so muss dies erst recht für die von einer Leiche getrennten Teile gelten, denn der persönlichkeitsrechtliche Bezug zum Verstorbenen ist weitaus schwächer als zum lebenden Betroffenen.[308]

Zu klären bleibt jedoch, in wessen Eigentum die Körpersubstanzen der Verstorbenen stehen. Denkbar wäre ein unmittelbarer Eigentumserwerb der Erben. Dagegen spricht jedoch, dass dem Verstorbenen zu Lebzeiten keinerlei vermögenswerte Rechtspositionen an seinem Körper zustanden, so dass die Leiche

---

[304] *Nitz/Dierks*, MedR 2002, S. 400 (401); *Taupitz*, JZ 1992, S. 1089 (1092).
[305] *Freund/Weiss*, MedR 2004, S. 315 (316); *Lippert*, MedR 2001, S. 406 (407); *Damm*, JZ 1998, S. 926 (933); *Taupitz*, JZ 1992, S. 1089 (1093).
[306] Holch, in: MüKo, BGB, § 90 Rn 30; *Heinrichs*, in: Palandt, BGB, Überbl. v. § 90 Rn 11.
[307] Siehe oben unter 3. Teil C) VI. 1. a).
[308] *Müller*, Die kommerzielle Nutzung menschlicher Körpersubstanzen, S. 64.

nicht Bestandteil des Nachlasses sein kann.[309] Mit der Trennung der Substanzen vom Leichnam kann den Erben jedoch ein ausschließliches Aneignungsrecht zustehen. Dies wird damit begründet, dass der Erblasser selbst zu Lebzeiten potentiell seine abgetrennten Körpersubstanzen hätte veräußern können.[310] Allerdings dient dieses Aneignungsrecht allein den Interessen des Verstorbenen, so dass die Erben eine rein treuhänderische Rechtsposition einnehmen.[311] Des weiteren erscheint es sinnvoll, das Aneignungsrecht personell zu beschränken. Soweit der Verstorbene nichts anderes festgelegt hat, sind nur die engeren Angehörigen als aneignungsberechtigt anzusehen.[312] Gespeicherte Blut- und Gewebeproben von Verstorbenen fallen demnach unter den Schutzbereich eines eigenen Eigentumsrechts der Angehörigen.

c) Eigentumsfähigkeit der gesammelten Daten

Fraglich ist, ob auch die genetischen und medizinischen Daten, sowie die allgemeinen Informationen über die Lebensumstände eigentumsfähige Positionen des Betroffenen darstellen.

Eine eigentumsfähige Position im Sinne von Art. 14 I GG ist grundsätzlich jedes vom Gesetzgeber gewährte vermögenswerte Recht.[313] Schwierigkeiten bei der Subsumtion der genannten Daten darunter ergeben sich insbesondere hinsichtlich eines bestehenden Vermögenswertes. So verkörpern DNA-Informationen an sich noch keinen wirtschaftlichen Wert. Einen wirtschaftlichen Wert erhalten genetische Daten erst durch ihre Auswertung und ihre zielgerichtete Nutzung.[314] Da jedoch die Auswertung der in einer Biobank gesammelten genetischen Informationen nicht durch den Betroffenen selbst, sondern durch den Betreiber der Biobank durchgeführt wird, stellt sich die Frage, wem der so entstandene Vermögenswert der Daten zuzusprechen ist. Grundsätzlich ist das Recht an dem vermögenswerten Ergebnis einer geistigen Leistung dem Eigentum des Urhebers zuzuordnen, im vorliegenden Fall dem Betreiber der Biobank.[315] Demnach unterliegen die in einer Biobank gesammelten genetischen Daten vor ihrer Aus-

---

[309] *Edenhofer*, in: Palandt, BGB, § 1922 Rn 46; *Stein*, in: Soergel, BGB, § 1922 Rn 16.
[310] *Müller*, Die kommerzielle Nutzung menschlicher Körpersubstanzen, S. 66.
[311] *Müller*, Die kommerzielle Nutzung menschlicher Körpersubstanzen, S. 68.
[312] *Stein*, in: Soergel, BGB, § 1922 Rn 17.
[313] *Jarass*, in: Jarass/Pieroth, GG, Art. 14 Rn 7.
[314] *Schuster*, in: Genetische Untersuchungen und Persönlichkeitsrecht, S. 35 (39); *Godard/ Schmidtke/Cassiman/Aymé*, European Journal of Human Genetics 2003, S. 88 (98 f.); *Schrell/Heide*, GRUR Int. 2001, S. 304 (308).
[315] *Depenheuer*, in: v. Mangoldt/Klein/Starck, GG, Art. 14 Rn 152; *Papier*, in: Maunz/Dürig, GG, Art. 14 Rn 197.

wertung mangels Eigentumsfähigkeit nicht dem Eigentumsschutz des Betroffenen. Nach ihrer Analyse sind die Daten zwar eigentumsfähig, sie stellen aber keine vermögensrechtliche Position des Betroffenen, sondern eine solche des Betreibers der Biobank dar. Dasselbe muss auch für die Informationen über die Krankheitsgeschichte und die allgemeinen Lebensumstände des Betroffenen gelten, denn für sich gesehen enthalten auch sie keinen wirtschaftlichen Wert.

Im Ergebnis ist der Schutzbereich des Art. 14 I GG nur in Bezug auf das gesammelte biologische Material des Datenspenders betroffen. Die gespeicherten genetischen und allgemeinen Informationen über den Betroffenen fallen nicht unter den Schutzbereich seines Eigentumsrechts aus Art. 14 I GG.

2) Eingriff

Allgemein stellt jede Beeinträchtigung der dem Eigentümer zustehenden Befugnisse einen Eingriff in die in Art. 14 I GG geschützte Freiheit des Eigentums dar. Möglich sind dabei Eingriffe durch Normen oder Einzelfallregelungen, sowie durch faktische und mittelbare Einwirkungen auf die Nutzung, Verfügung und Verwertung des geschützten Eigentums.[316]

Dadurch, dass die gesammelten Blut-, Zell- oder Gewebeproben von dem Betreiber der Biobank verarbeitet und genutzt werden, oder von ihm an interessierte Dritte „verkauft" werden, könnten die Eigentumsrechte des Spenders an seinen entnommenen Körpersubstanzen in Form einer faktischen Einwirkung auf die Nutzung und Verwertung beeinträchtigt sein. Forschungsinstitute oder Pharmaunternehmen könnten sich auf diese Weise die entnommenen Körpersubstanzen des Spenders zu eigen machen und durch ihre Verwertung beträchtliche finanzielle Gewinne erlangen. Die Betroffenen wären jedoch als „Rohstoff-Lieferanten" davon ausgeschlossen.[317]

Eine Beeinträchtigung des Eigentums des Betroffenen an seinen Körpersubstanzen wäre ferner seitens einer privaten Biobank denkbar. Auch Art. 14 I GG entfaltet neben seiner Funktion als Abwehrrecht gegenüber staatlichen Eingriffen eine staatliche Schutzpflicht, nämlich die Verpflichtung des Gesetzgebers, dem Eigentümer Abwehransprüche gegen Einwirkungen Privater auf sein Eigentum einzuräumen.[318] Zwar gibt es in den §§ 985 ff. BGB bereits einige Rechtsvorschriften zu Rechten und Ansprüchen des Eigentümers bei Verletzungen seines Eigentums. Aus Gründen der Rechtsklarheit und Rechtssicherheit ist es jedoch

---

[316] *Jarass*, in: Jarass/Pieroth, GG, Art. 14 Rn 29 ff.; *Schmalz*, Grundrechte, Rn 775.
[317] *Schneider*, Biobanken im Spannungsfeld zwischen Gemeinwohl und partiklauren Interessen, S. 6.
[318] *Depenheuer*, in: v. Mangoldt/Klein/Starck, GG, Art. 14 Rn 96; i. E. auch *Papier*, in: Maunz/Dürig, GG, Art. 14 Rn 16.

erforderlich die Eigentumsverhältnisse an entnommenen Körpersubstanzen und damit verbundene Schutzansprüche in einer speziellen gesetzlichen Regelung über den Aufbau und Betrieb einer Biobank klar zu regeln. Unterläßt der Gesetzgeber diese Pflicht, liegt darin eine Verletzung des grundrechtlichen Schutzanspruchs des Betroffenen aus Art. 14 I GG.

VII. Berufsfreiheit, Art. 12 I GG

Neben den bereits genannten Grundrechten könnte auch das Recht auf Berufsfreiheit des Datenspenders aus Art. 12 I GG durch den Aufbau und Betrieb einer Biobank betroffen sein.

1) Schutzbereich

Berufsfreiheit im Sinne von Art. 12 I GG umfasst sowohl die Freiheit der Berufswahl, als auch der Berufsausübung. Berufsfreiheit beginnt somit mit der Wahl der Ausbildungsstätte, führt über die Wahl des Berufs und des Arbeitsplatzes bis hin zur Ausübung des Berufs und zum Fortbestand des Arbeitsplatzes.[319] Der Schutzbereich der Berufsfreiheit ist nur dann eröffnet, wenn eine berufliche Tätigkeit im Raume steht, wenn es sich also um eine auf Dauer angelegte Tätigkeit zur Schaffung und Erhaltung einer Lebenslage handelt.[320] Der betroffene Datenspender kann sich demnach nur dann auf das Recht der Berufsfreiheit berufen, wenn er einen Beruf im Sinne des Art. 12 I GG ausübt.

2) Eingriff

Eingriffe in die in Art. 12 I GG geschützte Berufsfreiheit können sowohl finale, auf eine bestimmte Berufstätigkeit gerichtete Maßnahmen mit sogenannter „berufsregelnder Tendenz" sein, als auch solche Maßnahmen, die sich auf die berufliche Tätigkeit nur mittelbar mit einer hohen Belastungsintensität auswirken.[321]

Möglichkeiten eines Eingriffs in die Berufsfreiheit im Zusammenhang mit Biobanken sind darin zu sehen, dass ein Arbeitgeber sich Zugang zu den gespeicherten persönlichen und genetischen Daten verschafft und mit deren Kenntnis eventuell ein bestehendes Arbeitsverhältnis aufgrund einer drohenden Krankheit

---

[319] *Jarass*, in: Jarass/Pieroth, GG, Art. 12 Rn 1; *Schmalz*, Grundrechte, Rn 702.
[320] BVerfGE 7, 377 (397); 54, 301 (313); *Manssen*, in: v. Mangoldt/Klein/Starck, GG, Art. 12 Rn 33; *Tettinger*, in: Sachs, GG, Art. 12 Rn 29.
[321] *Jarass*, in: Jarass/Pieroth, GG, Art. 12 Rn 11 f.; *Schmalz*, Grundrecht, Rn 708.

oder möglichen Arbeitsstoffunverträglichkeit des betroffenen Arbeitnehmers kündigt. Eine Beeinträchtigung liegt auch vor, wenn der betroffene Datenspender erst gar nicht wegen seiner genetischen Daten eingestellt wird.[322]

Zu beachten ist, dass die Arbeitswelt vielfach auch privatwirtschaftlich und damit privatrechtlich organisiert ist.[323] Entsprechend der übrigen genannten Grundrechtsbeeinträchtigungen durch Privatpersonen ist auch hier an eine Verletzung eines grundrechtlichen Schutzanspruchs durch den Staat zu denken. So umfasst auch Art. 12 I GG eine Verpflichtung des Staates, die berufliche Freiheitssphäre zu schützen und zu sichern.[324] Eine Verletzung dieser Schutzpflicht ist aber nur dann anzunehmen, wenn seitens des Gesetzgebers überhaupt keine Schutzvorkehrungen getroffen wurden, oder wenn die getroffenen Regelungen gänzlich ungeeignet sind, das gebotene Schutzziel zu erreichen.[325] Fraglich ist somit, ob es bereits eine gesetzliche Regelung zur Offenbarung der eigenen genetischen und gesundheitlichen Daten gibt. Im April 1994 gab es einen Entwurf eines Arbeitsschutzrahmengesetzes, dessen § 22 IV ein Verbot der Nutzung von genetischen Daten für Einstellungs- und Eignungsuntersuchungen vorsah. Dieses Gesetz ist jedoch nie über seinen Entwurf hinausgekommen.[326] Außer in gesetzlich festgelegten Ausnahmefällen[327] besteht demnach nach geltendem Recht weder ein dem Arbeitgeber zustehendes Fragerecht bzgl. genetischer und gesundheitlicher Daten, noch eine grundsätzliche Pflicht des Arbeitnehmers, sich ärztlich untersuchen zu lassen. Eine solche Offenbarungspflicht kann sich allenfalls aus dem geschlossenen Arbeitsvertrag bzw. aus dem gesetzlichen Schuldverhältnis der Vertragsanbahnung ergeben.[328] Um vorliegend eine Beeinträchtigung der Berufsfreiheit des Betroffenen zu verhindern, müßte der Gesetzgeber demzufolge konkrete Vorschriften erlassen, die den Zugriff von Arbeitgebern auf die in einer Biobank gespeicherten Daten umfassend regeln.

---

[322] So wurde beispielsweise eine junge Lehrerin nicht verbeamtet, weil ihr Vater an der Erbkrankheit Chorea Huntington leidet, siehe *Traufetter*, Der Spiegel 43/2003, S. 216 ff. Dieses Beispiel steht zwar nicht in direktem Bezug zu Biobanken, sondern betrifft die Problematik einer Genomanalyse allgemein. Dennoch macht dieser Fall deutlich, welche Bedeutung genetische Daten inzwischen in der Arbeitswelt haben.
[323] *Pieroth/Schlink*, Grundrechte, Rn 842.
[324] *Wieland*, in: Dreier, GG, Art. 12 Rn 151; *Jarass*, in: Jarass/Pieroth, GG, Art. 12 Rn 17.
[325] BVerfGE 92, 26 (46); *Tettinger*, in: Sachs, GG, Art. 12 Rn 14.
[326] *Heilmann*, AuA 1995, S. 157 (158).
[327] Vgl. z.B. § 18 BSeuchG, § 32 JArbSchG, § 81 SeemG, § 37 RöV, § 67 StrlSchV.
[328] *Wiese*, RPG 2002, S. 81 (83); *Bickel*, VerwArch 87 (1996), S. 169 (180).

VIII. Diskriminierungsverbot, Art. 3 I GG

Nicht zuletzt könnte die Nutzung der in einer Biobank gespeicherten Daten des Betroffenen gegen das Diskriminierungsverbot des Art. 3 I GG verstoßen.

1) Anwendbarkeit des allgemeinen Gleichheitsgrundsatzes

Der allgemeine Gleichheitsgrundsatz aus Art. 3 I GG ist nicht anwendbar, wenn einer der speziellen Gleichheitssätze eingreift. Zu denken ist vorliegend an das Diskriminierungsverbot in Art. 3 III GG. Danach ist jede Ungleichbehandlung in Abhängigkeit bestimmter Kriterien wie Abstammung, Rasse oder Geschlecht verboten.[329] Genetische Merkmale werden vom Wortlaut des Art. 3 III GG jedoch nicht mitumfasst, unterscheiden sich auch insofern von den genannten Kriterien, als es sich dabei nicht um schon erkennbar gewordene Merkmale handelt, sondern um das Potenzial eines Menschen.[330] Weitere spezielle Gleichheitssätze sind nicht einschlägig, so dass sich eine potentielle Beeinträchtigung nach dem allgemeinen Gleichheitsgrundsatz aus Art. 3 I GG richtet.

2) Unzulässige Ungleichbehandlung

Um einen Verstoß gegen das Diskriminierungsverbot aus Art. 3 I GG bejahen zu können, muss eine unzulässige Ungleichbehandlung vorliegen. Es darf weder wesentlich Gleiches willkürlich ungleich, noch wesentlich Ungleiches willkürlich gleich behandelt werden.[331] Nach einer neuen Formel der Rechtsprechung ist das Gleichheitsgebot dann verletzt, wenn eine Gruppe von Normadressaten im Vergleich zu anderen Normadressaten anders behandelt wird, obwohl zwischen beiden Gruppen keine Unterschiede von solcher Art und solchem Gewicht bestehen, dass sie die ungleiche Behandlung rechtfertigen könnten.[332] Fraglich ist, ob im Zusammenhang mit Biobanken sachlich ungerechtfertigte Ungleichbehandlungen von Menschen zu befürchten sind.

Durch die Erhebung und Speicherung der Daten in einer Biobank besteht an sich noch keine Gefahr der Diskriminierung, denn die Kenntnis der genetischen und sonstigen Informationen stellt allein noch keine rechtswidrige Ungleichbehandlung dar. Sie erweitert jedoch die Möglichkeit diskriminierender Unterscheidungen.[333]

---

[329] *Jarass*, in: Jarass/Pieroth, GG, Art. 3 Rn 107; *Meyer*, Der Mensch als Datenträger, S. 233.
[330] *Mullari/v. Redecker/Sild*, WiRO 2001, S. 201 (204).
[331] BVerfGE 4, 144 (155); 67, 186 (195).
[332] BverfGE 74, 9 (24); 81, 1 (8); 103, 271 (289).
[333] *Meyer*, Der Mensch als Datenträger, S. 250.

Eine unzulässige Ungleichbehandlung könnte aufgrund der durch eine genetische Analyse bestätigten negativen genetischen Eigenschaften eines Datenspenders erfolgen. So könnte beispielsweise die Verfügbarkeit personenbezogener und genetischer Daten in Biobanken einen starken Anreiz für Arbeitgeber oder Versicherungsunternehmen bieten, diese Informationen bei Auswahlentscheidungen zu nutzen. Zu denken ist dabei an die Abhängigkeit des Abschlusses von Versicherungs- oder Arbeitsverträgen von der genetischen Information des Versicherungsnehmers bzw. Arbeitnehmers.[334] Das gleiche droht, wenn der Staat selbst als Arbeitgeber, wie z.b. bei Beamtenverhältnissen, eine Person aufgrund ihrer genetischen Veranlagung nicht einstellen oder ihr kündigen würde.[335] Eine Ungleichbehandlung wäre ferner im Bereich der gesetzlichen Kranken- und Rentenversicherung denkbar. So ist auch hier zu befürchten, dass Menschen mit negativen genetischen Eigenschaften einen anderen Schutz geniessen, wie Menschen mit gesunden Genen. Es sind somit die verschiedenen Nutzungsmöglichkeiten der in einer Biobank gespeicherten Daten und Proben, die eine Gefahr der Diskriminierung des Datenspenders aufgrund seiner Gen- und Gesundheitsdaten gegenüber Personen mit „intakten" Gendaten bergen.[336]

Wie bereits im Rahmen der informationellen Selbstbestimmung dargelegt, prägen Gene die menschliche Existenz in fundamentaler Weise, sie machen den Kern der Persönlichkeit aus. Die genetischen Eigenschaften sind mit dem Menschen von Geburt an verbunden und daher von diesem nicht zu verantworten. Im Zusammenhang mit Biobanken bedarf es demzufolge einer strengen Kontrolle, wenn nicht sogar einer Beschränkung der Nutzung der dort gespeicherten medizinischen und genetischen Daten und Proben, um drohenden Ungleichbehandlungen vorzubeugen. Hinsichtlich einer potentiellen Diskriminierung durch einen privaten Arbeitgeber oder einen privaten Versicherungsgeber ist wiederum an bestehende staatliche Schutzpflichten anzuknüpfen. So enthält auch Art. 3 I GG den Auftrag an den Staat, Diskriminierungen durch Private entgegenzuwirken.[337] Es wäre somit Pflicht des Gesetzgebers, ausdrückliche Diskriminierungsverbote speziell für genetische und gesundheitliche Daten zu erlassen.

---

[334] Siehe oben unter 3. Teil C) II. 3) a) (3) (b) und (c).
[335] Siehe bereits genanntes Beispiel in Fn. 285.
[336] *Chadwick/Berg*, Nature 2001, S. 318 (320); *Mullari/v. Redecker/Sild*, WiRO 2001, S. 201 (205); *Schneider*, Biobanken im Spannungsfeld zwischen Gemeinwohl und partikularen Interessen, S. 3; *GeneWatch*, Giving Your Genes to BioBank UK – Questions to Ask.
[337] *Sachs*, VerfR II, B3 Rn 70; *v. Redecker/Reimer*, Jahrbuch für Ostrecht 2001, S. 361 (391).

IX. Zusammenfassung

Abschließend ist festzuhalten, dass durch den Aufbau und den Betrieb einer Biobank eine Vielzahl von Grundrechten der Datenspender betroffen sein kann. Dabei kommt insbesondere dem Recht auf informationelle Selbstbestimmung, dem Recht auf Nichtwissen, dem Eigentumsrecht und dem Diskriminierungsverbot eine entscheidende Bedeutung zu.

D) Grundrechte der Forscher und Betreiber von Biobanken

Beim Aufbau und Betrieb einer Biobank kann die Vermeidung von potentiellen Beeinträchtigungen der Grundrechts des Datenspenders gleichzeitig zu einer Verletzung der ebenfalls grundrechtlich geschützten Freiheiten der Forscher bzw. Betreiber von Biobanken führen. Aufgrunddessen sind im Rahmen der Zulässigkeitsfrage von Biobanken insbesondere deren Recht auf Forschungsfreiheit gem. Art. 5 III GG und Berufsfreiheit gem. Art. 12 I GG zu beachten.

I. Recht auf Freiheit der Forschung, Art. 5 III GG

Indem Forscher genetische und personenbezogene Daten erheben und zu Forschungszwecken verarbeiten und analysieren, üben sie ihr Recht auf Freiheit der Forschung aus.

1) Persönlicher Schutzbereich

Die Wissenschaftsfreiheit ist ein Jedermann-Grundrecht, das jedem zusteht, der eigenverantwortlich in wissenschaftlicher Weise tätig ist oder tätig sein will.[338] Träger dieses Grundrechts sind sowohl der einzelne Wissenschaftler, als auch gem. Art. 19 III GG die Wissenschaft betreibenden juristischen Personen.[339] Forscher einer privaten Biobank können sich demzufolge unproblematisch auf ihr Grundrecht aus Art. 5 III GG berufen.

Schwierigkeiten ergeben sich jedoch bei staatlich geführten Biobanken, also wenn es sich dabei um eine juristische Person des öffentlichen Rechts handelt. Für eine Grundrechtsberechtigung juristischer Personen des öffentlichen Rechts spricht der Wortlaut des Art. 19 III GG, wonach der Grundrechtsschutz nicht ausdrücklich auf juristische Personen des Privatrechts beschränkt wird.[340] Nach ständiger Rechtsprechung des BVerfG gelten die Grundrechte grundsätzlich nicht für juristische Personen des öffentlichen Rechts, da Grundrechte primär

---

[338] BVerfGE 35, 79 (112); 95, 193 (209); *Jarass*, in: Jarass/Pieroth, GG, Art. 5 Rn 96.
[339] *Oppermann*, HStR VI, § 145 Rn 35; *Schmalz*, Grundrechte, Rn 628.
[340] *Dreier*, in: Dreier, GG, Art. 19 III Rn 55.

dem Schutz der privaten natürlichen Person gegen hoheitliche Übergriffe dienen. Dem sogenannten Konfusionsargument zufolge ist der Staat notwendiger Adressat der Grundrechte, kann folglich nicht sowohl auf Berechtigten- als auch auf der Verpflichtetenseite stehen.[341] Eine Ausnahme diesbezüglich wird jedoch dann zugelassen, wenn die einer juristischen Person des öffentlichen Rechts übertragenen Aufgaben unmittelbar einem durch bestimmte Grundrechte geschützten Lebensbereich zuzuordnen sind und es sich um eigenständige, vom Staat unabhängige Einrichtungen handelt.[342] Im Bereich der Forschungsfreiheit sind bislang die Universitäten als Rechtssubjekte des Art. 5 III GG anerkannt, da sie primär und wesensmäßig keine staatlichen Aufgaben wahrnehmen, sondern ihre Hauptaufgabe in der Hege und Pflege der Wissenschaft angesiedelt ist.[343] Bezogen auf staatlich geführte Biobanken könnten sich folglich ausschließlich universitäre Forschungsinstitute auf ihr Grundrecht aus Art. 5 III GG berufen. Betreibern bzw. Forschern sonstiger staatlicher Biobanken, wie beispielsweise des Gesundheitsministeriums, steht das Grundrecht auf Forschungsfreiheit nicht zu, da sie zur unmittelbaren oder mittelbaren Staatsverwaltung gehören.

2) Sachlicher Schutzbereich

Art. 5 III GG enthält ein subjektives Abwehrrecht für die Freiheit von Wissenschaft, Forschung und Lehre. Geschützt ist jede wissenschaftliche Tätigkeit, das heißt alles, was als ernsthafter Versuch zur Ermittlung der Wahrheit anzusehen ist. Der Begriff der Wissenschaft bildet dabei den Oberbegriff für Forschung und Lehre.[344]

Das BVerfG definiert Forschung als die geistige Tätigkeit mit dem Ziel, in methodischer, systematischer und nachprüfbarer Weise neue Erkenntnisse zu gewinnen.[345] Der Schutz der Forschungsfreiheit umfasst danach alle Aktivitäten der Forschung mit allen vorbereitenden und unterstützenden Maßnahmen, sowie die Organisation der Forschung.[346]

Einige wenige Stimmen in der Literatur fordern eine ethische Limitierung der Forschung, wonach solche Projekte aus dem Forschungsbegriff ausgeklammert werden sollen, deren Fragestellung, Gegenstand oder Methode sittenwidrig

---

[341] BVerfGE 21, 362 (370); 68, 193 (206); *Isensee*, in: HStR V, § 118 Rn 24; *Pieroth/Schlink*, Grundrechte, Rn 154.

[342] *Pernice*, in: Dreier, GG, Art. 5 III (Wissenschaft) Rn 35; *Starck*, in: v. Mangoldt/Klein/Starck, GG, Art. 5 Rn 298.

[343] BVerfGE 15, 256 (262); *Bethge*, in: Sachs, GG, Art. 5 Rn 210.

[344] *Pernice*, in: Dreier, GG, Art. 5 III (Wissenschaft) Rn 24; *Wolters*, Datenschutz und medizinische Forschungsfreiheit, S. 20; *Keller*, MedR 1991, S. 11.

[345] BVerfGE 35, 79 (113); 47, 327 (367).

[346] *Jarass*, in: Jarass/Pieroth, GG, Art. 5 Rn 96.

sind.[347] Eine Einengung der Forschungsfreiheit wird jedoch von der herrschenden Meinung nicht vertreten, da der Wortlaut des Art. 5 III GG keinerlei Rückschlüsse auf derartige Schutzbereichsbegrenzungen zuläßt. Der Schutz des Art. 5 III GG gelte unabhängig von der Richtigkeit der Methoden und Ergebnisse und unabhängig von der Stichhaltigkeit der Argumentation und Beweisführung.[348] Ob ein konkretes Forschungsprojekt zulässig ist oder nicht, sei keine Frage der tatbestandlichen Schutzbereichsbegrenzung, sondern nach der bewährten Grundrechtsdogmatik vielmehr eine Frage der Rechtfertigung.[349] Demnach ist eine Einschränkung des Forschungsbegriffs abzulehnen.

Neben seiner Funktion als Abwehrrecht umfasst Art. 5 III GG die Pflicht des Staates, die freie Forschung durch Bereitstellung von personellen, finanziellen uns organisatorischen Mitteln zu ermöglichen und zu fördern.[350] Aus dieser Schutzpflicht kann jedoch kein Anspruch auf einen freien Datenzugang abgeleitet werden.[351] Gegen ein direktes Datenzugangsrecht aus Art. 5 III GG spricht, dass durch die Hergabe von Informationen zugleich das Selbstbestimmungsrecht des jeweiligen Betroffenen beeinträchtigt ist. Es ist somit Aufgabe des Gesetzgebers, diesen Konflikt zu lösen und Leistungsansprüche in speziellen Datenzugangsregelungen zu definieren.[352]

Biobanken sind ihrem Zweck nach dem Bereich der epidemiologischen Forschung, der Lehre von der Verteilung der Krankheiten und ihrer Risikofaktoren in der Bevölkerung[353] zuzuordnen. Sie dienen dem Versuch, neue Erkenntnisse über das Entstehen und den Verlauf von „Volkskrankheiten", wie Alzheimer oder Krebs, in Abhängigkeit von Erbinformationen zu gewinnen.[354] Der Schutzbereich der Forschungsfreiheit ist demzufolge eröffnet.

---

[347] *Pieroth/Schlink*, Grundrechte, Rn 626.
[348] *Pernice*, in: Dreier, GG, Art. 5 III (Wissenschaft) Rn 29; *Lorenz*, in: Wege und Verfahren des Verfassungslebens, S. 267 (268); *Keller*, MedR 1991, S. 11 (12).
[349] *Hofmann*, Rechtsfragen der Genomanalyse, S. 19; *Lorenz*, in: Wege und Verfahren des Verfassungslebens, S. 267 (268).
[350] BVerfGE 35, 79 (114); *Wolters*, Datenschutz und medizinische Forschungsfreiheit, S. 21; *Schulz*, DuD 2001, S. 12 (18).
[351] *Starck*, in: v. Mangoldt/Klein/Starck, GG, Art. 5 Rn 332; *Kluth*, in: Genetische Untersuchungen und Persönlichkeitsrecht, S. 85 (103); *Simitis*, in: Datenzugang und Datenschutz, S. 83 (91); *Weichert*, DuD 2002, S. 133 (143); *Tinnefeld*, RDV 1995, S. 22.
[352] *Lennartz*, Datenschutz und Wissenschaftsfreiheit, S. 10; *Wolters*, Datenschutz und medizinische Forschungsfreiheit, S. 23.
[353] *Wichmann*, in: Datenschutz und Forschung, S. 57.
[354] Siehe 1. Teil B).

3) Eingriff

Ein Eingriff in das Recht auf Freiheit der Forschung gem. Art. 5 III GG kann in jedem Verbot von Forschung, in jeder staatlichen Einflussnahme, Steuerung oder Kontrolle der Forschung gesehen werden.[355]

Im Zusammenhang mit Biobanken könnte ein Eingriff in Art. 5 III GG dann anzunehmen sein, wenn von vornherein der Aufbau und die Nutzung einer solchen Datenbank untersagt werden würde. Aber auch gesetzliche Vorschriften, welche ein bestimmtes Verfahren für die Erhebung, Speicherung und Auswertung der Daten und Materialien festlegen, könnten in das Recht auf Forschungsfreiheit eingreifen.

II. Berufsfreiheit, Art. 12 I GG

Neben ihrem Recht auf Forschungsfreiheit ist im Rahmen der Zulässigkeitsprüfung von Biobanken auch das Recht des Betreibers bzw. Forschers auf Berufsfreiheit aus Art. 12 I GG zu beachten.

1) Schutzbereich

Hinsichtlich des Umfangs des Schutzbereichs von Art. 12 I GG ist auf die obigen Ausführungen innerhalb der Grundrechtsprüfung des Datenspenders zu verweisen.[356] Geschützt ist neben der freien Wahl der Ausbildungsstätte, die freie Wahl des Berufs und des Arbeitsplatzes, sowie die Ausübung des Berufs. Bei der Tätigkeit eines Forschers handelt es sich grundsätzlich um eine erlaubte Tätigkeit, die auf Dauer angelegt ist und die der Schaffung und Erhaltung einer Lebensgrundlage dient.

2) Verhältnis zu Art. 5 III GG

Fraglich ist jedoch, ob das Recht auf freie Berufswahl und Berufsausübung gem. Art. 12 I GG neben einer Beeinträchtigung der Forschungsfreiheit aus Art. 5 III GG geltend gemacht werden kann. Grundsätzlich ist Art. 12 I GG neben Art. 5 III GG in Idealkonkurrenz anzuwenden, wenn sich der umstrittene Sachverhalt auf beide Grundrechte erstreckt.[357] Ist dagegen die Zielsetzung einer Maßnahme nur oder ganz überwiegend auf einen der beiden Schutzbereiche gerichtet, wie

---

[355] *Pernice*, in: Dreier, GG, Art. 5 III (Wissenschaft) Rn 38; *Kimms/Schlünder*, VerfR II, § 7 Rn 94.
[356] Siehe 3. Teil C) VII 1.
[357] *Gubelt*, in: v. Münch/Kunig, GG, Art. 12 Rn 95; *Scholz*, in: Maunz/Dürig, GG, Art. 5 III Rn 180; *Tettinger*, in: Sachs, GG, Art. 12 Rn 167; *Breuer*, in: HStR V, § 147 Rn 99.

beispielsweise die Befristung der Arbeitsverträge von Wissenschaftlern, so ist die Zulässigkeit des Eingriffs allein nach dem betreffenden Grundrecht zu beurteilen.[358]

Die Zulässigkeit von Biobanken betrifft sowohl die Forschungsfreiheit, als auch gleichermaßen die Berufsausübung der Forscher, so dass vorliegend neben Art. 5 III GG auch das Recht auf Berufsfreiheit gem. Art. 12 I GG geltend gemacht werden kann.

3) Eingriff

Art. 12 I GG entfaltet einen Schutz gegen alle staatlichen Maßnahmen, die die Berufsfreiheit einschränken. Dazu zählen alle Regelungen, die sich final und unmittelbar auf die berufliche Betätigung beziehen, darüber hinaus aber auch alle mittelbaren faktischen Einwirkungen, die einen engen Zusammenhang zur Berufsfreiheit aufweisen.[359] Vorliegend könnte eine gesetzliche Regelung über die Zulässigkeit von Biobanken einen Eingriff in die Berufsfreiheit der Forscher und Betreiber einer solchen Datenbank darstellen, wenn diese den Aufbau und Betrieb einer Biobank ganz oder teilweise unterbindet oder nur unter strengen, die Berufsausübung beeinträchtigenden Voraussetzungen für zulässig erklärt.

III. Zusammenfassung

Im Rahmen der Zulässigkeitsfrage von Biobanken ist neben den Grundrechten der Datenspender auch den Grundrechten der Forscher und Betreiber von aus Art. 5 III GG und Art. 12 I GG besonders Rechnung zu tragen.

E) Grundrechte Dritter

Bei dem Umgang mit in Biobanken gespeicherten genetischen und personenbezogenen Informationen geht es nicht nur um eine rein duale Beziehung zwischen Datenspender und Forscher; oft ist auch eine Einbeziehung weiterer Personen, insbesondere der Familienmitglieder, unumgänglich.[360] Durch die Analyse der gespeicherten Daten können Informationen zutage treten, die auch für das eige-

---

[358] BVerfGE 85, 360 (382); *Manssen*, in: v. Mangoldt/Klein/Starck, GG, Art. 12 Rn 276.
[359] *Tettinger*, in: Sachs, GG, Art. 12 Rn 71 ff.; *Kimms/Schlünder*, VerfR II, § 11 Rn 12.
[360] *Meyer*, Der Mensch als Datenträger, S. 119; *Buchborn*, MedR 1996, S. 441.

ne Lebensschicksal der Angehörigen von großer Bedeutung sind.[361] Insofern sind auch ihre Grundrechte innerhalb der Entscheidung über die Zulässigkeit von Biobanken zu beachten.[362]

I. Allgemeines Persönlichkeitsrecht bzw. Recht auf informationelle Selbstbestimmung, Art. 2 I i.V.m. Art. 1 GG

Zunächst kommt durch die Errichtung und den Betrieb einer Biobank eine Beeinträchtigung des allgemeinen Persönlichkeitsrechts der Angehörigen bzw. ihres Rechts auf informationelle Selbstbestimmung in Betracht.

Bezüglich des personellen als auch des sachlichen Schutzbereichs des allgemeinen Persönlichkeitsrechts gem. Art. 2 I i.V.m. Art. 1 GG kann auf die ausführliche Darstellung im Rahmen der Grundrechtsprüfung des Datenspenders verwiesen werden.[363] So können beispielsweise auch Daten und Materialien von verstorbenen Angehörigen in einer Biobank gespeichert und verwertet werden, so dass wiederum an eine über den Tod hinaus reichende Geltung des allgemeinen Persönlichkeitsrecht zu denken ist. Sachlich bezieht sich der Schutzbereich des Art. 2 I i.V.m. Art. 1 GG auf die Befugnis, ausschließlich selbst über seine eigenen Daten und Körpersubstanzen zu verfügen.

Eine Gefährdung des allgemeinen Persönlichkeitsrechts bzw. des informationellen Selbstbestimmungsrechts der Angehörigen kann darin bestehen, dass durch die Speicherung und Verwertung der genetischen Daten des eigentlichen Datenspenders damit auch die genetischen Informationen seiner Blutsverwandten ohne deren Wissen übertragen werden. Der Angehörige wird dadurch in seinem alleinigen Verfügungsrecht über seine persönlichen Daten beeinträchtigt.[364] Dies kann durch eine öffentliche, eine private Biobank oder auch durch den ursprünglichen Datenspender erfolgen.[365] Da die Erhebung, Verarbeitung und Weitergabe der gesammelten personenbezogenen Daten sowie der Blut- und Gewebeproben durch eine private Biobank oder den Datenspender keinen Grundrechtseingriff darstellen können, ist auch hier auf die Verletzung der staatlichen Schutz-

---

[361] *Grand/Atia-Off*, in: Genmedizin und Recht, S. 529 (538); *Kluth*, in: Genetische Untersuchungen und Persönlichkeitsrecht, S. 85 (101); *Godard/Schmidtke/Cassiman/Aymé*, European Journal of Human Genetics 2003, S. 88 (110); *Schroeder/Williams*, Ethik in der Medizin 2002, S. 84 (90).
[362] *Rynning*, in: The Use of Human Biobanks-Ethical, Social, Economical and Legal Aspects, S. 87; *Weichert*, DuD 2002, S. 133 (138).
[363] Vgl. 3. Teil C) II.
[364] *Meyer*, Der Mensch als Datenträger, S. 227; *Taupitz*, JZ 1992, S. 1089 (1098).
[365] Vgl. 3. Teil C) II. 3).

pflicht abzustellen. Es ist demnach die Pflicht des Gesetzgebers im Zusammenhang mit genetischen Daten, auch die Angehörigen vor einem unzulässigen Zugriff auf ihre personenbezogenen Informationen zu schützen.

II. Recht auf Nichtwissen, Art. 2 I i.V.m. Art. 1 GG

In engem Zusammenhang dazu steht auch das Recht der Angehörigen auf Nichtwissen. Es handelt sich dabei um einen Teil des allgemeinen Persönlichkeitsrechts, welcher grundrechtlichen Schutz dafür bietet, von einem bestimmten Wissen keine Kenntnis erlangen zu wollen.[366]

Genetische Informationen über die getestete Person sind zugleich solche über seine Blutsverwandten, so dass sich zugleich für sie wichtige Informationen über eventuelle Erbkrankheiten der Familie oder Risikofaktoren ergeben können.[367] Zwar könnten die Angehörigen für eine bessere eigene Lebensplanung ein gesteigertes Interesse an den Analysen der gespeicherten Daten geltend machen, andererseits könnten sie, um eine psychische Belastung zu vermeiden, aber gerade auch gar kein Interesse daran haben. In diesem Fall ergeben sich Schwierigkeiten hinsichtlich Offenbarungspflichten bzw. –rechten gegenüber den Angehörigen.[368] Werden dem Angehörigen Informationen über bestehende genetische Dispositionen oder Krankheitsrisiken offenbart, so könnte darin ein Eingriff in dessen Recht auf Nichtwissen gem. Art. 2 I i.V.m. Art. 1 GG liegen.

III. Recht auf körperliche Unversehrtheit, Art. 2 II S. 1 GG

Die Erhebung, Analyse und Verwertung der in einer Biobank gesammelten personenbezogenen und genetischen Daten könnten ferner die Angehörigen des Datenspenders in ihrem Recht auf körperliche Unversehrtheit gem. Art. 2 II S. 1 GG verletzen.

Eine unmittelbare physiologische Beeinträchtigung kommt nicht in Betracht, da von ihnen keine Blut- oder Gewebeproben entnommen und in der Biobank gespeichert werden sollen. Die Angehörigen könnten aber – wie der Datenspender – infolge psychischer Einwirkung in Art. 2 II 1 GG beeinträchtigt sein. Dies wird jedoch nur bei starken, ärztlich diagnostizierten Depressionen anzunehmen sein.[369]

---

[366] Siehe ausführliche Beschreibung und Herleitung bei den Grundrechten des Datenspenders, 3. Teil C) IV. 1).
[367] *Menzel*, DuD 2002, S. 146.
[368] *Meyer*, Der Mensch als Datenträger, S. 119; *Weichert*, DuD 2002, S. 133 (141); *Buchborn*, MedR 1996, S. 441.
[369] Siehe oben 3. Teil C) IV. 2).

IV. Freiheit der Ehe und Familie, Art. 6 I und II GG

Art. 6 GG schützt den abgeschirmten Lebensbereich einer jeden Familie, dient somit der Sicherung der Einheit und Selbstverwaltung der Familie im Außenverhältnis.[370] Auch die Angehörigen können durch die Zulassung von Biobanken in ihren Grundrechten aus Art. 6 I, II GG verletzt werden.

So wie der Datenspender selbst durch die Verarbeitung und Analyse seiner genetischen und personenbezogenen Daten in seinem Familienleben und seiner Familienplanung beeinträchtigt sein kann, so sind diese Informationen auch für seine Kinder und sonstigen Blutsverwandten von großer Bedeutung. Auch sie können dadurch in ihrer eigenen Lebens- und Familienplanung beeinflußt werden. Der Staat ist demnach ebenso verpflichtet, das Familienleben der Angehörigen des Datenspenders durch geeignete Regelungen zu schützen.

V. Diskriminierungsverbot, Art. 3 I GG

Sollten Dritte Zugriff auf die in einer Biobank gespeicherten Daten haben, so wären auch die Angehörigen des Datenspenders vor eventuellen Diskriminierungen aufgrund ihrer genetischen Veranlagungen zu schützen.[371] Beispielsweise könnte der Versicherungsgeber aus den Daten des Datenspenders auch nachteilige Schlüsse über die genetische Konstitution und damit über bestehende Krankheitsrisiken dessen Kinder und Angehörigen schließen. Dies könnte wiederum zu einer unzulässigen Ungleichbehandlung gegenüber anderen Versicherten mit gesunden Genen führen. Eine Gefahr der Diskriminierung droht ebenfalls, wenn der Arbeitgeber eines Blutsverwandten Kenntnis der medizinischen und genetischen Daten des Datenspenders erlangt und daraus Schlussfolgerungen in Form einer Kündigung oder Nichteinstellung hinsichtlich des Blutsverwandten zieht. Auch dies gilt es durch ein spezielles Diskriminierungsverbots zu verbieten.

F) Kollision der betroffenen Grundrechte

Abschließend ist festzuhalten, dass im Zusammenhang mit der Errichtung und Nutzung von Biobanken vor allem das Recht auf informationelle Selbstbestimmung der Betroffenen und das Recht der Forscher auf freie Forschung und Wissenschaft einer besonderen Beachtung bedürfen. Auch bei dieser neuartigen wissenschaftlichen Informationsquelle befinden sich die Persönlichkeitsrechte der Datenspender im Spannungsfeld zu den Bedürfnissen der medizinischen Wis-

---

[370] *Lecheler*, HStR VI, § 133 Rn 60; *Meyer*, Der Mensch als Datenträger, S. 221.
[371] Siehe oben 3. Teil VIII. 2).

senschaft.[372] So steht auf der einen Seite das Interesse der Forschung, durch das Auswerten der in Biobanken gesammelten medizinischen und genetischen Daten zu wichtigen, auf eine andere Weise nicht erreichbaren Erkenntnissen über Krankheiten und Gesundheitsrisiken zu gelangen, nicht zuletzt um dadurch die Qualität der Gesundheitsvorsorge zu sichern und zu verbessern. Auf der anderen Seite steht das ebenfalls verfassungsrechtlich geschützte Recht der Datenspender, über jede Verwendung der eigenen persönlichen Daten selbst zu bestimmen. Dem Grundgesetz ist keine Rangordnung der einzelnen Grundrechte zu entnehmen, ausgenommen der anerkannten besonderen Wertigkeit der Achtung der Menschenwürde gem. Art. 1 I GG. Auch aus den grundsätzlichen Einschränkungsmöglichkeiten der in Konkurrenz stehenden Grundrechte ergibt sich kein eindeutiges Rangverhältnis. Während das Recht auf informationelle Selbstbestimmung den ausdrücklichen Schranken des Art. 2 I GG unterworfen ist[373], handelt es sich bei der Forschungsfreiheit gem. Art. 5 III GG zwar um ein vorbehaltlos[374] gewährleistetes Grundrecht. Aber auch solche scheinbar uneinschränkbaren Grundrechte gelten nicht absolut, sondern unterliegen den verfassungsimmanenten Schranken der Grundrechte und anderer Verfassungswerte.[375] In Fällen wie dem vorliegenden, in denen die Ausübung eines Grundrechts in Widerstreit zu anderen Verfassungsgütern gerät, muss demnach eine Abwägung der gegenläufigen, gleichermaßen verfassungsrechtlich geschützten Interessen vorgenommen werden.[376] Dabei darf aber nie primäres Ziel sein, eines der kollidierenden Grundrechte völlig zu verdrängen.[377] Als Maßstab einer solchen Abwägung gilt vor allem der Grundsatz der Verhältnismäßigkeit.[378]

---

[372] *Deutsche Arbeitsgemeinschaft für Epidemiologie*, DuD 1999, S. 100.
[373] *Dreier*, in: Dreier, GG, Art. 2 I Rn 86; *Duttge*, NJW 1998, S. 1615 (1617); *Ehlers/Tillmanns*, RPG 1998, S. 87 (89).
[374] Die systematische Trennung der Gewährleistungsbereiche in Art. 5 GG weist dessen Abs. 3 gegenüber Abs. 1 als lex specialis aus und verbietet es, deshalb die Schranken des Abs. 2 auch auf Abs. 3 anzuwenden, vgl. BVerfGE 30, 173 (191); 47, 327 (368).
[375] *Fehling*, in: Bonner Kommentar GG, Art. 5 III, Rn 159; *Scholz*, in: Maunz/Dürig, GG, Art. 5 Rn 185.
[376] *Fehling*, in: Bonner Kommentar GG, Art. 5 III, Rn 160; *ZEKO*, Jahrbuch für Wissenschaft und Ethik 2000, S. 451 (453).
[377] *v. Münch*, Staatsrecht II, Rn 228; *Wolters*, Datenschutz und medizinische Forschungsfreiheit, S. 27.
[378] *Kilian*, NJW 1998, S. 787 (788). Das Verhältnismäßigkeitsprinzip bildet die mit Abstand wichtigste Grenze der Einschränkbarkeit von Grundrechten. Danach muss jede ein Grundrecht einschränkende Maßnahme, hier z.B. die Erhebung und Speicherung von persönlichen Daten, geeignet, erforderlich und angemessen sein, um den gewünschten Zweck, hier die Erforschung von Krankheiten, zu erreichen. Näher dazu *Dreier*, in: Dreier, GG, Vorb. Rn 145 ff; *v. Münch*, StaatsR I, Rn 370.

Ein allgemeines striktes Verbot der Verwendung personenbezogener Gesundheitsdaten würde die Erfüllung verschiedener Aufgaben der öffentlichen Gesundheitssicherung, auf die der Bürger vertraut und die er sogar erwartet, erschweren bzw. unmöglich machen. Grundvoraussetzung einer möglichst genauen und fundierten Forschung ist, dass die Forscher mit ausreichenden Informationen arbeiten können.[379] Allerdings darf ein weitgehender Datenzugang nicht die Entbindung von den Erfordernissen eines wirkungsvollen Datenschutzes bedeuten.[380] Auch ist das Interesse der Allgemeinheit an den Ergebnissen wissenschaftlicher Forschung in diesem Zusammenhang nicht zu vernachlässigen.[381] Unumstritten entspricht die Förderung der medizinischen und pharmazeutischen Forschung dem Allgemeininteresse, diese darf aber nicht auf Kosten des Persönlichkeitsrechts des Einzelnen geschehen. Bei den in einer Biobank gespeicherten und genutzten Daten über die Gesundheit eines einzelnen Datenspenders und insbesondere bei den genetischen Daten handelt es sich um sehr sensible Informationen, die eines besonderen Schutzes bedürfen. Der Konflikt der betroffenen Grundrechte muss im Ergebnis so gelöst werden, dass beide Grundrechte möglichst weitgehend realisiert werden können.[382]

---

[379] *Wolters*, Datenschutz und medizinische Forschungsfreiheit, S. 28; *Duttge*, NJW 1998, S. 1615 (1617).
[380] *Simitis*, in: Datenzugang und Datenschutz, S. 83 (91); *Lennartz*, Datenschutz und Wissenschaftsfreiheit, S. 11.
[381] *Tinnefeld*, RDV 1995, S. 22.
[382] *Deutsche Arbeitsgemeinschaft für Epidemiologie*, DuD 1999, S. 100 (101).

4. Teil: Lösungsansätze für den Interessenkonflikt

Um den Aufbau und den Betrieb einer Biobank verfassungsrechtlich für zulässig erklären zu können, bedarf es den vorherigen Ausführungen zufolge einer Rechtfertigung der potentiellen Grundrechtsverletzungen bzw. eines Ausgleichs der kollidierenden Grundrechte aller Beteiligten.

Eine Lösungsmöglichkeit für den aufgeworfenen Interessen- und Grundrechtskonflikt stellt eine wirksame rechtfertigende Einwilligung des betroffenen Datenspenders in die geprüften möglichen Grundrechtsbeeinträchtigungen dar. Zum anderen ist aber auch an den Erlass eines speziellen Gesetzes zu denken, welches unter Beachtung und sorgfältiger Abwägung der sich gegenüberstehenden Grundrechtspositionen die Errichtung und Nutzung von Biobanken regelt und dabei die Grundrechts des Datenspenders beschränkt.

A) „Informed Consent" als Rechtfertigung der potentiellen Grundrechtseingriffe

Als Ausprägung der Menschenwürde ist die Lehre vom „free and informed consent" (freiwillige und informierte Einwilligung) mittlerweile international als fester Baustein des gesamten biomedizinischen Bereichs anerkannt.[383] Jede medizinische Behandlung bzw. medizinische Forschung bedarf danach der Zustimmung des betroffenen Patienten.[384] Bevor im einzelnen die Wirksamkeitsvoraussetzungen einer rechtfertigenden Einwilligung zu erörtern sind, stellt sich vorab die Frage, ob die Einwilligung des betroffenen Grundrechtsträgers in eine Grundrechtsbeeinträchtigung überhaupt verfassungsrechtlich zulässig ist.

I. Zulässigkeit einer Einwilligung

Begrifflich ist die rechtfertigende Einwilligung streng von einem umfassenden Grundrechtsverzicht abzugrenzen. Einwilligung ist die Erklärung des Einwilligenden, von seinen Abwehrbefugnissen keinen Gebrauch machen und eine Verletzung seines Rechtsgutes durch einen anderen hinnehmen zu wollen.[385] Dabei bedeutet die Einwilligung im Gegensatz zum Grundrechtsverzicht nicht die voll-

---

[383] *Eriksson*, in: The Use of Human Biobanks – Ethical, Social, Economical and Legal Aspects, S. 41 (44ff.); *ASHG*, Am.J.Hum.Genet. 1996, S. 471. *Knoppers/Hirtle/Lormeau/Laberge/Laflamme*, Genomics 1998, S. 385 (387 f.).

[384] *Bernat*, in: Forschungsfreiheit und Forschungskontrolle in der Medizin, S. 289; *Deutsch/Spickhoff*, Medizinrecht, Rn 187; *Mand*, MedR 2003, S. 393 (397); *Wunder*, JZ 2001, S. 344; *Annas*, N.Engl.J.Med. 2000, S. 1830 (1831); *Herdegen*, JZ 2000, S. 633 (634).

[385] *Amelung*, Die Einwilligung in die Beeinträchtigung eines Grundrechtsgutes, S. 14; *Sturm*, in: Festschrift für Geiger, S. 173 (186).

ständige Aufgabe der Grundrechtsausübung, sondern muss vielmehr in dem Sinne verstanden werden, dass der Grundrechtsberechtigte frei widerruflich seine Befugnisse für eine begrenzte Zeit und nur für bestimmte Fallgestaltungen aufgibt.[386] Da der Text des Grundgesetzes nur in sehr wenigen Fällen[387] Anhaltspunkte zur Möglichkeit einer Einwilligung gibt, müssen zur Beantwortung der Zulässigkeitsfrage die Kriterien der Funktion und des Schutzgutes der Grundrechte herangezogen werden.

1) Herleitung der Zulässigkeit

Einige ältere Stimmen in der Literatur versuchen die Zulässigkeit bzw. Unzulässigkeit einer rechtfertigenden Einwilligung mit Hilfe allgemeiner Grundrechtstheorien zu beurteilen. So soll nach den rein objektiven Grundrechtslehren eine Einwilligung in eine Grundrechtsverletzung grundsätzlich nicht möglich sein.[388] Diesen Auffassungen zufolge dienen die Grundrechte überwiegend der Sicherung demokratischer Strukturelemente der Gesellschaftsordnung und sind daher auf die Allgemeinheit ausgerichtet. Wegen dieser sozialen Funktion sollen die einzelnen Grundrechtsgüter nicht einem individuellen, sondern allein einem öffentlichen Interesse zugute kommen, mit der Konsequenz, dass der Einzelne nicht darüber verfügen kann.[389] Dies vermag jedoch deshalb nicht zu überzeugen, da es bislang an einem Nachweis fehlt, dass eine Einwilligung tatsächlich zu einer Vereitelung der sozialen Aufgaben der Grundrechte führt.[390]

Nach einem liberalen Verständnis der Grundrechte dienen die Freiheitsrechte primär der individuellen Autonomie. Es gehört danach zur Freiheit des Menschen, über einen Verzicht seiner grundrechtlichen Befugnisse selbst zu entscheiden.[391] Die in Art. 1 II GG angesprochene „Unveräußerlichkeit" der Menschenwürde bedeute nicht, dass ein einzelner nicht auf ein konkretes Grundrecht, wie beispielsweise sein Persönlichkeitsrecht, verzichten kann, sondern gemeint sei damit der generelle Verzicht auf die Grundrechte in ihrer Gesamt-

---

[386] *Amelung*, Die Einwilligung in die Beeinträchtigung eines Grundrechtsgutes, S. 1); *Jarass*, in: Jarass/Pieroth, GG, Vorb. vor Art. 1 Rn 36; *Schmalz*, Grundrechte Rn 71; *Stern*, StaatsR, Bd. III/2 S. 905 (Fn 87).
[387] Vgl. Art. 9 III 2 GG und Art. 16 I GG.
[388] *Malorny*, JA 1974, S. 475 (477); *Stern*, StaatsR, Bd. III/2 S. 894 (m.w.N.).
[389] *Amelung*, Die Einwilligung in die Beeinträchtigung eines Grundrechtsgutes, S. 21; *Sturm*, in: Festschrift für Geiger, S. 173 (198); *Wilde*, Der Verzicht Privater auf subjektive öffentliche Rechte, S. 92; *Malorny*, JA 1974, S. 475 (477).
[390] *Malacrida*, Der Grundrechtsverzicht, S. 70.
[391] *Amelung*, Die Einwilligung in die Beeinträchtigung eines Grundrechtsgutes, S. 21; *Lerche*, in: HStR V, § 122 Rn 45; *Bleckmann*, JZ 1988, S. 57 (58); i. E. so auch *Starck*, in: v. Mangoldt/Klein/Starck, GG, Art. 1 Rn 260; *Fröhlich*, Forschung wider Willen?, S. 26.

heit.[392] Nach herrschender Meinung sind daher ausschlaggebend für die Zulässigkeit einer Einwilligung in Grundrechtsbeeinträchtigungen primär die betroffenen Grundrechtsgüter selbst, folglich die materiell-rechtliche Dispositionsfreiheit des Bürgers. So ist bei der Beantwortung der Zulässigkeit einer Einwilligung allein auf den Inhalt des jeweiligen Grundrechts abzustellen.[393]

Der Anhaltspunkt für die Frage der Zulässigkeit einer Einwilligung in Grundrechtsbeeinträchtigungen liegt in dem personalen Selbstbestimmungsrecht des Menschen, in seiner freien Persönlichkeitsentfaltung. Würde man dem Individuum seine grundrechtlichen Rechtspositionen gegen seinen Willen aufzwingen, so würde dies der Selbstbestimmung als dem Kernelement des Grundrechtsschutzes widersprechen.[394] Die Einwilligung in eine Grundrechtsbeeinträchtigung ist keine Freiheitsvernichtung, sondern vielmehr ein Freiheitsgebrauch.[395] Folglich sind die Grundrechte, die personale Rechtsgüter schützen und damit die persönliche Entfaltungsfreiheit gewährleisten, als einwilligungsfreundlich einzustufen. Dazu gehören vor allem Art. 2 I und II[396], Art. 4 I, Art. 9 I, Art. 10, Art. 11, Art. 12 sowie Art. 13 GG.[397] Hingegen bei Grundrechten, die einen verstärkten Bezug zum gesellschaftlichen oder institutionellen Dasein der Gemeinschaft aufweisen, wie zum Beispiel Art. 5, Art 6, Art. 8 oder Art. 9 III GG, stößt eine individuelle Grundrechtsverfügung auf weit mehr Bedenken.[398] Dient ein Grundrecht auch der Verwirklichung gemeinschaftsbezogener Aspekte, wie dem Demokratiegebot oder der Rechtsstaatlichkeit, so ist eine Einwilligung in die Beeinträchtigung dieses Grundrechts unzulässig, wenn dadurch die Verwirklichung der genannten Gemeinschaftsinteressen ernsthaft gefährdet ist.[399]

---

[392] *Stern*, StaatsR, Bd. III/2 S. 895; *Tjaden*, Genanalyse als Verfassungsproblem, S. 135; *Bleckmann*, JZ 1988, S. 57 (58).

[393] *Sachs*, in: Sachs, GG, Vor Art. 1 Rn 55; *Malacrida*, Der Grundrechtsverzicht, S. 53; *Manssen*, StaatsR I, Rn 433; *Tjaden*, Genanalyse als Verfassungsproblem, S. 133; *Robbers*, JuS 1985, S. 925 (927).

[394] *Sachs*, in: Sachs, GG, Vor Art. 1 Rn 52, *v. Münch*, in: v. Münch/Kunig, GG, Vorb. Art. 1-19 Rn 63.

[395] BVerwGE 14, S. 21ff.; *Sachs*, in: Sachs, GG, Vor Art. 1 Rn 54; *v. Münch*, in: v. Münch/Kunig, GG, Vorb. Art. 1-19 Rn 63; *Malacrida*, Der Grundrechtsverzicht, S. 105; *Stern*, StaatsR, Bd. III/2 S. 907; *Robbers*, JuS 1985, S. 925 (928).

[396] Dies gilt nur für das Recht auf körperliche Unversehrtheit, nicht aber für das Recht auf Leben gemäß Art. 2 II GG. Das Leben als Basis und Ausdruck menschlicher Existenz muss jeder Verfügung entzogen sein. Die zielgerichtete Vernichtung des Lebens beseitigt die existentielle Grundlage menschlicher Persönlichkeit und kann deshalb nicht als deren individuelle Entfaltung verstanden werden, *Lorenz*, HbStR VI, § 128 Rn 62; i.E. auch *Kunig*, in: v.Münch/Kunig, GG, Art. 2 Rn 51; *Schulze-Fielitz*, in: Dreier, GG, Art. 2 II Rn 32.

[397] Siehe Auflistung bei *Stern*, StaatsR, Bd. III/2 S. 911.

[398] *Dreier*, in: Dreier, GG, Vorb. Rn 134; *Pieroth/Schlink*, Grundrechte, Rn 137.

[399] *Eppelt*, Grundrechtsverzicht und Humangenetik, S. 117

Vorliegend stellt sich seitens des Datenspenders insbesondere die Frage, ob er in eine mögliche Beeinträchtigung seines allgemeinen Persönlichkeitsrechts bzw. seiner informationellen Selbstbestimmung einwilligen kann. Art. 2 I i.V.m. Art. 1 I GG schützt ausschließlich die Integrität des individuell-persönlichen Bereichs, ohne zugleich besondere öffentliche Interessen zu umfassen. Mithin steht der freien Disposition der durch das allgemeine Persönlichkeitsrecht geschützten Güter nichts im Wege.[400] So erachtet das BVerfG beispielsweise die Heranziehung von Scheidungsakten in einem Disziplinarverfahren als Verstoß gegen Art. 2 I i.V.m. Art. 1 I GG, sofern nicht eine Einverständniserklärung der Ehegatten vorliegt.[401] Auch bei einer Grundrechtsbeeinträchtigung durch die Erhebung und Verarbeitung persönlicher Daten geht das BVerfG in seinem „Volkszählungsurteil" von der Möglichkeit einer Einwilligung in die informationelle Selbstbestimmung aus. Die Befugnis jedes Einzelnen, ausschließlich selbst über die Preisgabe und Verwendung seiner persönlichen Daten zu bestimmen, umfaßt auch die Möglichkeit, auf einen Schutz der eigenen Informationen zu verzichten.[402] Hinsichtlich der weiteren genannten Grundrechte, wie Art. 2 II 1, Art. 14, Art. 12, Art. 6 und Art. 3 GG, wird überwiegend eine Einwilligung in eine Beeinträchtigung für zulässig angesehen.[403]

2) Gesetzesvorbehalt als Zulässigkeitsschranke

Teilweise wird zur Begründung der Zulässigkeit einer Einwilligung als weiteres Kriterium der Grundsatz des Gesetzesvorbehalts herangezogen.[404] Dabei stellt sich insbesondere die Frage, ob die Einwilligung des Betroffenen die alleinige „Ermächtigungsgrundlage" für eine Grundrechtsverletzung darstellen kann. Der Vorbehalt des Gesetzes besagt, dass Grundrechtseingriffe grundsätzlich nur bei Vorliegen eines dazu ermächtigenden Gesetzes zulässig sind.[405] Dies gibt Grund für die Annahme, dass die Legitimierung von Grundrechtsbeeinträchtigungen ausschließlich dem Gesetzgeber vorbehalten sein sollte, dem einzelnen somit keine Verfügungsbefugnis zustehe.[406] Dieser Ansichtsweise läßt sich jedoch spätestens mit der Zulässigkeit von öffentlich-rechtlichen Verträgen gemäß §§ 54

---

[400] *Eppelt*, Grundrechtsverzicht und Humangenetik, S. 126; *Tjaden*, Genanalyse als Verfassungsproblem, S. 133.
[401] BVerfGE 27, 344 (352).
[402] BVerfGE 65, 1 (43); *Dreier*, in: Dreier, GG, Vorb. Rn 132.
[403] Ausführlich dazu *Amelung*, Die Einwilligung in die Beeinträchtigung eines Grundrechtsgutes, S. 39 ff; *Eppelt*, Grundrechtsverzicht und Humangenetik, S. 126 ff.; *Stern*, StaatsR, Bd. III/2 S. 911, 912; siehe auch *Jarass/Pieroth*, GG, Vorb. vor Art. 1 Rn 36.
[404] *Stern*, StaatsR, Bd. III/2 S. 909; *Robbers*, JuS 1985, S. 925 (928 f.)
[405] *v. Münch*, StaatsR I, Rn 346.
[406] *Malacrida*, Der Grundrechtsverzicht, S. 136 ff.; *Wilde*, Der Verzicht Privater auf subjektiv öffentliche Rechte, S. 93; vgl. auch *Stern*, StaatsR, Bd. III/2 S. 909.

ff. Verwaltungsverfahrensgesetz (VwVfG) nicht mehr aufrecht erhalten. Bedarf danach die vertragliche Disposition des Bürgers mit der öffentlichen Verwaltung keiner ausdrücklichen gesetzlichen Ermächtigung, so muss dies auch für einseitige Willenserklärungen, wie die Einwilligung in Grundrechtsbeeinträchtigungen, gelten.[407] Dagegen spricht ferner, dass Grundrechtsverzicht die Betätigung der Disposiotionsfähigkeit des Grundrechtsberechtigten bedeutet. Der Gesetzesvorbehalt greift daher erst dann ein, wenn der Grundrechtsträger nicht mehr in der Lage ist, seine in den Grundrechten geschützten Interessen selbst zu verwirklichen.[408]

3) Einwilligung in Grundrechtsbeeinträchtigungen im Privatrecht

Da Biobanken auch in privater Trägerschaft geführt werden können[409], ist zu fragen, ob ein Grundrechtsverzicht auch im Privatrecht möglich ist.[410] Die Erhebung und Verarbeitung der personenbezogenen Daten und Proben in einer privaten Biobank beruht in der Regel auf einer vertraglichen Bindung zwischen dem Datenspender und dem Betreiber der Datenbank. Die Zulässigkeit eines Grundrechtsverzichts im Vertragsrecht steht in engem Zusammenhang mit der Drittwirkung von Grundrechten im Verhältnis Privater untereinander.[411] So ist anzumerken, dass Grundrechte in Form eines grundrechtlichen Schutzanspruchs nur dann im Vertragsrecht Geltung finden, wenn die Gefahren für den Betroffenen nicht durch seine autonome Entscheidung, sondern durch unzulässige Einwirkungen auf die Entschließungsfreiheit durch den anderen Vertragspartner hervorgerufen werden. Verpflichtungen, die Private freiwillig eingehen, stehen Grundrechte nicht entgegen.[412] Jede vertragliche Vereinbarung kann folglich eine verbindliche Aufgabe eigener auch grundrechtlich geschützter Rechte beinhalten. Erklärt sich ein Proband vertraglich mit der Nutzung seiner Daten einverstanden, so ist dies Ausfluss seiner Privatautonomie. Grundrechtsdogmatisch ist in dem Eingehen eines Vertrages zugleich der Gebrauch von einer grundrechtlichen Rechtsposition zu sehen. Hielte man die Einwilligung in eine Grund-

---

[407] *Stern*, StaatsR, Bd. 2 S. 910.
[408] *Bleckmann*, JZ 1988, S. 57 (61).
[409] Siehe oben unter 1. Teil C) II.
[410] Im Zusammenhang mit der Zulässigkeit einer Einwilligung in eine private Datenerhebung und -verarbeitung ist auf die Datenschutzrichtlinie der EU (RL 95/46/EG v. 23.11.1995 – ABl. L 281, S. 31 ff.) hinzuweisen. So verlangt Art. 2 lit. h der Richtlinie eine Einwilligung des Datenspenders als Legitimation jeder Datenverarbeitung, unabhängig davon, ob diese durch öffentliche oder nicht-öffentliche Stellen erfolgt. Ausführlich dazu *Brückl*, Rechtsfragen zur Verwendung von genetischen Informationen über den Menschen, S. 98 ff.
[411] *Eppelt*, Grundrechtsverzicht und Humangenetik, S. 217.
[412] *Krings*, Grund und Grenzen grundrechtlicher Schutzansprüche, S. 342.

rechtsbeeinträchtigung durch Private für unzulässig, würde dies eine erhebliche Einschränkung der anerkannten in Art. 2 I GG grundrechtlich geschützten Vertragsfreiheit bedeuten.[413] Es ist daher auch im privatrechtlichen Verhältnis prinzipiell möglich, auf die Grundrechtswirkung zu verzichten und in eine Beeinträchtigung einzuwilligen.[414]

II. Wirksamkeitsvoraussetzungen einer Einwilligung

Insgesamt gibt es in der deutschen Rechtsordnung nur wenige gesetzliche Regelungen zur Einwilligungsproblematik. Im Zivil- und Strafrecht kommt der Einwilligung die Bedeutung eines gesetzlich nicht normierten Rechtfertigungsgrundes zu.[415] Ihre grundrechtliche Verankerung findet die Einwilligung in der allgemeinen Handlungsfreiheit, speziell in der freien Entfaltung der Persönlichkeit gemäß Art. 2 I GG.[416] Ausdrückliche Regelungen über das Erfordernis einer informierten Einwilligung im Bereich klinischer Prüfungen von Medikamenten finden sich in § 40 I Nr. 2 des Arzneimittelgesetzes (AMG). Des weiteren kann gemäß § 6 des Transfusionsgesetzes (TFG) eine Blutspende nur mit Zustimmung des Spenders erfolgen. Vorschriften zur Einwilligung in die Erhebung, Verarbeitung und Nutzung von personenbezogenen Daten sind in §§ 4, 4 a, 13 II Nr.2, 28, 30, 39 BDSG enthalten. Für die Speicherung und Nutzung genetischer Daten für Forschungszwecke fehlt es jedoch bislang an klaren gesetzlichen Vorgaben für die Zustimmung des betroffenen Datenspenders.[417]

Im Rahmen der Diskussion über die Zulässigkeit von Biobanken gilt es somit, konkrete Wirksamkeitsvoraussetzungen für eine rechtfertigende Einwilligung des Datenspenders anhand bereits geltender Kriterien heraus zu arbeiten. Allgemeine Voraussetzungen für jede wirksame Einwilligung sind die Freiwilligkeit der Einwilligung, die Kenntnis aller entscheidungserheblichen Umstände sowie die Einwilligungsfähigkeit des Einwilligenden.

---

[413] *Eppelt*, Grundrechtsverzicht und Humangenetik, S. 222.
[414] *Malacrida*, Der Grundrechtsverzicht, S. 199; *Robbers*, JuS 1985, S. 925 (930); i.E. auch *Tjaden*, Genanalyse als Verfassungsproblem, S. 137 ff.
[415] Zur Einwilligung im Strafrecht siehe ausführlich *Sternberg-Lieben*, Die objektiven Schranken der Einwilligung im Strafrecht, S. 62 ff.; *Wessels/Beulke*, Strafrecht Allgemeiner Teil, Rn 370 ff. § 183 BGB betrifft die zivilrechtliche Einwilligung im Sinne einer vorherigen Zustimmung zu einem Rechtsgeschäft. Zur Bedeutung als Rechtfertigungsgrund siehe *Esser/Schmidt*, Schuldrecht Bd. 1 Allgemeiner Teil, S. 70 f.; *Ohly*, Die Einwilligung im Privatrecht, S. 178 ff.; *Sprau*, in: Palandt, BGB, § 823 Rn 42 ff.
[416] Siehe dazu bereits oben unter 4. Teil A) I.
[417] *Herdegen*, JZ 2000, S. 633 (634).

1) Freiwilligkeit der Einwilligung

Zu einer Datenerhebung und Gewinnung von Materialien kann der Einzelne aus verschiedenen Gründen motiviert oder veranlasst sein. So kommen neben der Freiwilligkeit des Datenspenders ohne jegliche Gegenleistung zum Beispiel auch eine gesetzliche Anordnung der Datenerhebung, eine Kommerzialisierung der Datenerhebung oder sonstige Anreize, wie z. B. Bonuspunkte bei der Krankenkasse, in Betracht.[418] Ferner ist fraglich, ob nicht ein jeder zu einer Einwilligung in die Nutzung seiner genetischen Information und Gesundheitsdaten von vornherein verpflichtet ist. Mit der Inanspruchnahme des staatlichen Gesundheitssystems könnte jeden Bürger aus Solidarität die Pflicht treffen, seine Daten zu Forschungszwecken frei zur Verfügung zu stellen.[419]

Trotz der aufgeführten möglichen Alternativen muss Grundvoraussetzung für die Nutzung von Gewebe, genetischen Daten und Gesundheitsinformationen immer eine freiwillige Zustimmung des Datenspenders sein. Es ist nicht mit dem allgemeinen Persönlichkeitsrecht bzw. der informationellen Selbstbestimmung des Betroffenen vereinbar, wenn dieser unter physischem oder psychischen Druck oder aufgrund finanzieller Anreize seine personenbezogenen Informationen und biologischen Materialien an Dritte preisgibt.[420] Das Prinzip der Freiwilligkeit stärkt auf diese Weise die Legitimität der Forschung und das öffentliche Vertrauen in sie.[421] Die Grenzen der Freiwilligkeit der Erhebung und Speicherung genetischer und sonstiger persönlicher Daten ergeben sich aus den Grenzen der Sittenwidrigkeit.[422] Probleme hinsichtlich einer freiwilligen Einwilligung bereiten insbesondere solche Situationen, in denen zwar kein unmittelbarer Zwang zur Erhebung der Daten besteht, der Datenspender sich dennoch mittelbar zu einer Preisgabe seiner Daten verpflichtet fühlt. Ein derartiger faktischer Zwang wäre dann anzunehmen, wenn dem betroffenen Datenspender keine

---

[418] *Fischer*, Medizinische Versuche am Menschen, S. 10 f.; *v. Redecker/Reimer*, Jahrbuch für Ostrecht 2001, S. 361 (367).

[419] *Eriksson*, in: Biobanks as resources for health, S. 165 (173); *Nationaler Ethikrat*, Biobanken für die Forschung, S. 34; *v. Freier*, MedR 2003, S. 610 (612); *Ehlers/Tillmanns*, RPG 1998, S. 87 (90); die Frage nach einem Gentest als obligatorische Vorsorgemaßnahme wirft auch *Damm* auf, MedR 2004, S. 1 (4).

[420] *Ehlers/Tillmanns*, RPG 1998, S. 87 (91); *Schneider*, Jahrbuch Menschenrechte 2003, S. 130 (136); i. E. so auch *Tjaden*, Genanalyse als Verfassungsproblem, S. 136; *v. Redecker/Reimer*, Jahrbuch für Ostrecht, S. 361 (367). Vgl. auch Definition der Freiwilligkeit bei den Rücktrittsvorschriften des Strafrechts, wonach eine Handlung dann freiwillig ist, wenn sie von autonomen Motiven getragen ist und nicht durch eine äußere Zwangslage oder durch seelische Druck bestimmt wird, *Tröndle/Fischer*, StGB, § 24 Rn 18.

[421] *Nationaler Ethikrat*, Biobanken für die Forschung, S. 34.

[422] *Fröhlich*, Forschung wider Willen?, S. 27; *Meyer*, Der Mensch als Datenträger, S. 117.

Handlungsalternativen zustehen, da er auf das begehrte, von der Zustimmung zur Datenverwendung abhängig gemachte Verhalten angewiesen ist.[423] Zu denken ist dabei z.b. an die Situation vor Abschluss eines Arbeits- oder Versicherungsvertrages, wenn eine Einstellung bzw. ein Versicherungsabschluss von dem Zugriff auf die in einer Biobank gesammelten personenbezogenen genetischen und gesundheitlichen Daten abhängig gemacht wird. Ein weiterer Fall faktischen Zwanges ist bei extrem unterschiedlichen Machtpositionen von Verzichtendem und Verzichtsempfänger anzunehmen.[424] So könnte sich beispielsweise ein Bürger, der existentiell auf den versorgenden Staat angewiesen ist, zur Einwilligung in die Speicherung und Verwendung seiner persönlichen Daten und Körpersubstanzen in einer staatlichen Biobank verpflichtet fühlen, aus Sorge darum, andernfalls auf soziale Leistungen verzichten zu müssen.

Um den Aufbau und Betrieb einer Biobank aus verfassungsrechtlicher Sicht für zulässig erklären zu können, muss demnach gewährleistet sein, dass der Datenspender seine personenbezogenen Daten und Körpersubstanzen unbedingt freiwillig an die Forscher bzw. den Betreiber einer Biobank übermittelt.

2) Aufklärung des Einwilligenden

Als weitere entscheidende Grundlage muss jeder wirksamen Einwilligung des Datenspenders eine Aufklärung über die Bedeutung und Tragweite des Forschungsvorhabens, in welches eingewilligt werden soll, vorausgehen.[425] Dem Probanden fehlen als Laie in der Regel hinreichende medizinische und wissenschaftliche Kenntnisse zur sachgerechten Beurteilung der Verwendung seiner personenbezogenen Daten und Materialien, so dass er auf die Aufklärung angewiesen ist.[426] Die Aufklärung des Betroffenen soll folglich der Transparenz dienen und ist damit die Grundlage für das Vertrauensverhältnis zwischen Forscher und Betroffenem.[427] Gerade bei einer Einwilligung zur Nutzung der persönlichen Informationen zu überwiegend rein wissenschaftlichen Forschungsprojekten kommt der vorherigen Aufklärung eine besondere Bedeutung zu.[428]

---

[423] *Brückl*, Rechtsfragen zur Verwendung von genetischen Informationen über den Menschen, S. 163; vgl. auch *Eppelt*, Grundrechtsverzicht und Humangenetik, S. 49.
[424] *Eppelt*, Grundrechtsverzicht und Humangenetik, S. 52.
[425] *Fischer/Lilie*, Ärztliche Verantwortung im europäischen Rechtsvergleich, § 3, S. 42.
[426] *Schreiber*, Das Transfusionsgesetz vom 1. Juli 1998, S. 77.
[427] *Meyer*, Der Mensch als Datenträger, S. 107; *Wolters*, Datenschutz und medizinische Forschungsfreiheit, S. 44.
[428] *Brückl*, Rechtsfragen zur Verwendung von genetischen Informationen über den Menschen, S. 162; *Wachenhausen*, Medizinische Versuche und klinische Prüfung an Einwilligungsunfähigen, S. 74.

a) Rechtsgrundlage der Aufklärungspflicht

Auf internationaler Rechtsebene ist das Prinzip des „informed consent" als Grundvoraussetzung für jede Form der Intervention im Gesundheitsbereich zum einen in Art. 5 I der Bioethik-Konvention des Europarates[429] sowie in der EG-Biotechnikrichtlinie (RL 98/44/EG)[430] normativ festgeschrieben. Wie bei der Einwilligung generell ist innerhalb der deutschen Rechtsordnung eine gesetzliche Regelung bezüglich einer vor der Einwilligung erforderlichen Aufklärung bislang nur in Spezialgesetzen zu finden.[431] Eine allgemeine Aufklärungspflicht ergibt sich jedoch prinzipiell aus dem Selbstbestimmungsrecht des Betroffenen gem. Art. 2 I i.V.m. Art. 1 I GG, denn Selbstbestimmung setzt immer eine ausreichende Kenntnis über Ziele, Verfahren, Risiken und Alternativen voraus.[432]

b) Inhalt der Aufklärung

Adressat der Aufklärung ist derjenige, der die Einwilligung zu erteilen hat. Die Aufklärung ist allein an seinem Bildungsgrad und an seinen Kenntnissen auszurichten.[433] Grundsätzlich sollte es sich bei der Aufklärung um eine nur informierende, dass heißt nicht direktive oder nicht wertende Beratung handeln.[434]

Im Bereich der medizinischen Forschung ist zu beachten, dass die Zustimmung in die Materialentnahme und Verwendung personenbezogener Daten zu diagnostischen bzw. therapeutischen Zwecken weder ausdrücklich noch stillschweigend zugleich die Einwilligung in die Nutzung der Daten zu wissenschaftlichen Zwecken umfasst.[435] Insgesamt sind bei einer Datenerhebung und Datennutzung allein zur medizinischen Forschung an die Aufklärung des Datenspenders viel strengere Anforderungen zu stellen. So muss die Aufklärung vor der Einwilligung insbesondere Informationen über den Träger und den Zweck des Forschungsvorhabens, den Personenkreis, der von den Daten Kenntnis erhält, den Zeitpunkt und die Art der Verschlüsselung der Daten, sowie Informationen über ein Recht des Betroffenen auf Vernichtung seiner Daten und über ein

---

[429] Abdruck der Menschenrechtskonvention des Europarates zur Biomedizin in: *Eser*, Biomedizin und Menschenrechte, S. 12 ff.
[430] ABl. EG 1998, Nr. 213, S. 13 ff.
[431] So z.B. in § 4 III BDSG, §§ 40 I Nr. 2, 41 Nr. 5 AMG oder § 6 II TFG.
[432] *Schreiber*, Das Transfusionsgesetz vom 1. Juli 1998, S. 77; *Wachenhausen*, Medizinische Versuche und klinische Prüfung an Einwilligungsunfähigen, S. 68; *Menzel*, DuD 2002, S. 146 (147).
[433] *Meyer*, Der Mensch als Datenträger, S. 105; *Wachenhausen*, Medizinische Versuche und klinische Prüfung an Einwilligungsunfähigen, S. 70.
[434] *Buchborn*, MedR 1996, S. 441 (443).
[435] *Lippert*, MedR 2001, S. 406 (407).

Recht auf Kenntnis der Forschungsergebnisse umfassen.[436] Ferner sollte der Datenspender auch darüber informiert werden, ob seine Daten kommerziell genutzt werden und welche Rechte ihm bei einem gewerblichen Nutzen zustehen.[437]

Im Zusammenhang mit Biobanken müsste demzufolge der jeweilige Datenspender ausführlich darüber aufgeklärt werden, was überhaupt eine Biobank ist, von wem und wozu seine personenbezogenen Daten sowie Blut- und Gewebeproben in einer Biobank gespeichert und genutzt werden, wer mit seinen Daten und Körpersubstanzen auf welche Weise, ob nun anonymisiert, pseudonymisiert oder gar nicht verschlüsselt, in Verbindung kommt und vor allem unter welchen Bedingungen seine persönlichen Informationen verschlüsselt werden bzw. wieder vernichtet werden können. Dabei ist von zentraler Bedeutung, dass die Verantwortlichkeit über die Daten für den Datenspender dauerhaft klar erkennbar ist, er somit eindeutig darüber informiert ist, an wen er sich bei Fragen wenden muss oder wem gegenüber er seine Rechte geltend machen kann.[438] Die Aufklärung muss dem Betroffenen ferner vor Augen führen, welche Bedeutung das Wissen um eventuell drohende, genetisch bedingte Krankheiten haben kann, welche Verantwortung er diesbezüglich gegenüber Familienmitgliedern trägt und dass er sich zum Schutz auf sein Recht auf Nichtwissen berufen kann.[439]

3) Form und Zeitpunkt der Einwilligung

Die Einwilligung bedarf grundsätzlich keiner besonderen Form, sie muss nur auf irgendeine Weise nach außen kundgegeben worden sein. Mithin kann die Einwilligung sowohl ausdrücklich als auch stillschweigend erteilt werden.[440] Im Bereich der medizinischen Forschung wird zum Teil eine stillschweigende Einwilligung angenommen, wenn die Untersuchung der Daten und Materialien der individuellen medizinischen Behandlung des betroffenen Datenspenders dienen

---

[436] *Rosenau*, in: Forschungsfreiheit und Forschungskontrolle in der Medizin, S. 63 (68); *Wellbrock*, MedR 2003, S. 77 (79); *Deutsche Arbeitsgemeinschaft für Epidemiologie*, DuD 1999, S. 100 (101); *American Society of Human Genetics (ASHG)*, Am.J.Hum.Genet. 1996, S. 471 (472).
[437] Nationaler Ethikrat, Biobanken für die Forschung, S. 41 ff.; *Menzel*, DuD 2002, S. 146 (147); vgl. *GeneWatch*, Giving Your Genes to BioBank UK – Questions to Ask.
[438] *Helgesson*, in: Biobanks as resources of health, S. 149 (154); *Godard/Schmidtke/Cassiman/Aymé*, European Journal of Human Genetics 2003, S. 88 (94); *Deutsche Arbeitsgemeinschaft für Epidemiologie*, DuD 1999, S. 100 (103); i.E. so auch *Mand*, MedR 2003, S. 393 (397).
[439] *Schroeder/Williams*, Ethik in der Medizin 2002, S. 84 (91); *Kern*, MedR 2001, S. 9 (12); ausführlich dazu siehe auch *Nationaler Ethikrat*, Biobanken für die Forschung, S. 41.
[440] *Fischer/Lilie*, Ärztliche Verantwortung im europäischen Rechtsvergleich, § 3, S. 41; *Fröhlich*, Forschung wider Willen?, S. 26; *Schreiber*, Das Transfusionsgesetz vom 1. Juli 1998, S. 78; *Stern*, StaatsR, Bd. III/2 S. 914; *Robbers*, JuS 1985, S: 925 (926).

soll.[441] Wie bereits dargestellt, basiert beispielsweise das isländische Biobankprojekt auf dem Modell einer sogenannten „opt-out"- Einwilligung. Danach muss man selbst aktiv werden und eine Löschung der Daten verlangen, wenn man mit der Speicherung und Verarbeitung seiner Daten und Körpersubstanzen nicht einverstanden ist.[442] Generelle Kritik an der Möglichkeit einer stillschweigenden Einwilligung ist jedoch in der Weise zu äußern, dass sich der betroffene Patient im Vorfeld meist überhaupt keine Gedanken darüber macht, ob er neben der Durchführung des unmittelbar verfolgten Zwecks auch mit der Verwendung seiner Daten für weitere medizinische Forschungsprojekte einverstanden ist. Er bildet folglich überhaupt keinen Willen, was andererseits aber nicht als stillschweigende Einwilligung bewertet werden sollte.[443]

Eine mutmaßliche Einwilligung ist ein bloßes Einwilligungssurrogat und scheidet als Rechtfertigung aus, solange der Einzuwilligende noch gefragt werden kann.[444] Sie kommt demnach vorliegend nur in den Fällen in Betracht, in denen genetische und andere personenbezogene Daten von Nicht-Einwilligungsfähigen oder Verstorbenen in einer Biobank gesammelt werden sollen.[445] Fehlt es an einer vorherigen ausdrücklichen Einwilligung des verstorbenen Datenspenders in die Speicherung seiner Informationen, so könnte diese dennoch unter Beachtung des mutmaßlichen Willens des Verstorbenen wirksam sein. Wegen des Vorrangs der informationellen Selbstbestimmung ist dieser allein aus den individuellen Interessen, Wünschen und Wertvorstellungen des verstorbenen Datenspenders zu ermitteln. Dabei müssen die Anhaltspunkte für den mutmaßlichen Willen um so stärker sein, je weniger offenkundig die Erhebung und Verarbeitung seiner persönlichen Daten im Interesse des Betroffenen liegen.[446]

Nicht zuletzt kann sich eine Einwilligung des Datenspenders zur Nutzung seiner Daten in einer Biobank auch aus der Auslegung eines zwischen ihm und seinem Arzt geschlossenen privatrechtlichen Behandlungsvertrages ergeben.[447] Enthält

---

[441] *Lippert*, MedR 2001, S. 406 (408).
[442] Vgl. 1. Teil C) III. 1) sowie *Schneider*, Jahrbuch Menschenrechte 2003, S. 130 (136).
[443] *Nitz/Dierks*, MedR 2002, S. 400.
[444] *Freund/Weiss*, MedR 2004, S. 315 (317).
[445] Zur Problematik der Einwilligung bei einwilligungsunfähigen Personen siehe eigener Punkt unter 4. Teil A) II 4) b).
[446] *Wachenhausen*, Medizinische Verusche und klinische Prüfung an Einwilligungsunfähigen, S. 79; *Taupitz*, JZ 2003, S. 109 (118); *Ehlers/Tillmanns*, RPG 1998, S. 87 (92); siehe dazu auch *Fischer/Lilie*, Ärztliche Verantwortung im europäischen Rechtsvergleich, § 3, S. 35 f.; *Nationaler Ethikrat*, Biobanken für die Forschung, S. 57.
[447] Siehe oben 4. Teil A) I.

dieser eine Klausel über die Zulässigkeit der Forschung an entnommenen Körpersubstanzen und hat der Betroffene dieser Vereinbarung zugestimmt, so ist diese maßgeblich.[448]

Die Einwilligung des Datenspenders in die Nutzung seiner personenbezogenen Daten muss der Verarbeitung der Informationen immer vorausgehen. Das heißt, es muss sich um eine vorherige Zustimmung des Datenspenders handeln. Eine nachträgliche Genehmigung reicht nicht aus.[449] Grund dafür ist der Schutz des Betroffenen, nach der abgeschlossenen Analyse seiner Daten nicht vor vollendete Tatsachen gestellt zu werden.

4) Einwilligungsfähigkeit

Die wichtigste Voraussetzung einer wirksamen Einwilligung ist die Einwilligungsfähigkeit des betroffenen Datenspenders. Dieser kann sich nur dann wirksam mit der Erhebung und Verarbeitung seiner genetischen Daten und seiner Körpersubstanzen einverstanden erklären, wenn er verstehen kann, was mit dem konkreten Forschungsprojekt im einzelnen beabsichtigt wird.[450]

a) Begriff der Einwilligungsfähigkeit

In der deutschen Rechtsordnung gibt es bislang keine gesetzliche Legaldefinition der Einwilligungsfähigkeit. Nach welchen Kriterien sich der Rechtsbegriff der Einwilligungsfähigkeit bzw. Einwilligungsunfähigkeit bestimmt, richtet sich somit nach den Erklärungen der Lehre und der Rechtsprechung.

(1) Einwilligungsfähigkeit im Privatrecht

Im Privatrecht ist die Einwilligungsfähigkeit vom Begriff der Rechtsfähigkeit sowie der Geschäftsfähigkeit abzugrenzen.[451] Rechtsfähigkeit bedeutet gem. § 1 BGB die Fähigkeit, Träger von Rechten und Pflichten zu sein, die jeder Mensch von seiner Geburt an besitzt. Der Begriff der Geschäftsfähigkeit definiert hingegen die Fähigkeit eines Menschen, Rechtsgeschäfte wirksam vornehmen zu können.[452] Im Unterschied dazu besteht weitgehend Einigkeit darüber, dass die Einwilligung für sich gesehen keine rechtsgeschäftliche Erklärung ist.[453] Ihr

---

[448] *Nitz/Dierks*, MedR 2002, S. 400 (402).
[449] *Brückl*, Rechtsfragen zur Verwendung von genetischen Informationen über den Menschen, S. 156; *Manssen*, StaatsR I, Rn 432; *Wellbrock*, MedR 2003, S. 77 (81).
[450] *Wellbrock*, MedR 2003, S. 77 (79); *Lippert*, MedR 2001, S. 406 (408).
[451] *Fröhlich*, Forschung wider Willen?, S. 38.
[452] *Musielak*, Grundkurs BGB, Rn 283, 286.
[453] *Wolters*, Datenschutz und medizinische Forschungsfreiheit, S. 42

fehlt der für ein Rechtsgeschäft erforderliche Rechtsfolgewille und wird daher lediglich als Gestattung oder Ermächtigung zur Vornahme tatsächlicher Handlungen verstanden, die in den Rechtskreis des Einwilligenden eingreifen.[454]

Nach der Rechtsprechung des Bundesgerichtshofes (BGH) ist derjenige einwilligungsfähig, der nach seiner geistigen und sittlichen Reife die Bedeutung und Tragweite des Eingriffs und seiner Gestattung zu ermessen vermag.[455] Die Einwilligungsfähigkeit ist keine allgemeine, dauerhafte persönliche Eigenschaft. Die Beurteilung, ob eine Person einwilligungsfähig ist oder nicht, ist demnach ausschließlich für den Einzelfall vorzunehmen.[456] Ausschlaggebend soll dabei nicht die Wertüberzeugung des Durchschnittsbürgers sein, sondern allein die subjektive Perspektive des einwilligenden Datenspenders.[457]

(2) Einwilligungsfähigkeit im öffentlichen Recht

Da die Einwilligung in eine Grundrechtsbeeinträchtigung zugleich als Fall der Grundrechtsausübung zu verstehen ist, ist hinsichtlich der Einwilligungsfähigkeit im öffentlichen Recht auf die Voraussetzungen der generellen Grundrechtsberechtigung und Grundrechtsmündigkeit abzustellen.

Die Frage, wem die in den Grundrechten gewährleisteten Rechtspositionen zustehen, steht in engem Zusammenhang mit der allgemeinen Rechtsfähigkeit, so dass parallel zu § 1 BGB die Grundrechtsberechtigung grundsätzlich mit der Vollendung der Geburt angesetzt wird.[458] Eine Ausnahme gilt für den Schutz des ungeborenen Lebens gem. Art. 2 II 1GG, der nach herrschender Meinung schon vor Vollendung der Geburt beginnt[459], sowie für den Persönlichkeitsschutz Verstorbener.[460]

Abzugrenzen von der Grundrechtsberechtigung ist die Grundrechtsmündigkeit, die Fähigkeit, seine Berechtigung auch selbst wahrzunehmen. Mangels einer Legaldefinition wird diese in Anlehnung an die allgemeinen Regelungen der

---

[454] *Huber*, in: MüKo, BGB, § 1626 Rn 39; *Fröhlich*, Forschung wider Willen?, S. 28; *Wachenhausen*, Medizinische Versuche und klinische Prüfung an Einwilligungsunfähigen, S. 50.
[455] So z.B. BGHZ 29, S. 33 (36).
[456] *Taupitz/Fröhlich*, VersR 1997, S. 911 (913); siehe auch § 2 III der Marburger Richtlinien, abgedruckt bei: Freund/Heubel, MedR 1997, S. 347 ff.
[457] *Bernat*, in: Forschungsfreiheit und Forschungskontrolle in der Medizin, S. 289 (292); *Wachenhausen*, Medizinische Versuche und klinische Prüfung an Einwilligungsunfähigen, S. 62.
[458] *Piertoh/Schlink*, Grundrechte, Rn 118; *Stern*, StaatsR, Bd. III/1 S. 1045.
[459] *Murswiek*, in: Sachs, GG, Art. 2 Rn 146; *Starck*, in: v.Mangoldt/Klein/Starck, GG, Art. 2 Rn 187; siehe ausführlich dazu *Rüfner*, in: HStR V, § 116 Rn 17.
[460] Siehe dazu bereits oben unter 3. Teil C) II. 1) b).

§§ 104 ff. BGB und §§ 1626 I 2, 1629 BGB nach dem Alter und der individuellen Einsichtsfähigkeit unter Berücksichtigung des jeweiligen Grundrechts bestimmt.[461] Die allgemeinen Regeln über die Geschäftsfähigkeit sollen jedoch nur dann für die Grundrechtsausübung maßgeblich sein, soweit der grundrechtliche Schutzbereich darauf gerichtet ist, ein rechtsgeschäftliches Handeln abzusichern. Ist der Schutzbereich eines Grundrechts auf natürliches Handeln gerichtet, gelten die Schranken des allgemeinen Rechts nicht.[462]

b) Probleme bei Nicht-Einwilligungsfähigen

Besondere Probleme wirft die Verwendung von genetischen Daten und Körpermaterialien bei Nicht-Einwilligungsfähigen auf. Hier stellt sich insbesondere die Frage, inwiefern die erforderliche, grundsätzlich höchstpersönliche Einwilligung durch die eines gesetzlichen Vertreters ersetzt werden kann.[463]

(1) Definition von Einwilligungsunfähigkeit

Nach der herrschenden Meinung in der Rechtsprechung und Literatur ist nicht einwilligungsfähig, „wer etwa infolge von Minderjährigkeit oder Krankheit im konkreten Einzelfall außerstande ist, alle für die Einwilligung maßgeblichen Umstände zu erfassen, diese zu verarbeiten und zu bewerten und darauf aufbauende Entscheidungen zu treffen".[464]

Nicht einwilligungsfähige Personen lassen sich in drei Gruppen einteilen. Zunächst gibt es die Gruppe der Menschen, die *zeitweilig* einwilligungsunfähig sind, das heißt insbesondere Patienten in der Notfall- und Intensivmedizin. Die zweite Gruppe sind die Personen, die *dauerhaft* nichteinwilligungsfähig sind.[465] Darunter fallen zum Beispiel die Menschen, die an schweren psychischen Erkrankungen oder Behinderungen, wie an altersbedingter Demenz, Schizophrenie, Neurosen oder schweren Persönlichkeitsstörungen leiden. Zu beachten ist jedoch, dass nicht jede psychische Erkrankung zugleich Einfluss auf die Einwilligungsfähigkeit des Betroffenen hat. Auch hier kommt es primär auf die Beurteilung im Einzelfall an.[466] Schließlich gehören zur dritten Gruppe die *Minder-*

---

[461] *Dreier*, in: Dreier, GG, Vorb. Rn 112 f.; *Sachs*, in: Sachs, GG, Vor. Art. 1 Rn 75 f.; *Eppelt*, Grundrechtsverzicht und Humangenetik, S. 43; *Stern*, StaatsR, Bd. III/1 S. 1065 ff.
[462] *Stern*, StaatsR, Bd. III/1 S. 1069.
[463] *Schneider*, Jahrbuch Menschenrechte 2003, S. 130 (139).
[464] *Nationaler Ethikrat*, Biobanken für die Forschung, S. 55; *Taupitz/Fröhlich*, VersR 1997, S. 911 (913); Stellungnahme der ZEKO, Dt.Ärztebl. 1997, S. 811 (812 Fn 2).
[465] *Fröhlich*, Forschung wider Willen?, S. 30 ff; Stellungnahme der ZEKO, Dt.Ärztebl. 1997, S. 811 (812).
[466] *Fröhlich*, Forschung wider Willen?, S. 49.

jährigen, die altersbedingt noch nicht in der Lage sind, die erforderliche Einwilligungsfähigkeit zu besitzen.[467]

Die entwicklungsbedingte Einwilligungsunfähigkeit von Minderjährigen bedarf einer besonderen Betrachtung. Erstes Indiz für die Beurteilung der Einwilligungsfähigkeit eines Minderjährigen ist dessen Lebensalter. So wird von der herrschenden Meinung angenommen, dass ein 16jähriger im Zweifel schon einwilligungsfähig ist, ein 14jähriger hingegen regelmäßig noch nicht.[468] Um im Einzelfall jedoch aussagekräftige Argumente für oder gegen die Einwilligungsfähigkeit eines Minderjährigen zu finden, müssen neben dem Lebensalter noch weitere ergänzende Kriterien herangezogen werden.

Zunächst kommt es auf den Grad der intellektuellen Reife des einwilligenden Minderjährigen an. Entscheidend für seine Einwilligungsfähigkeit ist demnach, dass er den für die Einwilligung relevanten Sachverhalt, also die ihm im Rahmen des Aufklärungsgesprächs gegebenen Informationen, versteht und in angemessener Weise bewerten kann.[469]

Ein weiterer Anknüpfungspunkt für die Einwilligungsfähigkeit ist die Dringlichkeit des Grundrechtseingriffs. Je dringlicher der Eingriff in ein geschütztes Rechtsgut des Minderjährigen ist, desto eher ist von der Einwilligungsfähigkeit des Jugendlichen auszugehen. Umgekehrt ist bei weniger dringlichen, aufschiebbaren Maßnahmen die Einwilligung des gesetzlichen Vertreters notwendig.[470] Begründet wird dieser Ansatz mit dem Verweis auf die Regeln über den rechtfertigenden Notstand und den Rang der beteiligten Rechtsgüter. Ein Eingriff in die körperliche Unversehrtheit zur Rettung des Lebens erscheint dringlicher, als ein Eingriff in das gleiche Gut zur Herstellung eines angenehmen Äußeren.[471] Diesem Grundsatz muss entgegengehalten werden, dass gerade in dringlichen Situationen die zu treffenden Entscheidungen ein erhöhtes Maß an Einsichts- und Urteilsfähigkeit bedürfen, da dem Einwilligenden wenig Zeit zum

---

[467] *Nationaler Ethikrat*, Biobanken für die Forschung, S. 55; *Taupitz/Fröhlich*, VersR 1997, S. 911 (913).

[468] *Deutsch/Spickhoff*, Medizinrecht, Rn 508; *Wachenhausen*, Medizinische Versuche und klinische Prüfung an Einwilligungsunfähigen, S. 64; *Taupitz/Fröhlich*, VersR 1997, S. 911 (913). Etwas anderes gilt für die Reliogionsmündigkeit i.S.v. Art. 4 GG. Die Grundrechtsmündigkeit bei Art. 4 GG richtet sich nach dem Gesetz über die religiöse Kindeserziehung (v. 15.7.1921 – RGBl. S. 939), wonach ein Minderjähriger bereits ab dem 14. Lebensjahr über seine Religionsangehörigkeit frei entscheiden kann, *Kokott*, in: Sachs, GG, Art. 4 Rn 7; *Piroth/Schlink*, Grundrechte, Rn 124.

[469] *Fröhlich*, Forschung wider Willen?, S. 32.

[470] BGH v. 16.11.1971 – Az. VI ZR 76/70, FamRZ 1972, S. 89 (90); *Huber*, in: MüKo, BGB, § 1626 Rn 40; *Amelung*, ZStW 104 (1992), S. 821 (831).

[471] *Amelung*, ZStW 104 (1992), S. 821 (831).

Überlegen und Abwägen bleibt.[472] Im Zusammenhang mit dem Aufbau und Betrieb von Biobanken stellt die Dringlichkeit kein brauchbares Kriterium für die Beurteilung der Einwilligungsfähigkeit dar. Dem Sinn und Zweck von Biobanken zufolge dient die Speicherung und Verarbeitung genetischer und gesundheitsbezogener Daten ausschließlich der medizinischen Forschung und nicht dem individuellen Heilversuch, so dass jene wohl nie unaufschiebbar oder dringend geboten sein wird.

Abschließend kann auch aus der Art und Schwere des Grundrechtseingriffs auf die Einwilligungsfähigkeit eines Minderjährigen geschlossen werden. Je schwerer ein Eingriff und je gravierender die Auswirkungen des Eingriffs sind, desto eher ist die Einwilligungsfähigkeit in Grenzfällen abzulehnen. Für die Frage, ob der Minderjährige in der Lage ist, die Tragweite seiner Einwilligung einschätzen zu können, ist demzufolge ferner die Bedeutung des Eingriffs und der Rang der betroffenen Rechtsgüter entscheidend.[473] Die Erhebung und Verwertung genetischer und medizinischer Daten und Proben in einer Biobank birgt erhebliche Gefahren für die Privatsphäre des einzelnen Spenders. Insbesondere drohen dem Betroffenen dadurch schwere Eingriffe in sein Recht auf informationelle Selbstbestimmung, so dass im Zweifel die Einwilligungsfähigkeit eines Minderjährigen in diesem Fall zu verneinen ist.

(2) Medizinische Forschung mit Einwilligungsunfähigen

Aus den Erfahrungen der NS-Zeit muss als vorrangiges Prinzip gelten, dass die Entscheidung des Probanden zur Teilnahme an medizinischen Forschungsprojekten auf einer freiwilligen und selbstverantwortlichen Einwilligung beruhen muss. Ein solcher legitimierender „informed consent" fehlt jedoch bei allen Nicht-Einwilligungsfähigen, so dass Forschungsmaßnahmen mit ihren Daten und Materialien grundsätzlich nicht zulässig sein sollen.[474] Gegner der medizinischen Forschung mit Einwilligungsunfähigen argumentieren, dass es sich bei der Einwilligung um eine höchstpersönliche Angelegenheit handele, die allein dem Betroffenen überlassen werden müsse. Im Fall einer Fremdbestimmung werde das betroffene Individuum jedoch lediglich für Zwecke anderer instrumentalisiert und damit zum bloßen Objekt herabgewürdigt.[475]

---

[472] *Fröhlich*, Forschung wider Willen?, S. 36, m.w.N..
[473] *Wachenhausen*, Medizinische Veruche und klinische Prüfung an Einwilligungsunfähigen, S. 55; *Amelung*, ZStW 104 (1992), S. 821 (833).
[474] *Rosenau*, in: Forschungsfreiheit und Forschungskontrolle in der Medizin, S. 63 (65); *Wunder*, JZ 2001, S. 344; *Freund/Heubel*, MedR 1997, S. 347.
[475] *Nationaler Ethikrat*, Biobanken für die Forschung, S. 56; *Taupitz*, JZ 2003, S. 109 (114); *Picker*, JZ 2000, S. 693 (701).

Im Rahmen der Zulässigkeitsfrage von Biobanken könnte es einer Erhebung und Speicherung der relevanten Daten von Einwilligungsunfähigen und damit einer näheren Diskussion erst gar nicht bedürfen, da die bereits erhobenen Daten und Materialien von einwilligungsfähigen Probanden für die vorgesehenen Forschungszwecke ausreichen. Allerdings gibt es spezifische Krankheiten, an denen nur Einwilligungsunfähige leiden und die daher auch nur mit deren genetischen Daten und Körpermaterialien erforscht werden können. Zu denken ist dabei insbesondere an die Krankheiten, die zum Verlust der Einwilligungsfähigkeit führen, wie Demenz, Alzheimer oder Schlaganfälle. Das gleiche gilt aber auch für Kinderkrankheiten, zum Beispiel für bestimmte Leukämieerkrankungen.[476] Unterlässt man demnach Forschungsprojekte mit einwilligungsunfähigen Probanden, so verzichtet man bewusst auf Fortschritte in der Erkennung und Behandlung ihrer Krankheiten und auf damit verbundene Vorteile für die Allgemeinheit.[477] Des weiteren besteht durch den Ausschluss nicht einwilligungsfähiger Menschen von der medizinischen Forschung ebenso die Gefahr einer Verletzung der Menschenwürde und einer erneuten Diskriminierung aufgrund ihrer Erkrankung, Behinderung oder ihres Alters.[478] In diesem Zusammenhang ist auf die Regelungen der Menschenrechtskonvention zur Biomedizin des Europarates hinzuweisen. So hält Art. 17 II der Konvention ausnahmsweise fremdnützige Forschung mit einwilligungsunfähigen Personen für zulässig, wenn die angestrebten Ergebnisse zur wesentlichen Erweiterung des Verständnisses für die Krankheit und ihre Ursachen dienen können.[479] Unabdingbar ist also, dass die Zielsetzung des Forschungsvorhaben mit dem Umstand der fehlenden Einwilligungsfähigkeit des Betroffenen in unmittelbaren Zusammenhang steht.[480] Dies spricht dafür, medizinische Forschung auch mit einwilligungsunfähigen Probanden zuzulassen. Allerdings verlangt die besondere Schutzbedürftigkeit der Nicht-Einwilligungsfähigen dafür sehr strenge Voraussetzungen.

(3) Besondere Schutzbestimmungen für Einwilligungsunfähige

Die Rechtslage zur medizinischen Forschung mit Einwilligungsunfähigen ist in Deutschland noch sehr unsicher. Gemäß bereits existierender Vorschriften, so

---

[476] *Dreier*, in: Dreier, GG, Art. 1 I Rn 155; *Eriksson*, in: Biobanks as resources for health, S. 165 (189); *Fischer*, in: Strafrecht, Biorecht, Rechtsphilosophie, S. 685 (689); *Elzer*, MedR 1998, S. 122 (124); *Taupitz/Fröhlich*, VersR 1997, S. 911.
[477] Präambel der Stellungnahme der ZEKO, Dt.Ärztebl. 1997, S. 811; *Fischer*, in: Strafrecht, Biorecht, Rechtsphilosophie, S. 685; *Spranger*, MedR 2001, S. 238 (246); *Eberbach*, FamRZ 1982, S. 450.
[478] *Taupitz*, JZ 2003, S. 109 (115); *Wolfslast*, KritV 1998, S. 74 (85).
[479] Ausführlich zur Menschenrechtskonvention zur Biomedizin des Europarates unten unter 4. Teil B) III. 1) a) (1).
[480] *Rudloff-Schäffer*, in: Genmedizin und Recht, S. 63 (70).

zum Beispiel § 41 Nr. 2 AMG oder § 18 Nr. 1 Medizinproduktegesetz (MPG), ist die Forschung an nicht einwilligungsfähigen Personen nur dann zulässig, wenn sie dazu dient, die betroffene Person zu retten, zu heilen oder deren Leiden zu lindern. Kann die Forschung dazu beitragen, das Wohl des Einwilligungsunfähigen zu fördern, so soll sie in aller Regel nicht nur erlaubt, sondern sogar geboten sein.[481] Da es bislang keine eindeutigen allgemeinen gesetzlichen Vorschriften zur biomedizinischen Forschung mit Einwilligungsunfähigen gibt, ist es notwendig, diese Lücke durch spezielle Schutzbestimmungen zu füllen. So hat beispielsweise die Zentrale Ethikkommission bei der Bundesärztekammer (ZEKO) in einer Stellungnahme verschiedene Schutzkriterien zur generellen Teilnahme nichteinwilligungsfähiger Menschen an biomedizinischen Forschungsprojekten herausgearbeitet.[482] Ferner gibt es auch die sogenannten „Marburger Richtlinien zur Forschung mit einwilligungsunfähigen und beschränkt einwilligungsfähigen Personen".[483] Dabei handelt es sich jedoch jeweils nur um allgemein rechtlich unverbindliche Empfehlungen, so dass die folgenden Schutzkriterien nur als Leitlinien für zu erlassene spezielle gesetzliche Schutzvorschriften gelten können.

(a) Subsidiarität

Zunächst dürfen die durch das Forschungsprojekt zu gewinnenden Erkenntnisse auf keinem anderen Weg, insbesondere nicht durch Untersuchungen mit einwilligungsfähigen Personen, zu erhalten sein. Die Forschung mit Einwilligungsunfähigen ist demnach gegenüber der Forschung mit einwilligunsfähigen Personen grundsätzlich subsidiär.[484]

(b) Bedeutung des Forschungsvorhabens

Als weitere Schutzbestimmung wird gefordert, dass das konkrete Forschungsprojekt bereits von vornherein konkrete Lösungsansätze zur Diagnose und Heilung einer bestimmten Krankheit erwarten lässt.[485] Dabei sollen jedoch bereits wichtige Erkenntnisse zu Entstehungsmechanismen einer Krankheit genügen.

---

[481] *Bernat*, in: Forschungsfreiheit und Forschungskontrolle in der Medizin, S. 289 (290).
[482] Siehe Abdruck der gesamten Stellungnahme in Dt.Ärztebl. 1997, S. 811 ff.
[483] Die Marburger Richtlinien wurden von der Kommission für Ethik in der ärztlichen Forschung der Philipps-Universität Marburg ausgearbeitet. Ein Abdruck mit Erläuterungen findet sich bei *Freund/Heubel*, MedR 1997, S. 347 ff.
[484] *Fröhlich*, Forschung wider Willen?, S. 120; *Elzer*, MedR 1998, S. 122 (127); vgl. § 6 III der Marburger Richtlinien sowie die Regelung in Art. 17 I iii) der Menschenrechtskonvention zur Biomedizin.
[485] Stellungnahme der *ZEKO*, Dt.Ärztebl. 1997, S. 811 (812).

Sinn und Zweck dieses Kriteriums ist die Unterbindung einer lediglich auf Hypothesen beruhenden Suchforschung mit nicht einwilligungsfähigen Personen.[486]

(c) Nutzen-Risiko-Abwägung

Vor der Durchführung eines jeden Forschungsprojekts soll zum Schutz des Einwilligungsunfähigen festgestellt werden, dass das Forschungsvorhaben im Verhältnis zum erwarteten Nutzen nicht mehr als vertretbare Risiken für den Einwilligungsunfähigen erwarten lässt.[487] Die Schwierigkeit einer solchen Nutzen-Risiko-Abwägung besteht darin, dass zwei schwer vergleichbare Größen, die medizinische Wissenschaft einerseits und die Risiken für den einzelnen Probanden andererseits, gegeneinander abgewogen werden müssen. Gruppenspezifische Forschungsuntersuchungen sollen daher nur bei minimalem Risiko und minimaler Belästigung für den betroffenen Datenspender zulässig sein. Der Begriff des „minimalen Risikos" läßt sich allerdings nur schwer bestimmen. So ist beispielsweise ein minimales Risiko dann anzunehmen, wenn geringe Mengen an Körperflüssigkeiten oder Gewebeproben im Rahmen von ohnehin notwendigen medizinischen Maßnahmen entnommen werden.[488] Bei der Verwendung von Material, welches bereits aus therapeutischen oder diagnostischen Gründen entnommen wurde, wäre die Forschung mit diesem Restmaterial sogar mit keinerlei körperlichen Eingriffen verbunden. Werden also bei der Speicherung und Nutzung von personenbezogenen Daten strenge Schutzmechanismen eingehalten, so können die damit verbundenen Risiken von Persönlichkeitsverletzungen als minimal angesehen werden.[489]

(d) Einwilligung des gesetzlichen Vertreters

Grundsätzlich kann die Einwilligung nicht einwilligungsfähiger Erwachsener und Minderjähriger durch die Einwilligung des zuständigen gesetzlichen Vertreters ersetzt werden.[490] Eine solche Fremdbestimmung im höchstpersönlichen Grundrechtsbereich ist durch das Recht der Personensorge legitimiert.[491] Bei

---

[486] *Taupitz/Fröhlich*, VersR 1997, S. 911 (915).
[487] *Fröhlich*, Forschung wider Willen?, S. 120; vgl. auch Art. 17 II ii) der Menschenrechtskonvention zur Biomedizin.
[488] *Deutsch/Spickhoff*, Medizinrecht, Rn 559; *Spranger*, MedR 2001, S. 238 (243); *Taupitz/Fröhlich*, VersR 1997,S. 911 (915); Stellungnahme der ZEKO, Dt.Ärztebl. 1997, S. 811 (812).
[489] *Nationaler Ethikrat*, Biobanken für die Forschung, S. 56.
[490] *Fischer/Lilie*, Ärztliche Verantwortung im europäischen Rechtsvergleich, § 3, S. 37; *Nationaler Ethikrat*, Biobanken für die Forschung, S. 55.
[491] *Eppelt*, Grundrechtsverzicht und Humangenetik, S. 46; *Kern*, NJW 1994, S. 753 (759).

Minderjährigen sind in der Regel gemäß § 1626 I 2 BGB die Eltern oder unter Umständen auch ein Vormund der gesetzliche Vertreter. Für volljährige Einwilligungsunfähige muss bei dem zuständigen Vormundschaftsgericht ein Betreuer bestellt werden. Dabei darf gemäß § 1896 II 1 BGB ein Betreuer nur für die Aufgabenbereiche bestellt werden, in denen die Betreuung erforderlich ist, sowie nur dann, wenn es dem Interesse des Betroffenen entspricht.[492] Eine wirksame Einwilligung des gesetzlichen Vertreters bzw. Betreuers setzt immer voraus, dass dieser seinerseits umfassend vor Abgabe seiner Zustimmung über das Forschungsprojekt aufgeklärt wurde und er aus der Kenntnis der vertretenen Person hinreichende Anhaltspunkte für deren Bereitschaft zur Teilnahme an Forschungsuntersuchungen hat.[493] In jedem Fall ist ein ablehnendes Verhalten des nicht einwilligungsfähigen Datenspenders zu respektieren.[494] Dabei ist insbesondere den natürlichen Willensbekundungen des Nicht-Einwilligungsfähigen, also Abwehrreaktionen, die über eine normale Spontanreaktion hinausgehen, Rechnung zu tragen.[495] Vorliegend kommt diesbezüglich eine konsequente Verweigerung der Blutentnahme oder Entnahme von Gewebeproben, sowie mehrfach wiederholte negative Äußerungen gegenüber biomedizinischen Forschungsvorhaben in Betracht.

Zweifel ergeben sich allerdings bei der Frage, ob der gesetzliche Vertreter oder Betreuer in gruppenspezifische Forschungsprojekte, wie es bei Biobanken der Fall ist, überhaupt einwilligen kann.[496] Grundsätzlich hat sich seine Zustimmung zu Forschungsuntersuchungen am Wohl des vertretenen Einwilligungsunfähigen zu orientieren.[497] Dabei ist der Begriff des „Wohls" nicht rein objektiv zu verstehen. Was im Einzelfall dem Wohl eines Einwilligungsunfähigen entspricht, richtet sich nach dessen konkreter Lebenssituation, dessen Wünschen und Vorstellungen, wobei als objektiver Kernbereich das körperliche und geistige Wohlbefinden des Betroffenen angesehen wird.[498]

Nach einem sehr strengen Verständnis können Forschungsmaßnahmen ohne jeglichen individuellen Nutzen nicht der Förderung des Wohles eines Nicht-

---

[492] *Wachenhausen*, Medizinische Forschung und klinische Prüfung an Einwilligungsunfähigen, S. 86; *Jürgens*, KritV 1998, S. 34 (41).
[493] *Wachenhausen*, Medizinische Forschung und klinische Prüfung an Einwilligungsunfähigen, S. 74; Stellungnahme der ZEKO, Dt.Ärztebl. 1997, S. 811 (812); *Eberbach*, FamRZ 1982, S. 450 (455).
[494] *Fröhlich*, Forschung wider Willen?, S. 120; *Nationaler Ethikrat*, Biobanken für die Forschung, S. 55; *Taupitz/Fröhlich*, VersR 1997, S. 911 (917); *Eberbach*, FamRZ 1982, S. 450 (455).
[495] *Taupitz/Fröhlich*, VersR 1997, S. 911 (917).
[496] *Bernat*, in: Forschungsfreiheit und Forschungskontrolle in der Medizin, S. 289 (297).
[497] *Fischer/Lilie*, Ärztliche Verantwortung im europäischen Rechtsvergleich, § 3, S. 39.
[498] *Taupitz/Fröhlich*, VersR 1997, S. 911 (917); *Eberbach*, FamRZ 1982, S. 450 (454).

Einwilligungsfähigen dienen, vielmehr würde sein Wohl dadurch verletzt oder zumindest aufs Spiel gesetzt.[499] Andererseits spricht nichts dagegen, wenn der gesetzliche Vertreter in seine Entscheidung auch Gemeinwohlaspekte einfließen lässt, somit seine Befugnisse gegebenenfalls über das individuelle Wohl des Schutzbefohlenen hinausreichen. Eine solche Zustimmung des gesetzlichen Vertreters in gruppenspezifische Forschungsprojekte, kann aber nur dann zulässig sein, wenn dem Wohl des Einwilligungsunfähigen überragende Interessen der Gemeinschaft gegenüberstehen und dem Datenspender kein Schaden droht.[500] Bei Forschungsvorhaben mit Daten und Proben aus einer Biobank steht nicht der unmittelbare individuelle, sondern vielmehr der gruppenspezifische Nutzen im Vordergrund. So sollen primär die Ursachen und neue Behandlungsmethoden für bestimmte Krankheiten erforscht werden, die aufgrund ihrer weiten Verbreitung unter der Bevölkerung im Interesse der Gemeinschaft liegen. Bei der Teilnahme Nicht-Einwilligungsfähiger an solchen Forschungsprojekten muss daher gewährleistet sein, dass dem Daten- und Probenspender dadurch keine Nachteile entstehen, wie zum Beispiel psychische oder körperliche Schäden oder Diskriminierungen im sozialen Umfeld.

(e) Zustimmung einer Ethikkommission

Schließlich soll eine vorherige Begutachtung des Forschungsvorhabens durch eine Ethikkommission den Schutz nichteinwilligungsfähiger Personen gewährleisten.[501] Dies kann nicht die individuelle Zustimmung ersetzen, sondern soll die Einhaltung ethischer Standards hinsichtlich des Forschungsprojekts und des Studienablaufs überprüfen.[502] Dabei bedarf es insbesondere einer umfassenden Prüfung des Zwecks des geplanten Forshcungsvorhabens. Ein zustimmendes Votum einer Ethikkommission muss zwingende Voraussetzung für die Zulässigkeit der Forschung mit genetischen und medizinischen Daten von Nicht-Einwilligungsfähigen sein. Nur so kann die Stellungnahme einer solchen Ethikkommission ein sehr wichtiges Instrument der wissenschaftlichen Selbstkontrolle darstellen.[503]

---

[499] *Bernat*, in: Forschungsfreiheit und Forschungskontrolle in der Medizin, S. 289 (298); *v. Freier*, MedR 2003, S. 610 (613); *Spranger*, MedR 2001, S. 238 (242).
[500] *Elzer*, MedR 1998, S. 122 (125); *Taupitz/Fröhlich*, VersR 1997, S. 911 (917); *Eberbach*, FamRZ 1982, S. 450 (455).
[501] Stellungnahme der ZEKO, Dt.Ärztebl. 1997, S. 811 (812); i.E. auch *Fischer*, in: Strafrecht, Biorecht, Rechtsphilosophie, S. 685 (689).
[502] *Schneider*, Jahrbuch Menschenrechte 2003, S. 130 (138).
[503] *Fröhlich*, Forschung wider Willen?, S. 120; *Taupitz/Fröhlich*, VersR 1997, S. 911 (917); Stellungnahme der ZEKO, Dt.Ärztebl. 1997, S. 811 (812).

c) Stellungnahme

Unumstritten ist im Bereich der medizinischen Forschung der Schutzbedürftigkeit nicht einwilligungsfähiger Menschen eine besondere Achtung zu schenken, denn im Gegensatz zu einwilligungsfähigen Personen können sie ihren Willen nicht wirksam äußern, sind somit immer auf eine Fremdbestimmung angewiesen. Geht es jedoch um die Erforschung weit verbreiteter, genetisch bedingter Krankheiten, von denen der Einwilligungsunfähige selbst betroffen ist oder es zukünftig sein kann, so können gerade seine genetischen Informationen und Gesundheitsdaten wissenschaftlich von sehr großer Bedeutung sein. Zwar gibt es die Kritik, dass grundsätzlich niemand für die Gesundheit anderer verantwortlich ist, nur weil er zufällig an derselben Krankheit leidet, und dass gruppenspezifische Forschung im Grunde nichts anderes ist als eine Form unzulässiger rein fremdnütziger Forschung.[504] Dem ist jedoch entgegenzusetzen, dass bei genetisch bedingten Krankheiten immer eine hohe Wahrscheinlichkeit besteht, dass auch Angehörige, insbesondere die eigenen Kinder, an derselben Krankheit erkranken können. Dem betroffenen Einwilligungsunfähigen gebührt auch ihnen gegenüber eine Verantwortung, insbesondere wenn es um gesundheitliche Hilfe oder sogar Rettung geht. Eine gewisse Inanspruchnahme eines jeden einzelnen ist in einer Gemeinschaft unvermeidbar[505], gerade wenn medizinische Fortschritte nur auf dem Wege einer kontrollierten Teilnahme von nicht einwilligungsfähigen Probanden erzielt werden können. So hat auch das BVerfG wiederholt hervorgehoben, dass das Grundgesetz die Spannung zwischen Individuum und Gemeinschaft im Sinne der Gemeinschaftsgebundenheit entschieden habe, ohne dabei den Eigenwert einer Person in Frage zu stellen.[506] Den Kritikern zufolge müsste diese Sozialpflichtigkeit zwar dann jedes Individuum treffen, egal ob einwilligungsfähig oder nicht.[507] Allerdings würde die dadurch beseitigte Ungleichbehandlung von einwilligungsfähigen und nicht einwilligungsfähigen Personen bei einer Jedermanns-Pflicht nur wiederum durch eine Ungleichbehandlung genetisch geeigneter und nicht geeigneter Probanden ersetzt.[508] Grundlegender Anknüpfungspunkt für einen optimalen Schutz nicht einwilligungsfähiger Probanden muss immer der Grundsatz der fehlenden Alternative sein, also die Subsidiarität gegenüber medizinischer Forschung mit Einwilligungsfähigen. Dadurch können unnötige Forschungsprojekte mit Daten von einwilligungsunfähigen Personen und damit verbundene Risiken verhindert werden.

---

[504] So z.B. *v. Freier*, MedR 2003, S. 610 (611).
[505] *Wolfslast*, KritV 1998, S. 74 (84).
[506] BVerfGE 4, 7 (15); 8, 274 (329); *Taupitz*, JZ 2003, S. 109 (116); *Spranger*, MedR 2001, S. 238 (247).
[507] *Picker*, JZ 2000, S. 693 (704).
[508] *Wunder*, JZ 2001, S. 344 (345).

Bei Menschen, die ihre Einwilligungsfähigkeit im Alter verloren haben, wie zum Beispiel bei Demenzkranken, ist ferner zu beachten, dass sie vielleicht bereits vorher eine Einwilligung zu medizinischen Forschungsvorhaben abgegeben haben. Aus einer solchen Vorabeinwilligung kann, ähnlich wie bei einem Testament, auf ein Fortbestehen des Willens bis zum Zeitpunkt der tatsächlichen Durchführung des Forschungsprojekts geschlossen werden.[509]

Im Hinblick auf die möglichen medizinischen Fortschritte für die Gemeinschaft, aber nur unter strenger Beachtung der aufgezeigten Schutzkriterien sind demnach gruppenspezifische Forschungsvorhaben mit nicht einwilligungsfähigen Personen als zulässig anzusehen.

III. Inhaltliche Reichweite einer Einwilligung

Streng genommen kann im Bereich der biomedizinischen Forschung und gerade im Zusammenhang mit Biobanken niemand in ausreichender Weise vor seiner Einwilligung informiert werden. Selbst aus Sicht der Forscher ist meist überhaupt nicht vorhersehbar, welche zukünftigen Möglichkeiten ihr Forschungsfeld bietet und was alles mit genetischen Informationen erforscht werden kann.[510] Es stellt sich somit die Frage, wie spezifisch die Einwilligung des betroffenen Datenspenders oder seines gesetzlichen Vertreters zur Handhabung und Nutzung der Proben und personenbezogenen Daten in einer Biobank im einzelnen zu sein hat.[511]

Dem Grunde nach lassen sich fünf Möglichkeiten einer Einwilligung unterscheiden. Zum einen kann der Betroffene seine Zustimmung für eine einzelne, genau definierte Studie erteilen, zum anderen für eine unbegrenzte Anzahl von Studien in einem genau definierten Bereich. Des weiteren ist auch eine Zustimmung für eine unbegrenzte Anzahl von Studien in mehreren definierten Forschungsbereichen möglich, sowie die Zustimmung des betroffenen Datenspenders für eine unbegrenzte Anzahl von Studien, die von einer Ethikkommission genehmigt wurden. Schließlich ist auch eine Einwilligung in eine unbegrenzte Anzahl von Studien ohne jegliche weitere Einschränkung denkbar.[512] Die Frage,

---

[509] *Elzer*, MedR 1998, S. 122 (123,124); *Freund/Heubel*, MedR 1997, S. 347.
[510] *Eriksson*, in: Biobanks as resources for health, S. 165 (180); *Schroeder/Williams*, Ethik in der Medizin 2002, S. 84 (92); *Chadwick/Berg*, Nature 2001, S. 318 (320).
[511] *Nationaler Ethikrat*, Biobanken für die Forschung, S. 14; *Rabbata*, Dt.Ärztebl. 2002, S. 1571.
[512] *Schroeder/Williams*, Ethik in der Medizin 2002, S. 84 (89).

welchen Inhalt eine Einwilligung zur Erhebung und Verarbeitung persönlicher Daten und Materialien in einer Biobank umfassen muss, bedarf einer eingehenden Untersuchung.[513]

1) Enge Zweckbindung

Verlangt man einen optimalen Schutz des informationellen Selbstbestimmungsrechts der Probanden im Zusammenhang mit der Errichtung und Nutzung von Biobanken so ist eine sehr enge Zweckbindung der Einwilligung des Datenspenders erforderlich.[514] Danach kann der Betroffene jeweils nur in die Datenerhebung für ein einzelnes konkretes Forschungsprojekt einwilligen. Sollen die genetischen Daten und die sonstigen personenbezogenen Informationen aber auch für darüber hinausgehende Zwecke erhoben werden, so ist diesem Standpunkt zufolge eine weitere Verwendung nur dann zulässig, wenn vorher eine erneute, gesonderte Einwilligung des Betroffenen eingeholt wurde.[515]

2) Blankoeinwilligung

Nach anderer Ansicht ist Forschung ein offener auf Veränderung angelegter Prozess. Vom wissenschaftlichen Gesichtspunkt aus kann es somit später wichtig werden, die bereits erhobenen Daten für weitere Fragestellungen zu nutzen, die zum Zeitpunkt der Einwilligung noch nicht bekannt waren und daher in diese nicht einbezogen werden konnten.[516] Den Interessen der Forschung entsprechend wäre eine enge Zweckbindung der Einwilligung für die Forschung kontraproduktiv und würde eine Vielzahl praktischer Probleme aufwerfen. So müsste der Datenbankbetreiber immer über die aktuelle Adresse jedes einzelnen Probanden verfügen, Teilnehmer des Forschungsprojekts könnten bereits verstorben sein, so dass geprüft werden muss, wer an ihrer Stelle die weitere Zustimmung erteilen müsste.[517] Aus Sicht der Datenbankbetreiber und Forscher sei folglich eine informierte Zustimmung eines jeden Teilnehmers vor jedem einzelnen neuen Forschungsprojekt zu kostspielig, zu zeitintensiv und zu aufwendig und würde dadurch die Realisierung von Forschungsvorhaben in Frage stellen. Mithin sei die Möglichkeit einer sehr weiten Einwilligung für Forschungszwecke, durch

---

[513] So auch die Gemeinsame Erklärung des Nationalen Ethikrates und des Comité consultatif national d'éthique Frankreichs, vom 02.10.2003, S. 2.
[514] *Ring/Kettis Lindblad*, in: Biobanks as resources for health, S. 197 (200).
[515] *Mand*, MedR 2003, S. 393 (396); *Bizer*, DuD 1999, S. 392.
[516] *Nationaler Ethikrat*, Biobanken für die Forschung, S. 37; *Deutsche Arbeitsgemeinschaft für Epidemiologie*, DuD 1999, S. 100 (102); *Tinnefeld*, DuD 1999, S. 35 (39).
[517] *Taupitz*, Wortprotokoll der Sitzung des Nationalen Ethikrates vom 22.05.2003, S. 5.

welche der Datenspender einer generellen, uneingeschränkten Nutzung seiner Daten zustimmt, mit anderen Worten eine Blankoeinwilligung, die praktikablere Lösung.[518]

3) Vermittelnde Lösung

Die Möglichkeit einer Blankoeinwilligung im Bereich der medizinischen Forschung, insbesondere der Forschung mit genetischen Daten, wird von der überwiegenden Meinung als unzulässig angesehen. Dies verdient Zustimmung, denn ließe man eine beliebige Nutzung der gesammelten personenbezogenen Daten und Körpersubstanzen aufgrund einer vom Datenspender abgegebenen Blankovollmacht zu, so erwiese sich die vorherige Information zur Zustimmung als bloße Worthülse, und das grundlegende Prinzip der aufgeklärten Einwilligung wäre sinnentleert.[519] Zwar mag es Ausdruck von Autonomie sein, dass jemand in bewusst eingegangener Unsicherheit eine sehr weitreichende Einwilligung erteilt.[520] Andererseits wird der betroffene Datenspender als Laie kaum in der Lage sein, die Komplexität der modernen biomedizinischen Forschung und damit die möglichen Konsequenzen seiner Einwilligung hinreichend einschätzen zu können. Schutz bzw. Gebrauch der Selbstbestimmung bedeutet aber auch immer, eine Wissensgrundlage als Voraussetzung der Selbstbestimmung erst einmal herzustellen. Jeder Proband muss demnach so verständlich informiert sein, dass er genau weiß, welche Tragweite seine Entscheidung für oder gegen eine Spende seiner persönlichen Daten an eine Biobank hat.[521] Im Fall einer Blankoeinwilligung, bei welcher der Datenspender in Forschungsfragen einwilligt, die zum Zeitpunkt der Einwilligungserklärung noch gar nicht feststehen und ihm darüber noch keinerlei Informationen gegeben werden können, kann demzufolge nicht ohne weiteres davon ausgegangen werden, dass diese Selbstbestimmung auf einer ausreichenden Wissensgrundlage basiert.

Obwohl die Forderung nach einer erneuten Einwilligung vor jeder neuen Forschungsstudie optimalen Schutz für den Datenspender bieten mag, weist auch diese Möglichkeit im Hinblick auf die Effektivität der Forschung einige Nach-

---

[518] *Deutsche Forschungsgemeinschaft*, Prädiktive genetische Diagnostik, S. 43; *Eriksson*, in: Biobanks as resources for health, S. 165 (180); *Schneider*, Jahrbuch Menschenrechte 2003, S. 130 (137).
[519] *Helgesson*, in: Biobanks as resources for health, S. 149 (160); *Mand*, MedR 2003, S. 393 (396); *Schneider*, Jahrbuch Menschenrechte 2003, S. 130 (138); *ASHG*, Am.J.Hum.Genet. 1996, S. 471 (473); siehe auch *GeneWatch*, Giving Your Genes to BioBank UK – Questions to Ask.
[520] *Taupitz*, Wortprotokoll der Sitzung des Nationalen Ethikrates vom 22.05.2003, S. 4.
[521] *Eriksson*, in: Biobanks as resources for health, S. 165 (179); *Schöne-Seifert*, Wortprotokoll der Sitzung des Nationalen Ethikrates vom 22.05.2003, S. 11.

teile auf. Um allen vorgebrachten Gesichtspunkten in angemessener Weise gerecht zu werden, muss demnach eine vermittelnde Lösung für die inhaltliche Reichweite einer Einwilligung gefunden werden.

Anknüpfungspunkt der Kritik an der Zulässigkeit einer Blankoeinwilligung ist die fehlende Aufklärung des Datenspenders über die eventuellen weiteren Forschungsprojekte. Würde demnach eine entsprechende Information über die Möglichkeit einer weiteren Verwendung der erhobenen Daten vorausgehen, so müsste prinzipiell auch eine weiter gefasste Einwilligung in die Nutzung der Proben und Daten möglich sein.[522] Denn wenn die Spender über die Unsicherheit der konkreten zukünftigen Verwendung aufgeklärt worden sind, sind sie sich darüber im Klaren, dass sie sich auf eine Ungewissheit einlassen.[523] Dies setzt allerdings des weiteren voraus, dass sich der Biobankbetreiber dazu verpflichtet, diejenigen Probanden, die sich im Vorfeld mit einer Zweckänderung einverstanden erklärt haben, in regelmäßigen Abständen über den aktuellen Stand der Forschung und neue Studien zu informieren. Dafür ist jedoch notwendig, in die Einwilligung eine Klausel hinein zu nehmen, dass der Betroffene bereit ist, nochmals kontaktieren zu werden.[524]

Weiterer Kritikpunkt an einer Blankoeinwilligung ist, dass der Datenspender kaum in der Lage ist, die Reichweite seiner Zustimmung im Vorfeld richtig einzuschätzen, und somit Gefahr läuft, in etwas einzuwilligen, was er zu einem späteren Zeitpunkt vielleicht wieder bereut. Diesem kann insoweit abgeholfen werden, dass für den Datenspender die Möglichkeit bestehen muss, nach dem Hinweis über eine Zweckänderung der Daten- und Probennutzung seine vorherige Einwilligung zu widerrufen. Zum Schutz der betroffenen Datenspender könnte ferner eine Ethikkommission eingesetzt werden, welche jedes neue Forschungsvorhaben vor Beginn der Durchführung überprüft und darüber entscheidet, ob und in welcher Weise eine erneute Einwilligung der Probanden eingeholt werden muss.[525] Denn nicht zuletzt stellt sich die Frage, ob die erneute Einwilligung überhaupt erforderlich ist. Dies wäre beispielsweise nicht der Fall, wenn die neuen Forschungsprojekte auch ausschließlich mit wirksam anonymisierten bzw. pseudonymisierten Daten durchgeführt werden könnten, somit ein Personenbezug der Daten nicht mehr vorhanden ist.[526] Abschließend ist festzuhalten,

---

[522] *Deutsche Forschungsgemeinschaft*, Prädiktive genetische Diagnostik, S. 44; *Nationaler Ethikrat*, Biobanken für die Forschung, S. 35.
[523] *Nationaler Ethikrat*, Biobanken für die Forschung, S. 37.
[524] *Wellbrock*, MedR 2003, S. 77 (81); *Deschênes/Cardinal/Knoppers/Glass*, Clin.Genet. 2001, S. 221 (225).
[525] *Eriksson*, in: Biobanks as resources for health, S. 165 (181); *Nationaler Ethikrat*, Biobanken für die Forschung, S. 8.
[526] *HUGO Ethics Committee*, Statement on DNA Sampling: Control and Access; *GeneWatch*, Giving Your Genes to BioBank UK – Questions to Ask.

dass eine solche weite Nutzungserlaubnis jedoch nicht uferlos sein darf. Sie muss sich gemäß der Einwilligung des Spenders auf medizinisch relevante Forschung beschränken.[527]

Diese Ausführungen zeigen, dass bei der Bestimmung der inhaltlichen Reichweite einer Einwilligung zur medizinischen Forschung nicht ausschließlich das eine oder das andere Extrem gelten muss. Unter Beachtung der genannten notwendigen Voraussetzungen ist auch ein Kompromiss möglich, der die Schutzinteressen des Datenspenders mit den Forschungsinteressen des Betreibers einer Biobank in Einklang bringt.

IV. Widerrufsrecht des Datenspenders

Eine wirksam erteilte Einwilligung des Datenspenders verliert ihre rechtfertigende Wirkung, wenn sie im Nachhinein von dem Betroffenen widerrufen wird. Nach allgemeiner Ansicht widerspricht es der informationellen Selbstbestimmung, wenn dem Probanden keine Möglichkeit zusteht, seine Zustimmung zur Verwendung seiner persönlichen Daten und Proben nachträglich zu widerrufen.[528] Es muss also dem Datenspender möglich sein, jederzeit die Vernichtung seiner Körpersubstanzen und die Löschung seiner genetischen Informationen zu verlangen.[529] Wurden die gespeicherten Informationen und Materialien allerdings in irgendeiner Weise verschlüsselt, so setzt dies voraus, dass für den Fall des Widerrufs der entsprechende Zuordnungsparameter weiterhin vorhanden ist und somit eine Reidentifizierung der Daten möglich ist. Im Fall einer vollständigen Anonymisierung der Informationen scheidet demnach naturgemäß ein Widerrufsrecht des Datenspenders aus.[530]

Fraglich ist, ob einem solchen Widerrufsrecht des Betroffenen nicht die Forschungsinteressen des Betreibers einer Biobank entgegenstehen. So entspricht es einer guten wissenschaftlichen Praxis, dass die der Studie zugrundeliegenden Materialien zu Kontrollzwecken generell für eine bestimmte Zeit aufbewahrt werden müssen. Dies wäre jedoch nicht mehr durchführbar, wenn der Widerruf des Datenspenders so weit geht, dass er auch die Löschung bereits aggregierter

---

[527] *Nationaler Ethikrat*, Biobanken für die Forschung, S. 38.
[528] *Brückl*, Rechtsfragen zur Verwendung von genetischen Informationen über einen Menschen, S. 164; *Schneider*, Biobanken im Spannungsfeld zwischen Gemeinwohl und partikularen Interessen, S. 6; *Deschênes/Cardinal/Knoppers/Glass*, Clin.Genet. 2001, S. 221 (230); *Taupitz*, JZ 1992, S. 1089 (1099); *GeneWatch*, Giving Your Genes to BioBank UK – Questions to Ask.
[529] *Eriksson*, in: Biobanks as resources for health, S. 165 (175); *Schneider*, Jahrbuch Menschenrechte 2003, S. 130 (137).
[530] *Nationaler Ethikrat*, Biobanken für die Forschung, S. 45.

Daten mitumfasst.[531] Aus Sicht der Forscher bestände in diesem Fall immer die Gefahr, ein langfristig angelegtes Forschungsprojekt aufgrund im Nachhinein wieder herauszunehmender Daten unterbrechen bzw. ganz abbrechen zu müssen. Dies beträfe nicht nur das Interesse an dem Ergebnis des konkreten Forschungsprojekt oder gegebenenfalls ein großes finanzielles Interesse des Betreibers einer Biobank an dem Projekt, sondern es würde auch die Validität und Überprüfbarkeit bisheriger, schon abgeschlossener Forschung gefährden.[532]

Eine Lösung dieses Konflikts könnte folglich darin bestehen, dass der betroffene Spender und der Biobankbetreiber eine klare Vereinbarung über eine zeitliche Befristung der Widerrufsmöglichkeit treffen.[533] So könnten dann die Forscher mit Ablauf einer angemessenen Zeitspanne ohne Risiko mit den vorhandenen Daten und Proben weiterarbeiten. Darüber hinaus könnte vereinbart werden, dass im Falle eines Widerrufs der Einwilligung die personenbezogenen Daten und Proben anonymisiert werden, somit nicht vernichtet werden müssen.[534]

V. Zusammenfassung

Im Ergebnis ist festzuhalten, dass eine Einwilligung des Datenspenders die Grundrechtsbeeinträchtigungen, die im Zusammenhang mit dem Aufbau und Betrieb einer Biobank denkbar sind, rechtfertigen kann. Dies ist verfassungsrechtlich anerkannt und gilt sowohl für staatliche als auch für privat geführte Biobanken. Allerdings müssen bei der Ausübung der Einwilligung sehr strenge Voraussetzungen eingehalten werden.

So kann es sich nur dann um eine wirksame rechtfertigende Einwilligung handeln, wenn sie ohne jegliche Anreize und ohne Druck, völlig freiwillig vom Datenspender erklärt wird. Des weiteren muss der Betroffene im Vorfeld ausführlich über die Verwendung seiner Daten in einer Biobank aufgeklärt worden sein. Die Aufklärung muss insbesondere Informationen über den Zweck, den Verantwortlichen, sowie über alle Personen, die Zugriff auf die Biobank haben sollen, umfassen. Der Datenspender muss aber auch darüber informiert werden, inwiefern seine persönlichen Daten und Proben kommerziell genutzt werden und welche Rechte ihm im Rahmen der Verwendung seiner Daten zustehen.

Entscheidend für die Wirksamkeit der Einwilligung ist die Einwilligungsfähigkeit des Datenspenders. Er muss nach geistiger und sittlicher Reife in der Lage sein, die Bedeutung und Tragweite seiner Einwilligung zu erkennen. Probleme

---

[531] *Taupitz*, Wortprotokoll der Sitzung des Nationalen Ethikrates vom 22.05.2003, S. 7.
[532] *Eriksson*, in: Biobanks as resrources for health, S. 165 (185).
[533] *Deutsche Forschungsgemeinschaft*, Prädiktive genetische Diagnostik, S. 42.
[534] *Nationaler Ethikrat*, Biobanken für die Forschung, S. 45.

bezüglich eines wirksamen „informed consent" treten demnach bei nicht einwilligungsfähigen kranken Menschen und Minderjährigen auf. Aber auch mit ihren Daten muss medizinische Forschung zulässig sein, um gerade für Krankheiten, an denen meist nur sie leiden, medizinische Fortschritte erreichen zu können. Dies bedarf allerdings noch zusätzlicher strengerer Schutzbestimmungen. So muss zum einen der Grundsatz der Subsidiarität der Forschung mit Einwilligungsunfähigen an erster Stelle stehen, zum anderen dürfen nur minimale Risiken für den Nicht-Einwilligungsfähigen zu erwarten sein und es muss die Einwilligung des gesetzlichen Vertreters vorliegen, welcher seinerseits zuvor aufgeklärt worden sein muss. Ferner sollte jedes Forschungsprojekt mit Daten und Proben von Einwilligungsunfähigen im Vorhinein von einer Ethikkommission begutachtet worden sein.

Hinsichtlich der inhaltlichen Reichweite einer rechtfertigenden Einwilligung ist eine Blankoeinwilligung als verfassungsrechtlich unzulässig anzusehen. Eine zu enge Zweckbindung der Datennutzung scheint für den Betrieb und Nutzen einer Biobank jedoch auch nicht praktikabel. Eine effektive medizinische Forschung verlangt die Möglichkeit, den Zweck einer Datennutzung im Verlauf des Forschungsprojekts zu ändern bzw. zu erweitern. Dem sollte der Schutz der informationellen Selbstbestimmung der betroffenen Datenspender nicht entgegenstehen. Allerdings setzt eine Kompromisslösung voraus, dass für den Fall einer Zweckerweiterung gewisse Verfahrensregeln eingehalten werden. Zum einen sollte jeder, der seine Daten und Proben für eine Speicherung und Nutzung in einer Biobank zur Verfügung stellt, schon gleich zu Anfang darüber informiert werden, dass eine weitere Verwendung seiner Daten zu erweiterten Forschungszwecken grundsätzlich möglich ist. Zum anderen muss sich der Biobankbetreiber dazu verpflichten, all diejenigen, die sich mit einer weiteren Nutzung einverstanden erklärt haben, regelmäßig über den Verlauf der Forschungsstudie und über neue Projekte zu informieren. Entspricht es nicht mehr dem Willen des Datenspenders, dass seine Daten und Proben auch für weitere Forschungsprojekte verwendet werden, so muss ihm ein Widerrufsrecht zustehen. Zum Schutz der Betroffenen sollte des weiteren jede Zweckerweiterung bzw. -änderung zuvor von einer Ethikkommission geprüft werden. Unter diesen Voraussetzung ist auch eine weit gefasste Einwilligung zulässig.

Nicht nur im Fall einer Zweckänderung muss dem betroffenen Datenspender ein Widerrufsrecht zustehen. Die informationelle Selbstbestimmung verlangt neben der Möglichkeit, überhaupt in eine Grundrechtsbeeinträchtigung einwilligen zu können, auch die Möglichkeit, diese jederzeit widerrufen zu können. Allerdings sollte aus Gründen der Validität und Überprüfbarkeit der Forschung dieses Widerrufsrecht zeitlich befristet sein.

Eine rechtfertigende Einwilligung des Datenspenders in die mit Biobanken verbundenen Grundrechtsbeeinträchtigungen ist zwar unter den genannten Voraussetzungen theoretisch möglich. In der Praxis werden sich jedoch Schwierigkeiten ergeben, dass diese tatsächlich in zufriedenstellendem Maße beachtet werden. Bei einer solch komplexen Materie wie der Preisgabe persönlicher Daten besteht immer die Gefahr, dass sich der einzelne nicht ausreichend vor einer Beeinträchtigung seiner Grundrechte schützen kann. Die Einwilligung sollte daher durch strenge gesetzliche Rahmenbedingungen eingefasst werden.[535]

B) Erlass eines Spezialgesetzes für Biobanken

Um in dem Bereich von Biobanken Rechtsklarheit für alle Beteiligten und vor allem Rechtssicherheit für den Datenspender zu erreichen, reichen die bisherigen Empfehlungen verschiedener Ethikkommissionen und die bereits bestehenden standesrechtlichen Regelungen nicht mehr aus. Neben der Einwilligung ist somit als weiterer Lösungsansatz für den aufgeworfenen Interessenkonflikt an ein Spezialgesetz für Biobanken zu denken, in welchem alle relevanten Wirksamkeitsvoraussetzungen und Verfahrensarten unter Abwägung der sich gegenüberstehenden Grundrechtspositionen im Detail geregelt sind.[536]

I. Notwendigkeit einer gesetzlichen Rechtsgrundlage

Die Notwendigkeit einer gesetzlichen Grundlage für die Erhebung und Nutzung persönlicher, medizinischer und genetischer Daten in einer Biobank lässt sich sowohl durch den Gesetzesvorbehalt als auch durch bestehende grundrechtliche Schutzpflichten begründen.

1) Vorbehalt des Gesetzes

Der Aufbau und der laufende Betrieb einer Biobank bedeutet primär eine Beeinträchtigung des informationellen Selbstbestimmungsrechts und des Rechts auf Nichtwissen des Datenspenders. Die durch Art. 2 I i.V.m. Art. 1 I GG grundrechtlich geschützten Persönlichkeitsinteressen sind zwar von vornherein nicht jeder Einschränkung entzogen. Eingriffe bedürfen jedoch generell einer gesetzlichen Grundlage.[537] Diesem in Art. 2 I GG enthaltenen einfachen[538] Gesetzes-

---

[535] *Garstka*, in: Genetische Untersuchungen und Persönlichkeitsrecht, S. 83 (84); *Schneider*, Biobanken im Spannungsfeld zwischen Gemeinwohl und partikularen Interessen, S. 4.
[536] *Godard/Schmidtke/Cassiman/Aymé*, European Journal of Human Genetics 2003, S. 88 (89); *Schnittler*, DuD 1993, S. 290.
[537] *Jarass*, in: Jarass/Pieroth, GG, Art. 2 Rn 45; *Sachs*, VerfR II, B2 Rn 63.
[538] *Pieroth/Schlink*, Grundrechte, Rn 383; *Sachs*, VerfR II, B2 Rn 63.

vorbehalt zufolge ist eine Beeinträchtigung des informationellen Selbstbestimmungsrechts und des Rechts auf Nichtwissen durch die Erhebung personenbezogener Daten und durch deren Speicherung und Verarbeitung in einer Biobank nur durch ein Gesetz zu rechtfertigen.

Regelmäßig gleichbedeutend mit dem Vorbehalt des Gesetzes ist der sogenannte Parlamentsvorbehalt. Der Unterschied besteht darin, dass bei einem Parlamentsvorbehalt das Gesetz nicht nur eine bloße Ermächtigung an die Exekutive enthalten darf, sondern dass vielmehr alle wesentlichen Fragen im Vorhinein vom Parlament selbst entschieden werden müssen.[539] Nach der Wesentlichkeitstheorie des BVerfG ist gerade im Bereich der Grundrechtsausübung der Gesetzgeber dazu verpflichtet, alle wesentlichen Entscheidungen selbst zu treffen.[540] Je schwerwiegender die Auswirkungen der Regelung auf das Gemeinwohl sind, desto genauer müssen die Vorgaben durch das Gesetz sein.[541] Bei der Errichtung einer Biobank handelt es sich wegen der enormen wirtschaftlichen und wissenschaftlichen Bedeutung für die medizinische Forschung und den damit verbundenen organisatorischen und verfahrensrechtlichen Anforderungen, um eine Maßnahme von so großer Tragweite, dass sie in das Regelungsmonopol des parlamentarischen Gesetzgebers fällt.[542]

2) Grundrechtliche Schutzpflichten

Der in Art. 2 I GG enthaltene Gesetzesvorbehalt gilt grundsätzlich nur für das Handeln des Staates, also für öffentliche Biobanken, denn nur die öffentliche Gewalt ist gemäß Art. 1 III GG unmittelbar an die Grundrechte gebunden. Die Rechtswidrigkeit einer privat geführten Biobank kann demnach nicht damit begründet werden, dass eine rechtliche Grundlage fehlt.[543] Gerade beim Aufbau und Betrieb einer privaten Biobank drohen jedoch dem betroffenen Datenspender erhebliche Gefahren, so dass sich die Notwendigkeit einer gesetzlichen Grundlage für den Aufbau und Betrieb einer Biobank auch aus den im Rahmen der Eingriffsmöglichkeiten bereits genannten grundrechtlichen Schutzpflichten ergibt.[544] Jede Schutzpflicht umfasst die Aufgabe des Gesetzgebers, für einen sachgerechten Ausgleich zwischen den kollidierenden Grundrechtspositionen

---

[539] *Degenhart*, StaatsR I, Rn 66.
[540] BVerfGE 49, 89 (126); 61, 260 (275); 77, 170 (230).
[541] *Jarass*, in: Jarass/Pieroth, GG, Art. 20 Rn 54.
[542] *v. Redecker/Reimer*, Jahrbuch für Ostrecht, S. 361 (370).
[543] So für private Gentests *Hofmann*, Rechtsfragen der Genomanalyse, S. 52.
[544] Vgl. oben unter 3. Teil C) II. 3) c).

und damit für einen ausreichenden Grundrechtsschutz zu sorgen.[545] Dabei ist der Staat verpflichtet, auch hinsichtlich bevorstehender Gefahren aktiv zu werden und nicht erst eine konkrete Grundrechtsverletzung abzuwarten.[546]

3) Erforderlichkeit eines Spezialgesetzes

Fraglich ist, ob es für den Aufbau und den Betrieb einer Biobank notwendig ist, ein eigenes neues Spezialgesetz zu erlassen, oder ob sich die Zulässigkeit der Erhebung, Speicherung und Nutzung von genetischen und persönlichen Daten in Biobanken nicht aus bereits existierenden Rechtsvorschriften ergibt. Als gesetzliche Grundlage kommen dafür vor allem die Regelungen des BDSG und der Landesdatenschutzgesetze (LDSG) in Betracht.

a) BDSG und LDSG

Die Erhebung und Verwendung personenbezogener Daten richtet sich in erster Linie nach dem bestehenden Datenschutzrecht. Im deutschen Datenschutzrecht ist zwischen allgemeinen Datenschutzgesetzen und speziellen datenschutzrechtlichen Regelungen einzelner Sachbereiche zu unterscheiden. Allgemeine Datenschutzgesetze sind das BDSG sowie die entsprechenden Datenschutzgesetze der einzelnen Bundesländer. Spezialgesetze beispielsweise zur Verarbeitung von Patientendaten finden sich in den Landeskrankenhausgesetzen oder im Sozialgesetzbuch Kapitel V und X.[547] Während das BDSG den öffentlich-rechtlichen Datenschutz für Bundesbehörden regelt, ist für öffentliche Stellen der Länder das jeweilige LDSG maßgeblich.[548] Für den Datenschutz im Verhältnis der Bürger untereinander gilt allein das BDSG.[549] Im Bereich der medizinischen Forschung und deren Ergebnisverwertung fehlt es bislang an spezialgesetzlichen Schutzbestimmungen.[550] Demnach würde für öffentliche Biobanken, die auf Daten und Proben aus der gesamten Bevölkerung basieren, das BDSG und für eine nur auf

---

[545] *Isensee*, HStR V, § 111 Rn 90.
[546] BVerfGE 52, 214 (221); *Brückl*, Rechtsfragen zur Verwendung von genetischen Informationen über den Menschen, S. 203.
[547] *Mand*, MedR 2003, S. 393 (395). Die Frage nach der Gesetzgebungskompetenz für datenschutzrechtliche Regelungen bewegt sich im Kontext der grundgesetzlichen Kompetenzverteilung zwischen Bund und Ländern. So ergibt sich die jeweilige Gesetzgebungsbefugnis als Annexkompetenz zu den im Grundgesetz geregelten Sachkompetenzen der ausschließlichen und konkurrierenden Gesetzgebung, *Tinnefeld*, in: Roßnagel, Handbuch Datenschutzrecht, 2.6 Rn 11 f.
[548] *Godard/Schmidtke/Cassiman/Aymé*, European Journal of Human Genetics 2003, S. 88 (113).
[549] *Helle*, MedR 1996, S. 13 (16).
[550] *Schrell/Heide*, GRUR Int. 2001, S. 304 (307).

ein Bundesland beschränkte öffentliche Biobank das entsprechende LDSG Anwendung finden, für private Biobanken hingegen wäre nur das BDSG einschlägig.

Kernpunkte des deutschen Datenschutzrechts bilden das Verbotsprinzip, das Prinzip der Zweckbindung und Erforderlichkeit der Datennutzung sowie das Prinzip der Notwendigkeit des Vorliegens einer Rechtsgrundlage oder einer Einwilligung.[551] Das Verbotsprinzip und das Prinzip der Notwendigkeit einer Rechtsgrundlage bauen aufeinander auf. So soll die Verwendung personenbezogener Daten unzulässig sein, wenn sie nicht gesetzlich legitimiert ist oder der betroffene Datenspender eingewilligt hat.[552] Das Prinzip der Zweckbindung besagt, dass die Verarbeitung personenbezogener Daten nur zulässig ist, wenn der Zweck der Datenverarbeitung feststeht.[553] Bezogen auf die Datenverarbeitung im Bereich der wissenschaftlichen Forschung enthalten das BDSG und die verschiedenen Landesdatenschutzgesetze spezielle Forschungsklauseln. Den Rahmen der zulässigen Verarbeitung und Verwendung von personenbezogenen Daten im Bereich der Forschung beschreibt § 40 BDSG. Danach wird eine strikte Zweckbindung der Datennutzung und eine Anonymisierung der Daten zum frühest möglichen Zeitpunkt gefordert.[554] Das BDSG enthält daneben Regelungen, die eine Privilegierung für die Verarbeitung und Nutzung personenbezogener Daten zum Zweck der Forschung vorsehen. So bestimmt zum Beispiel § 4 a II BDSG, dass ausnahmsweise auf das grundsätzliche Schriftformerfordernis der Einwilligung verzichtet werden kann, wenn dies den Forschungszweck erheblich beeinträchtigt. Gemäß § 28 VI Nr. 4 BDSG ist eine Verwendung der Daten sogar ohne Einwilligung zulässig, wenn sie für die Forschung erforderlich ist, die wissenschaftlichen Forschungsinteressen das Selbstbestimmungsrecht erheblich überwiegen und der Zweck der Forschung auf keine andere Weise erreicht werden kann. § 14 II Nr. 9 BDSG enthält eine Ausnahme des Prinzips der engen Zweckbindung zugunsten der Forschung. Dies setzt jedoch voraus, dass das wissenschaftliche Interesse das Interesse der betroffenen Datenspender an der Einhaltung der Zweckbindung erheblich überwiegt und keine Alternative bzgl. der Erreichung des Forschungszwecks möglich ist. Gemäß § 39 BDSG gilt diese

---

[551] *Kilian*, NJW 1998, S. 787 (788).
[552] *Brückl*, Rechtsfragen zur Verwendung von genetischen Informationen über den Menschen, S. 178; vgl. auch z.B. § 4 I BDSG, § 7 HDSG, § 4 NDSG.
[553] *Mand*, MedR 2003, S. 393 (396); *Kilian*, NJW 1998, S. 787 (788).
[554] *Gerling*, in: Roßnagel, Handbuch Datenschutzrecht, 7.10 Rn 11; *Vetter*, in: Datenschutz und Forschung, S. 22.

Privilegierung aber nicht für die Erhebung und Speicherung von medizinischen Daten, da diese dem Geltungsbereich eines besonderen Berufsgeheimnisses, nämlich dem Arztgeheimnis, unterliegen.[555]

Bedenken hinsichtlich der Anwendbarkeit des BDSG auf Biobanken ergeben sich einerseits daraus, dass sich die derzeit in Deutschland existierenden Forschungsregelungen, wie § 40 BDSG, überwiegend auf inhaltlich und zeitlich begrenzte Forschungsvorhaben beziehen. Für allgemeine, nicht konkretisierte Vorhaben, also auch für Biobanken, gibt es keine Regelungen.[556] Zum anderen lassen die Ziele dieser Forschungsdatenbanken, welche teilweise zum Zeitpunkt der Datenerhebung noch nicht definiert werden können, die traditionellen datenschutzrechtlichen Prinzipien der Erforderlichkeit der Datenverarbeitung und der Zweckbindung der Daten weitgehend ins Leere laufen.[557]

Der entscheidende Grund dafür, dass sich die bestehenden Forschungsregelungen des deutschen Datenschutzrechts nicht als Grundlage für die Errichtung und den Betrieb einer Biobank eignen, liegt in der Besonderheit von Biobanken. Biobanken bestehen aus einer Fülle und Vielfalt der zu jeder Person gespeicherten sensitiven Daten, sowie aus dazugehörigen Blut- und Gewebeproben. Es handelt sich also nicht ausschließlich um eine reine Datenbank, sondern um eine Verknüpfung von Daten mit biologischem Material. Art. 1 BDSG bestimmt jedoch den Anwendungsbereich des BDSG ausdrücklich für den Umgang mit personenbezogenen Daten, so dass die Vorschriften des BDSG demnach allenfalls nur auf einen Teilbereich von Biobanken Anwendung finden. Um die im Zusammenhang mit Biobanken entstehenden Interessenskonflikte umfassend und abschließend zu regeln, bedarf es für die Zulässigkeit von Biobanken einer spezialgesetzlichen Regelung.

b) Allgemeines „genetisches" Datenschutzrecht oder Biobank-Gesetz

Hinsichtlich einer gesetzlichen Grundlage für den Aufbau und Betrieb einer Biobank ist zunächst an ein eigenständiges „genetisches" Datenschutzrecht zu denken. Dessen Vorteil wäre es, eine einheitliche und übersichtliche Regelung der Nutzung genetischer Daten zu kodifizieren. Allerdings müsste dies bei neuen Anwendungsgebieten genetischer Informationen immer wieder modifiziert werden. Des weiteren ist fraglich ist, ob nicht auch einzelne Regelungen der unterschiedlichen und voneinander unabhängigen Anwendungsbereiche genetischer und medizinischer Daten sachgerechter wäre, denn der jeweilige Verwen-

---

[555] *Vetter*, in: Datenschutz und Forschung, S. 23; *Godard/Schmidtke/Cassiman/Aymé*, European Journal of Human Genetics 2003, S. 88 (113).
[556] *Wellbrock*, MedR 2003, S. 77 (80).
[557] *Wellbrock*, MedR 2003, S. 77 (80); *Schrell/Heide*, GRUR Int. 2001, S. 304 (307).

dungszweck ist für die Zulässigkeit der Erhebung und Nutzung dieser Daten von entscheidender Bedeutung.[558] Die Regelung der DNA-Analyse als Beweismittel im Strafverfahren in §§ 81 e und 81 f StPO[559] deutet darauf hin, dass sich der Gesetzgeber für eine anwendungsbezogene gesetzliche Regelung entschieden hat. Mithin bedarf es eines Spezialgesetzes, welches ausschließlich die Verwendung genetischer und medizinischer Daten in Biobanken regelt.[560]

II. Gesetzgebungskompetenz

Bei der Frage der Gesetzgebungskompetenz ist prinzipiell zwischen der Länder- und der Bundeszuständigkeit zu unterscheiden. Gem. Art. 70 I GG sind grundsätzlich die Länder zur Gesetzgebung befugt, es sei denn die Kompetenz wurde dem Bund in Form der ausschließlichen (Art. 71, 73 GG) oder der konkurrierenden (Art. 72, 74 GG) Gesetzgebungskompetenz gesetzlich zugesprochen.

1) Ausschließliche Gesetzgebungskompetenz des Bundes

Die ausschließliche Gesetzgebungskompetenz des Bundes wird im Kern in Art. 73 GG, darüber hinaus aber auch in Art. 105 I GG und in weiteren im Grundgesetz verteilten Kompetenztiteln normiert sowie von ungeschriebenen Gesetzgebungsbefugnissen umschrieben.[561]

Im Zusammenhang mit der Errichtung und Nutzung einer Biobank kommt aus dem Zuständigkeitskatalog des Art. 73 GG allein der Bereich der Statistik für Bundeszwecke gem. Art. 73 Nr. 11 GG in Betracht. Dieser betrifft Gesetze über die methodische Erhebung, Sammlung und Auswertung von Daten und Fakten zu Bundeszwecken, das heißt zur Bewältigung einer Bundesaufgabe.[562] Gegen eine Subsumierung des Aufbaus und Betriebs einer Biobank unter diese Kompetenznorm spricht, dass neben persönlichen Daten auch entnommene Gewebe- und Blutproben gespeichert werden sollen. Bei letzteren handelt es sich jedoch per se um keine statistischen Daten[563], sondern Blut- und Gewebeproben müssen erst in digitale Daten umgewandelt werden, bevor sie Gegenstand von Statisti-

---

[558] *Brückl*, Rechtsfragen zur Verwendung von genetischen Informationen über den Menschen, S. 205.
[559] Eingeführt durch das Strafverfahrensänderungsgesetz vom 13.07.1997, BGBl. I 1997, S. 534 und das Gesetz zur Änderung der Strafprozeßordnung vom 06.08.2002, BGBl. I 2002, S. 3018.
[560] i. E. auch *Wellbrock*, MedR 2003, S. 77 (82).
[561] *Heintzen*, in: v. Mangoldt/Klein/Starck, GG, Art. 71 Rn 11.
[562] *Stettner*, in: Dreier, GG, Art. 73, Rn 47.
[563] Vgl. oben unter 3. Teil C) II. 2) b).

ken werden können. Es liegt aber gerade im Wesen einer Statistik i.S.v. Art. 73 Nr. 11 GG, dass die gesammelten Daten bereits als solche in lesbarer Notation vorliegen müssen.[564]

Auch die anderen im Grundgesetz verteilten Kompetenznormen der ausschließlichen Gesetzgebungsbefugnis des Bundes treffen auf den Erlass eines Spezialgesetzes zu Biobanken nicht zu.

2) Konkurrierende Gesetzgebungskompetenz

Die Befugnis zum Erlass eines Spezialgesetzes zu Biobanken könnte dem Bund in Form der konkurrierenden Gesetzgebungskompetenz unterliegen. Die Besonderheit der konkurrierenden Gesetzgebung liegt darin, dass der Bundesgesetzgeber Regelungen zu allen der im Katalog des Art. 74 I GG genannten Sachbereiche treffen darf, dass aber auch den Ländern in den gleichen Bereichen eine Gesetzgebungsbefugnis zusteht, allerdings nur solange und soweit der Bundesgesetzgeber von seiner Kompetenz keinen Gebrauch macht.[565] Die von der konkurrierenden Gesetzgebungskompetenz erfassten Materien werden in Art. 74, 74 a und 105 II GG aufgeführt.[566]

Die Regulierung von Biobanken könnte sowohl dem in Art. 74 I Nr. 13 GG genannten Bereich der Förderung der wissenschaftlichen Forschung, als auch dem Bereich von Maßnahmen gegen gemeingefährliche und übertragbare Krankheiten gemäß Art. 74 I Nr. 19 GG sowie dem Bereich der Regelungen zu Untersuchungen von Erbinformationen gemäß Art. 74 I Nr. 26 GG zugeordnet werden.

a) Art. 74 I Nr. 13 GG

Forschung im Sinne von Art. 74 I Nr. 13 GG ist identisch mit dem Begriff der Forschung in Art. 5 III GG.[567] Eine Regelung über die Zulässigkeit und die Nutzung einer Biobank würde der Förderung der medizinischen und pharmazeutischen Forschung dienen, so dass diesbezüglich dem Bundesgesetzgeber die entsprechende Gesetzgebungskompetenz zuzusprechen ist.

b) Art. 74 I Nr. 19 GG

Die Gesetzgebungsbefugnis des Bundes für Maßnahmen gegen gemeingefährliche und übertragbare Krankheiten ist gegeben, wenn bereits eine der genannten

---

[564] *v. Redecker/Reimer*, Jahrbuch für Ostrecht 2001, S. 361 (371).
[565] *Maunz*, in: Maunz/Dürig, GG, Art. 72 Rn 2.
[566] *Maurer*, StaatsR I, § 17 Rn 35.
[567] *Oeter*, in: v. Magoldt/Klein/Starck, GG, Art. 74 Rn 133.

Voraussetzungen vorliegt. Als „gemeingefährlich" gelten solche Krankheiten, die zu schweren Gesundheitsschäden oder zum Tode führen können und die, ohne ansteckend sein zu müssen, nicht nur vereinzelt auftreten. Zu den typischen Beispielen einer gemeingefährlichen Krankheit zählen auch Krebserkrankungen.[568] Da Biobanken unter anderem auch der Erforschung von weit verbreiteten Krebsarten dienen sollen, ergibt sich für diese Teilbereiche die Gesetzgebungskompetenz des Bundes auch aus Art. 74 I Nr. 19 GG.

c) Art. 74 I Nr. 26 GG

Die in Art. 74 I Nr. 26 genannten Sachbereiche der künstlichen Befruchtung beim Menschen, der Untersuchung und künstlichen Veränderung von Erbinformationen sowie der Transplantation von Organen und Geweben wurden durch das 42. Gesetz zur Änderung des Grundgesetzes vom 27. Oktober 1994[569] in den Zuständigkeitskatalog des Art. 74 I GG aufgenommen. Für den Erlass eines Spezialgesetzes zu Biobanken könnte der Bereich der Untersuchungen von Erbinformationen einschlägig sein, welcher die Gesetzgebungskompetenz des Bundes für das Gebiet der Gentechnik eröffnet.[570] Als Kern jeder Untersuchung deckt Art. 74 I Nr. 26 GG zweifelsfrei die Erhebung und Verwertung von Gewebeproben. Der Wortlaut und die Gesetzesmaterialien geben aber keinen Aufschluss darüber, ob auch Regelungen über deren Speicherung in einer Biobank von dieser Kompetenznorm mitumfasst sind. Anknüpfend an den eindeutigen Wortlaut „Untersuchung" ist jedoch aus dem Gesichtspunkt der Annexkompetenz auch die Phase der Speicherung des genetischen Materials mit in den Anwendungsbereich des Art. 74 I Nr. 26 GG einzubeziehen, denn jede Aufspaltung der Gesetzgebungskompetenz wäre in diesem Punkt sachwidrig und würde den Zweck einer Regelung beeinträchtigen.[571] Unter die Annexkompetenz des Bundes fallen folglich auch diejenigen Bestimmungen, welche die Erhebung, Speicherung und Nutzung der persönlichen und medizinischen Informationen der Datenspender regeln.[572] Somit ist auch nach Art. 74 I Nr. 26 GG die Befugnis des Bundesgesetzgebers zum Erlass eines Spezialgesetzes über Biobanken begründet.

---

[568] *Kunig*, in: v. Münch/Kunig, GG, Art. 74 Rn 90; *Maunz*, in: Maunz/Dürig, GG, Art. 74 Rn 211.
[569] BGBl. I 1994, S. 3146.
[570] *Oeter*, in: v. Mangoldt/Klein/Starck, GG, Art. 74 Rn 218.
[571] *v. Redecker/Reimer*, Jahrbuch für Ostrecht 2001, S. 361 (372).
[572] *v. Redecker/Reimer*, Jahrbuch für Ostrecht 2001, S. 361 (372).

d) Art. 72 II GG

Nach Art. 72 II GG muss jede bundesgesetzliche Regelung im Rahmen der konkurrierenden Gesetzgebungskompetenz zur Herstellung gleichwertiger Lebensverhältnisse oder zur Wahrung der Rechts- oder Wirtschaftseinheit im gesamtstaatlichen Interesse erforderlich sein.[573] Eine bundesgesetzliche Regelung ist nur dann erforderlich, wenn die unter Art. 72 II GG vorgegebenen Ziele nicht durch Selbstkoordination der Länder, also nicht durch gleichgerichtete Landesgesetze in angemessener Zeit verwirklicht werden können.[574] Dafür genügt jedoch nicht schon die bloße Möglichkeit gleich lautender Ländergesetze, denn dadurch wäre die konkurrierende Gesetzgebungskompetenz des Bundes gegenstandslos.[575] Die Erforderlichkeit im Sinne des Art. 72 II GG muss nur bei Erlass des Bundesgesetzes bestehen. Das heißt, ein späterer Wegfall führt weder zur Nichtigkeit des Gesetzes noch zu einer Verpflichtung des Bundesgesetzgebers zur Aufhebung der Regelung.[576] Aufgrund der Bedeutung einer großen, die Bevölkerung betreffenden Datenmenge und einer bundesweit homogenen Struktur der gesammelten Daten als Voraussetzung für eine zuverlässige und erfolgreiche medizinische Forschung ist eine bundeseinheitliche Regelung der Zulässigkeit von Biobanken im Sinne des Art. 72 II GG erforderlich.[577]

e) Ergebnis

Im Ergebnis besteht somit innerhalb des Art. 74 I GG zwar eine Konkurrenz zwischen einzelnen Kompetenzbereichen. Dies ändert jedoch nichts an der bestehenden konkurrierenden Bundesgesetzgebungsbefugnis im Zusammenhang mit Biobanken.[578]

---

[573] Die ursprüngliche Fassung des Art. 72 GG verlangte lediglich ein Bedürfnis nach einer bundeseinheitlichen Regelung. Mit der Neufassung durch die Verfassungsreform 1994 sollten die Anforderungen an die konkurrierende Bundesgesetzgebungskompetenz verschärft und präzisiert werden, *Degenhart*, StaatsR I, Rn 143; *Maurer*, StaatsR I, § 17 Rn 34.
[574] *Pieroth*, in: Jarass/Pieroth, GG, Art. 72 Rn 10; *Stettner*, in: Dreier, GG, Art. 72 Rn 18.
[575] BVerfGE 106, 62 (150).
[576] *Pieroth*, in: Jarass/Pieroth, GG, Art. 72 Rn 10; *Stettner*, in: Dreier, GG, Art. 72 Rn 15.
[577] *v. Redecker/Reimer*, Jahrbuch für Ostrecht 2001, S. 361 (372 f.).
[578] *v. Redecker/Reimer*, Jahrbuch für Ostrecht 2001, S. 361 (373).

III. Inhalt des Gesetzes

Das BVerfG hat in seinem Grundsatzurteil zur Datenverarbeitung („Volkszählungsurteil") festgelegt, dass die Voraussetzungen und der Umfang der Erhebung und Speicherung personenbezogener Daten sowie der Verwendungszweck der Datennutzung klar und für den Bürger erkennbar geregelt werden muss.[579] Dies entspricht dem allgemeinen Bestimmtheitsgrundsatz für grundrechtseinschränkende Gesetze.[580] Ein Gesetz, welches die Zulässigkeit und das Betreiben von Biobanken regelt, muss demnach für die betroffenen Datenspender eindeutig darlegen, unter welchen Bedingungen und zu welchen Zwecken ihre personenbezogenen medizinischen und genetischen Daten erhoben, gespeichert und verwertet werden dürfen.

1) Bereits bestehende Rechtsgrundlagen

Es gibt bereits einige nationale und internationale gesetzliche Bestimmungen bzw. rechtliche und ethische Empfehlungen, die sich mit dem Umgang mit persönlichen und genetischen Daten im Bereich der medizinischen Forschung befassen. In einigen wenigen Ländern wurden sogar in den letzten Jahren spezielle Gesetze zu Biobanken erlassen. Diese können als Orientierungshilfen herangezogen werden.

a) Internationale Bestimmungen und Erklärungen

Auf internationaler Ebene haben sich seit Jahren nicht nur politische Einrichtungen mit der Zulässigkeit der Verwendung personenbezogener Informationen im Rahmen medizinischer Forschungsprojekte beschäftigt, sondern auch wissenschaftliche Kommissionen haben dazu eigene Stellungnahmen abgegeben.[581]

---

[579] BVerfGE 65, 1 (44); *Meschke/Dahm*, MedR 2002, S. 346 (348).
[580] Siehe dazu näher *Maurer*, StaatsR I, § 8 Rn 47; *Sachs*, VerfR II, A10 Rn 48.
[581] Neben den folgenden ausführlich dargestellten internationalen Regelungen ist auch die Richtlinie 2004/23/EG des Europäischen Parlaments und des Rates vom 31.03.2004 zur Festlegung von Qualitäts- und Sicherheitsstandards für die Spende, Beschaffung, Testung, Verarbeitung, Konservierung, Lagerung und Verteilung von menschlichen Geweben und Zellen (ABl. L 102 vom 07.04.2004, S.48) zu erwähnen. Hauptanwendungsbereich dieser Richtlinie ist jedoch die Transplantation von menschlichen Geweben und Zellen. Sie gilt ausdrücklich nicht für die forschungsbedingte Nutzung menschlicher Gewebe und Zellen, wie es bei Biobanken gerade der Fall ist. Dennoch verweist auch diese Richtlinie auf wichtige Grundsätze für das Spenden von Geweben und Zellen, die im Rahmen der Errichtung einer Biobank zu beachten sind.

(1) Die Menschenrechtskonvention zur Biomedizin

Mit der Menschenrechtskonvention zur Biomedizin vom 04.04.1997[582] hat der Europarat[583] auf die großen Herausforderungen der zunehmenden neuen Möglichkeiten der Medizin reagiert und das erste internationale Rechtsdokument mit Schutzstandards für den Bereich der biomedizinischen Forschung und der Molekulargenetik vorgelegt.[584] Bei der Konvention handelt es sich um einen völkerrechtlichen Vertrag, der die Unterzeichnerstaaten dazu verpflichtet, seine Regeln in unmittelbar verbindliches nationales Recht umzusetzen.[585] In Deutschland hat dieses Übereinkommen bislang noch keine Geltung erlangt, da die Bundesregierung es aufgrund anhaltender öffentlicher Diskussion weder unterzeichnet noch ratifiziert hat. So werden neben den Vorschriften zur Forschung mit nicht einwilligungsfähigen Personen vor allem die Schutzbestimmungen zu Forschungen an Embryonen und am menschlichen Genom für unzureichend erachtet.[586]

Als Rahmenübereinkommen mit nur gewissen Mindeststandards enthält die Konvention zwar keine ausdrücklichen Regelungen zum Aufbau und Betrieb von Biobanken, dennoch sind einige der festgeschriebenen Grundsätze auch auf diese Problematik anwendbar. So soll nach Art. 2 des Übereinkommens grundsätzlich das Interesse und das Wohl des menschlichen Lebewesens Vorrang gegenüber dem bloßen Interesse der Gesellschaft oder der Wissenschaft haben.[587] Art. 5 greift inhaltlich den Grundsatz des „informed consent" auf und bestimmt, dass jede Intervention im Gesundheitsbereich erst dann erfolgen darf, wenn der Betroffene nach einer umfassenden Aufklärung frei eingewilligt hat. Nach Art. 5

---

[582] Abdruck der deutschen Übersetzung des Bundesministeriums für Justiz in *Eser*, Biomedizin und Menschenrechte, S. 12 ff.

[583] Der Europarat wurde am 05.05.1949 als internationale Organisation mit Sitz in Straßburg gegründet und hat mittlerweile 45 Mitgliedstaaten. Die Bundesrepublik Deutschland trat 1950/51 als 14. Mitglied bei. Der Europarat widmet sich insbesondere dem Schutz der Demokratie und der Fortentwicklung der Menschenrechte und Grundfreiheiten, vgl. dazu *Streinz*, Europarecht Rn 57a; *Rudloff-Schäffer*, in: Genmedizin und Recht, S. 63 (65).

[584] *Brückl*, Rechtsfragen zur Verwendung von genetischen Informationen über den Menschen, S. 96; *Rudloff-Schäffer*, in: Genmedizin und Recht, S. 63 (64); *Tinnefeld*, DuD 1999, S. 35 (37).

[585] *Godard/Schmidtke/Cassiman/Aymé*, European Journal of Human Genetics 2003, S. 88 (108); *Tinnefeld*, ZRP 2000, S. 10 (12).

[586] *v. Freier*, MedR 2003, S. 610 (612); *Spranger*, MedR 2001, S. 238 (240 ff.); *Taupitz/Fröhlich*, VersR 1997, S. 911 (912 Fn. 9); dazu auch *Fischer*, in: Strafrecht, Biorecht, Rechtsphilosophie, S. 685 (690).

[587] Dazu *Rynning*, in: Biobanks as rsources for health, S. 91 (96); *Wolfslast*, KritV 1998, S. 74 (75).

S. 3 ist die Einwilligung jederzeit widerruflich.[588] Art. 6 der Menschenrechtskonvention zur Biomedizin dient dem Schutz einwilligungsunfähiger Personen. Danach dürfen medizinische Eingriffe nur zu ihrem unmittelbaren Nutzen vorgenommen werden, die grundsätzlich der Einwilligung eines gesetzlichen Vertreters bedürfen, welcher seinerseits ausreichend aufgeklärt worden sein muss und ebenfalls seine Einwilligung jederzeit widerrufen kann.[589] Nach Art. 11 des Übereinkommens ist jede Diskriminierung eines Menschen aufgrund seiner genetischen Ausstattung verboten.[590] Art. 12 bestimmt die Zulässigkeit genetischer Untersuchungen zur Prognose genetisch bedingter Krankheiten ausschließlich zu Gesundheitszwecken oder unter strengen Voraussetzungen für gesundheitsbezogene wissenschaftliche Forschung.[591] Spezielle Regelungen für wissenschaftliche Forschungsvorhaben finden sich in Art. 15 ff. der Konvention. Danach ist die Forschung am Menschen stets subsidiär, das heißt es darf keine Alternative mit vergleichbarer Wirksamkeit geben. Des weiteren muss jedes Forschungsvorhaben von einer unabhängigen Stelle sowohl wissenschaftlich als auch ethisch geprüft worden sein, und jeder Proband muss zuvor ausdrücklich gem. Art. 5 in das bestimmte Forschungsvorhaben eingewilligt haben.[592] Rechtliche Vorgaben für die Forschung mit einwilligungsunfähigen Personen sind in Art. 17 enthalten, welcher zwischen Forschung mit potentiellem Nutzen (Abs. 1) und Forschung ohne unmittelbaren Nutzen (Abs. 2) unterscheidet. Art. 17 Abs. 1 der Konvention setzt demnach voraus, dass die erwarteten Forschungsergebnisse für die Gesundheit der betroffenen Person von tatsächlichem und unmittelbarem Nutzen sein müssen. Ferner darf die Forschung mit einwilligungsfähigen Personen keine vergleichbare Wirkung haben, und es muss ein spezifische Einwilligung des gesetzlichen Vertreters in schriftlicher Form vorliegen.[593] Gemäß Art. 17 Abs. 2 kann von dem Erfordernis eines Nutzens für die Gesundheit ausnahmsweise abgesehen werden, wenn das Forschungsvorhaben eine wesentliche Erweiterung des wissenschaftlichen Verständnisses für die Krankheit und ihre Ursachen herbeiführt und somit vielen ebenfalls an derselben Krankheit leidenden Menschen nützen könnte.[594] Hinsichtlich der Entnahme und Nutzung

---

[588] Dazu *Brückl*, Rechtsfragen zur Verwendung von genetischen Informationen über den Menschen, S. 83; *Spranger*, MedR 2001, S. 238 (239).
[589] Näher dazu *Spranger*, MedR 2001, S. 238 (240); *Elzer*, MedR 1998, S. 122.
[590] Dazu *Brückl*, Rechtsfragen zur Verwendung von genetischen Informationen über den Menschen, S. 84; *Rudloff-Schäffer*, in: Genmedizin und Recht, S. 63 (67).
[591] Dazu *Brückl*, Rechtsfragen zur Verwendung von genetischen Informationen über den Menschen, S. 92.
[592] Näher dazu *Rudloff-Schäffer*, in: Genmedizin und Recht, S. 63 (68); *Spranger*, MedR 2001, S. 238 (240).
[593] Dazu *Spranger*, MedR 2001, S. 238 (240); *Elzer*, MedR 1998, S. 122 (123).
[594] Näher dazu *Rudloff-Schäffer*, in: Genmedizin und Recht, S. 63 (69); *Freund/Heubel*, MedR 1997, S. 347 (348).

von Teilen und Substanzen des menschlichen Körpers bestimmen Art. 21 und Art. 22, dass solche nicht zur Erzielung eines finanziellen Gewinns und grundsätzlich nur zu dem Zweck aufbewahrt und verwendet werden dürfen, zu welchem sie entnommen wurden. Jede andere weitere Verwendung bedarf eines angemessenen Einwilligungsverfahrens.[595]

Diese genannten Grundsätze der Menschenrechtskonvention zur Biomedizin stimmen größtenteils mit den vorherigen Ausführungen zur rechtfertigenden Einwilligung überein. Auch wenn die Bundesrepublik Deutschland dieses Übereinkommen bislang noch nicht unterzeichnet und ratifiziert hat, sollten nichtsdestotrotz seine Bestimmungen im Rahmen der inhaltlichen Ausgestaltung eines deutschen Biobank-Gesetzes eine Beachtung finden.

(2) Allgemeine Erklärung der UNESCO über das menschliche Genom und Menschenrechte

Die Allgemeine Erklärung der UNESCO über das menschliche Genom und Menschenrechte vom 11.11.1997[596] hat für die Mitgliedstaaten der UNESCO als politische Erklärung keine völkerrechtliche Bindungswirkung und enthält ebenso keine näheren Bestimmungen zu Biobanken. Jedoch kann auch sie Anhaltspunkte für gesetzliche Regelungen zum Umgang mit genetischen und medizinischen Daten liefern.[597]

In Art. 2 und Art. 6 erteilt die Deklaration eine klare Absage an alle Formen der Diskriminierung aufgrund genetischer Merkmale. Jeder Mensch hat somit ein Recht auf Achtung seiner Würde und Rechte unabhängig seiner genetischen Eigenschaften.[598] Wie die Menschenrechtskonvention zur Biomedizin des Europarats verlangt auch die Erklärung der UNESCO als Kernelement in Art. 5 b) eine informierte Einwilligung für jede Forschung, Behandlung und Diagnose, die das menschliche Genom betreffen.[599] Art. 5 c) der Erklärung sieht ein Recht der betroffenen Person vor, selbst entscheiden zu können, ob sie eine Rückmeldung über die Ergebnisse der Forschungsuntersuchungen wünscht oder nicht. Die Formulierungen zur Forschung an einwilligungsunfähigen Personen in Art. 5 e) orientiert sich ebenfalls am Text der Biomedizinkonvention des Europarates und

---

[595] Näher dazu *Rynning*, in: Biobanks as resources for health, S. 91 (96); *Knopers/Hirtle/Lormeau/Laberge/Laflamme*, Genomics 1998, S. 385 (387).

[596] Abdruck der amtlichen Übersetzung des Bundesministeriums für Justiz in *Eser*, Biomedizin und Menschenrechte, S. 133 ff.

[597] *Brückl*, Rechtsfragen zur Verwendung von genetischen Informationen über den Menschen, S. 82; *Rynning*, in: Biobanks as resources for health, S. 91 (98); *Godard/Schmidtke/Cassiman/Aymé*, European Journal of Human Genetics 2003, S. 88 (107).

[598] Dazu *Fulda*, in: Genmedizin und Recht, S. 195 (198).

[599] Dazu *Knoppers/Hirtle/Lormeau/Laberge/Laflamme*, Genomics 1998, S. 385 (387).

macht deutlich, dass diese allenfalls im Ausnahmefall und nur mit äußerster Zurückhaltung vorgenommen werden sollte.[600] Art. 7 der Erklärung befasst sich mit der Speicherung und Verarbeitung von genetischen Daten und verlangt, dass diese im Einklang mit gesetzlich vorgeschriebenen Bestimmungen vertraulich zu behandeln sind.

In ihren Kernpunkten entspricht die Deklaration der UNESCO über das menschliche Genom und Menschenrechte den Bestimmungen der Menschenrechtskonvention zur Biomedizin des Europarates und kann dementsprechend auch als Vorlage für ein deutsche Spezialregelung zu Biobanken herangezogen werden.

(3) Deklaration des Weltärztebundes von Helsinki

Die Deklaration von Helsinki wurde 1964 vom Weltärztebund als Empfehlungen für Ärzte, die in der medizinischen Forschung am Menschen tätig sind, verfasst und in einigen späteren Deklarationen, zuletzt auf der Generalversammlung in Edinburgh, Schottland im Oktober 2000, revidiert.[601] Obwohl es sich dabei nicht um ein völkerrechtlich verbindliches Rechtsdokument handelt, ist der Einfluss dieser Erklärung als internationales Standesgewohnheitsrecht auf nationale Regelungen zur medizinischen Forschung am Menschen und damit auch auf ein zukünftiges deutsches Biobank-Gesetz unbestritten.[602]

(a) Neufassung der Deklaration von Helsinki

Die Veränderungen im Jahre 2000 haben zu einer völlig neuen Fassung der Deklaration von Helsinki geführt. In ihrer neuen Fassung sollen die Grundsätze der Erklärung nun nicht mehr nur für Ärzte, sondern auch für alle anderen Personen, die in der medizinischen Forschung tätig sind, gelten.[603] Inhaltlich wurde überwiegend der Patienten- bzw. Probandenschutz gestärkt und insgesamt versucht, die medizinische Forschung für die Versuchspersonen und für die Öffentlichkeit transparenter zu gestalten.[604] Durch ihre Neufassung erkennt die Deklaration von Helsinki ausdrücklich an, dass biomedizinische Forschung am Menschen unerlässlich ist, um wissenschaftliche Erkenntnisse zu erlangen und so der lei-

---

[600] Näher dazu *Fulda*, in: Genmedizin und Recht, S. 195 (199).
[601] *Fröhlich*, Forschung wider Willen?, S. 104; der Text der aktuellen Fassung der Deklaration ist verfügbar unter *www.bundesaerztekammer.de/30/Auslandsdienst/92Helsinki 2002.pdf*, abgerufen am 28.04.2004.
[602] *Schreiber*, in: Forschungsfreiheit und Forschungskontrolle in der Medizin, S. 303; *Taupitz*, Dt.Ärztebl. 2001, S. 2413; siehe beispielsweise bereits Verweis auf die Deklaration von Helsinki in § 15 II der Musterberufsordnung für Ärzte.
[603] Vgl. Einleitung der Neufassung der Deklaration von Helsinki von 2000.
[604] *Taupitz*, Dt.Ärztebl. 2001, S. 2413 (S. 2419 f.).

denden Menschheit zu helfen.[605] Unter den Begriff der medizinischen Forschung am Menschen ist auch die Forschung an identifizierbarem menschlichen Material und identifizierbaren Daten einzubeziehen.[606] Beibehalten wurde der allgemeine Grundsatz der Deklaration von Helsinki, nämlich der Vorrang der Interessen und des Wohlergehens der betroffenen Personen vor den Interessen der Wissenschaft und Gesellschaft. Medizinische Forschung soll somit nur dann zulässig sein, wenn die Bedeutung des Forschungsziels in einem angemessenen Verhältnis zu den Risiken und Belastungen für die Versuchspersonen steht.[607] Darüber hinaus verlangt auch die Erklärung des Weltärztebundes das Vorliegen einer rechtfertigenden Einwilligung der betroffenen, zuvor ausführlich über das Forschungsvorhaben aufgeklärten Person. Im Fall der Einwilligungsunfähigkeit ist die Einwilligung des gesetzlichen Vertreters einzuholen.[608] Die Forschung mit einwilligungsunfähigen Personen ist jedoch grundsätzlich gegenüber der Forschung mit einwilligungsfähigen Personen subsidiär und muss gerade für die Förderung der Gesundheit derjenigen Personengruppe, der die einwilligungsunfähigen Probanden angehören, erforderlich sein.[609] Des weiteren setzt die Deklaration von Helsinki der biomedizinischen Forschung in der Weise Grenzen, dass jedes Forschungsvorhaben der Zustimmung einer Ethikkommission bedarf. Nach der Neufassung der Erklärung muss es sich dabei um einen vom Forschungsteam und vom Sponsor unbedingt unabhängigen Ausschuss handeln.[610]

In der aktuellen Fassung der Deklaration von Helsinki wird die Forschung mit genetischem Material und genetischen Daten, wie es im Rahmen von Biobanken der Fall ist, nicht ausdrücklich erwähnt. Es spricht jedoch nichts dagegen, die allgemein anerkannten Grundsätze der medizinischen Vertretbarkeit, der Zustimmung nach Aufklärung, der Einschaltung einer Ethikkommission sowie der Transparenz der Forschung auch im Zusammenhang mit Biobanken anzuwenden.

---

[605] *Deutsch/Taupitz*, in: Genmedizin und Recht, S. 205 (210).
[606] Vgl. Punkt 1 der Neufassung der Deklaration von Helsinki von 2000.
[607] Siehe Punkt 5 u. 18 der Neufassung der Deklaration von Helsinki von 2000 sowie *Schreiber*, in: Forschungsfreiheit und Forschungskontrolle, S. 303.
[608] *Spranger*, MedR 2001, S. 238 (239); *Wolfslast*, KritV 1998, S. 74 (80).
[609] Vgl. Punkt 24 der Neufassung der Deklaration von Helsinki von 2000.
[610] *Deutsch/Taupitz*, in: Genmedizin und Recht, S. 205 (212).

(b) Deklaration zu ethischen Aspekten in Bezug auf medizinische Datenbanken, 2002

Unter Beachtung seiner eigenen Prinzipien hat der Weltärztebund selbst eine „Deklaration zu ethischen Aspekten in Bezug auf medizinische Datenbanken" im Oktober 2002[611] verabschiedet. Oberstes Ziel der Erfassung und Speicherung persönlicher medizinischer Daten soll danach immer die medizinische Versorgung des Datenspenders sein. Nichtsdestotrotz sind aber auch Fortschritte in der Medizin abhängig von der Verwendung persönlicher Gesundheitsdaten. Medizinische Datenbanken stellen somit wertvolle Informationsquellen für die medizinische Forschung dar. In seiner genannten Deklaration hat der Weltärztebund Grundsätze für den Aufbau und Betrieb solcher Datenbanken festgeschrieben. So muss zum Schutz seiner Privatsphäre der betroffene Datenspender das Recht haben zu erfahren, welche einzelnen Informationen über ihn gesammelt und gespeichert werden, sowie das Recht, jederzeit die Löschung dieser Daten zu verlangen. Ausfluss der informationellen Selbstbestimmung ist auch das Erfordernis einer umfangreichen Aufklärung des Spenders über den Zweck der Verwendung seiner Daten und einer darauf beruhenden Einwilligung in die Erfassung und Speicherung in einer Datenbank. Die betroffenen Personen müssen ferner überprüfen können, wer im einzelnen Zugriff auf die Daten hat. Hinsichtlich der Durchführung von medizinischen Datenbanken bedarf es einer Kontrollinstanz, die überwacht und sicherstellt, dass während der Erfassung und Speicherung der medizinischen Daten die Grundsätze der Vertraulichkeit und Sicherheit befolgt werden. Für jede Verwendung persönlicher medizinischer Daten muss das Prinzip der Zweckgebundenheit gelten. Darüber hinaus bedarf jede Verwendung der gespeicherten Daten der Zustimmung einer Ethikkommission; dies gilt auch für neue Forschungszwecke. Die Ethikkommission entscheidet in diesem Fall, ob eine neue Einwilligung der Datenspender notwendig ist oder ob nachfolgende Forschungsprojekte auch ohne deren Genehmigung zulässig sind. Der Deklaration zufolge müssen, wenn irgend möglich, die gesammelten Daten anonymisiert gespeichert werden. Ist dies nicht möglich, so müssen sie wenigstens durch einen Code oder ein Pseudonym verschlüsselt werden. Nicht zuletzt müssen die Datenspender stets darüber informiert sein, an wen sie sich wie im Fall von Anfragen und Beschwerden richten können.

Zwar spricht auch der Wortlaut dieser speziellen Deklaration des Weltärztebundes nur von Gesundheitsdaten und damit nicht ausdrücklich von genetischen Daten. Es sind jedoch keine Gründe ersichtlich, die genannten Grundsätze nicht

---

[611] Deutsche Übersetzung der Deklaration verfügbar unter *www.bundesaerztekammer.de/30/Auslandsdienst/99Handbuch2002.pdf*, S. 90 ff, abgerufen am 29.04.2004.

auch für Biobanken heranzuziehen. Biobanken stellen gerade eine neue Form medizinischer Datenbanken dar, in welchen neben den allgemeinen persönlichen und medizinischen Daten nun auch die genetischen Informationen und Materialien der Datenspender gesammelt werden sollen.

(4) Leitlinien des internationalen Humangenomprojekts

Das „Human Genom Project" ist ein internationales Forschungsvorhaben der Human Genom Organisation (HUGO) mit dem Ziel, das menschliche Erbgut, also das menschliche Genom, lückenlos zu sequenzieren und somit vollständig zu erfassen.[612] Neben der Koordination von Forschungsarbeiten aus den verschiedenen Ländern und einem schnellen internationalen Informationsaustausch über die Ergebnisse diskutieren die Mitglieder von HUGO auch über die ethischen, sozialen, rechtlichen und wirtschaftlichen Auswirkungen ihres Projekts.[613] Ergebnis dieser Diskussion sind veröffentlichte Empfehlungen mit grundlegenden Verhaltensregeln für die genetische Forschung, die auch für den Aufbau und den Betrieb von Biobanken von großer Bedeutung sein können.

In seiner ersten Erklärung von 1996, „Statement on the Principled Conduct of Genetics Research"[614], hat HUGO vier Grundprinzipien für die Arbeit mit dem menschlichen Genom herausgearbeitet. So wird anerkannt, dass das Humangenom Bestandteil des menschlichen Erbes ist, zweitens wird an den Menschenrechten und drittens an den Werten, Traditionen, Kultur und Integrität aller Beteiligten festgehalten. Als viertes Prinzip gilt die Aufrechterhaltung der Menschenwürde und der Freiheit.[615] Zur Wahrung dieser Grundsätze empfiehlt HUGO unter anderem, dass die Teilnahme an Forschungsvorhaben nur auf einer freiwilligen informierten Einwilligung basieren darf, somit finanzielle Anreize für die Teilnahme zu untersagen sind. Daneben muss der Schutz vor ungewolltem Zugriff auf die genetischen Informationen gewährleistet sein, sowie dem betroffenen Probanden ein Recht zustehen, über die gewonnenen Erkenntnisse informiert zu werden oder nicht.[616]

Die zweite Erklärung von 1998, „Statement on DNA Sampling: Control and Access"[617], greift die grundlegenden Aspekte der ersten Deklaration auf und vertieft sie hinsichtlich der Kontrolle von und dem Zugang zu gespeicherten DNA-

---

[612] *Beljin/Fenger*, in: Genmedizin und Recht, S. 269.
[613] *Hofmann*, Rechstfragen der Genomanalyse, S. 14.
[614] Text der Erklärung verfügbar unter *www.gene.ucl.ac.uk/hugo/conduct.htm*, abgerufen am 27.04.2004.
[615] *Beljin/Fenger*, in: Genmedizin und Recht, S. 269 (272).
[616] *Beljin/Fenger*, in: Genmedizin und Recht, S. 269 (272 f.)
[617] Text der Erklärung verfügbar unter *www.hugo-international.org/hugo/sampling.html*, abgerufen am 27.04.2004.

Proben.[618] Danach ist grundsätzlich zwischen genetischen Proben aus medizinischen Routineuntersuchungen und solchen aus gezielten Forschungsarbeiten zu unterscheiden. Erstere dürfen nur dann für Forschungszwecke genutzt werden, wenn der betroffene Datenspender sein Einverständnis erklärt hat und die Daten verschlüsselt oder anonymisiert wurden. DNA-Proben aus Forschungsarbeiten dürfen ausschließlich zu dem bestimmten Zweck verwendet werden, in welchen der Betroffene zuvor eingewilligt hatte. Für jede weitere Nutzung bedarf es einer erneuten Einwilligung oder einer Anonymisierung bzw. Verschlüsselung der Daten. Des weiteren legt die Erklärung fest, dass die engsten Verwandten ein Zugangsrecht zu den gespeicherten Informationen und den daraus gewonnenen Erkenntnissen haben sollten, wenn ein hohes Risiko einer gesundheitlichen Störung besteht und eine Vorsorge oder Behandlung möglich ist. Ist dies nicht der Fall, so können die gesammelten Daten auf Wunsch des Spenders jederzeit zerstört werden, es sei denn sie wurden bereits anderen Forschern zur Verfügung gestellt. In allen anderen Fällen sollen Zugangsrechte Dritter nur aufgrund gesetzlicher Legitimation und Einwilligung des Betroffenen zulässig sein.[619]

In einer weiteren Erklärung von 2000, „Statement on benefit-sharing"[620], spricht HUGO Empfehlungen bezüglich der finanziellen Gewinnverteilung bei genetischen Forschungsprojekten aus. Kernaussage dieser Stellungnahme ist, dass der aus der Forschung resultierende finanzielle Gewinn der gesamten Gemeinschaft und nicht nur den teilnehmenden Probanden zugute kommen soll. So könnten beispielsweise die von der genetischen Forschung profitierenden Einrichtungen und Pharmakonzerne dazu verpflichtet werden, mit einem bestimmten Teil ihres Gewinnes jährlich das allgemeine Gesundheitssystem finanziell zu unterstützen.

Im Ergebnis enthalten diese Erklärungen von HUGO bereits einige richtungsweisende Ansätze für den Aufbau und den Betrieb von Biobanken, die bei der inhaltlichen Ausgestaltung eines deutschen Biobank-Gesetzes Beachtung finden sollten.

(5) Richtlinien des Medical Research Council, Großbritannien

In Großbritannien gilt für den Bereich der medizinischen Forschung das Prinzip der Selbstregulierung. Danach ist es nicht Aufgabe des Parlaments, Gesetze auf diesem Gebiet zu erlassen. Vielmehr wird die Zulässigkeit und die Voraussetzungen medizinischer Forschungsprojekte durch Richtlinien des Gesundheits-

---

[618] *Beljin/Fenger*, in: Genmedizin und Recht, S. 269 (273).
[619] Vgl. Text der Erklärung unter *www.hugo-international.org/hugo/sampling.html*, abgerufen am 27.04.2004, sowie *Beljin/Fenger*, in: Genmedizin und Recht, S. 269 (274).
[620] Text der Erklärung verfügbar unter *www.gene.ucl.ac.uk/hugo/benefit.html*, abgerufen am 27.04.2004.

ministeriums, des Rats für medizinische Forschung, des allgemeinen Medizinrats und anderer professioneller Einrichtungen bestimmt.[621] So hat beispielsweise bereits 1989 die „Clinical Genetics Society" Leitlinien für Gendatenbanken zu klinischen Diagnosezwecken aufgestellt.[622] 2001 erließ der britische medizinische Forschungsrat (MRC) seine Richtlinien zu „Human Tissue and Biological Samples for use in Research"[623], welche die Verwendung von menschlichem biologischem Material, insbesondere genetischem Material, zu Forschungszwecken regeln sollen. Zwar sind diese national bezogen und daher nur auf britische Biobanken unmittelbar anzuwenden, sie enthalten jedoch wichtige Ansatzpunkte, die auch bei der Ausgestaltung eines deutschen Spezialgesetzes zu Biobanken berücksichtigt werden können.

Die genannten Richtlinien des britischen Forschungsrates basieren auf dem Grundsatz, dass die Interessen der Spender der Materialien immer Vorrang gegenüber den Interessen der Wissenschaft und Gesellschaft genießen müssen. Punkt 2 der Richtlinien („Ownership and Custodianship") bestimmt, dass jede teilnehmende Person keinerlei finanziellen Anreizen ausgesetzt werden darf, somit keine Entschädigung für die Übermittlung seines biologischen Materials bekommen darf. Das Eigentum geht mit Erfassen der Körpersubstanzen auf die empfangende Einrichtung über. Bezüglich der Nutzung der Materialsammlung verbieten die Richtlinien des britischen medizinischen Forschungsrates jegliche exklusive Zugangsrechte nur einzelner Forschungseinrichtungen.[624] Wie alle bereits erwähnten Regelungen und rechtlichen Empfehlungen verlangt auch der MRC für jede Sammlung und Verwendung von identifizierbaren persönlichen Daten und Substanzen die schriftliche Einwilligung des Spenders und eine vorhergehende Aufklärung darüber, dass nicht nur sein biologisches Material, sondern auch alle seine bislang gespeicherten persönlichen Gesundheitsdaten zu Forschungszwecken genutzt werden, worin das Ziel des Forschungsprojekts genau besteht, wer Zugriff auf die Daten und Substanzen erhält und welche Datenschutzvorkehrungen getroffen werden.[625] Ist der Spender der Daten und Materialien bereits verstorben, so muss die Einwilligung des nächsten Angehörigen eingeholt werden, welcher seinerseits ausführlich über den Zweck der Verwendung der Daten und des biologischen Materials, sowie über die Dauer der Speicherung etc. aufgeklärt werden muss.[626] Die Nutzung von Daten und Körpersub-

---

[621] *Kaye/Martin*, BMJ 2000, S. 1146 (1147).
[622] *Godard/Schmidtke/Cassiman/Aymé*, European Journal of Human Genetics 2003, S. 88 (116).
[623] Englischer Text der Richtlinien verfügbar unter *www.mrc.ac.uk/pdf-tissue_guide_ fin .pdf*, abgerufen am 10.05.2004.
[624] Vgl. Punkt 4.1 der Richtlinien.
[625] Vgl. Punkt 5.2 und Punkt 6 der Richtlinien.
[626] Vgl. Punkt 11 der Richtlinien.

stanzen nicht einwilligungsfähiger Personen bedarf der Einwilligung des gesetzlichen Vertreters.[627] Gemäß der Richtlinien des britischen Forschungsrates zu „personal information in medical research", also zur Verwendung persönlicher Daten im Bereich der medizinischen Forschung, müssen alle persönlichen Daten frühestmöglich anonymisiert oder zumindest verschlüsselt werden und ihre Verwendung zu Forschungszwecken von einer Ethikkommission genehmigt werden.[628] Soll erneuter Kontakt zu den Datenspendern aufgenommen werden, so bestimmt Punkt 5.4 der Richtlinien zu „Human Tissue and Biological Samples for use in Research", dass jede Reidentifzierung der Daten und Körpersubstanzen der Zustimmung einer Ethikkommission bedarf. Die Richtlinien des MCR enthalten ferner Regelungen zur Problematik der Einwilligung bei einer Zweckänderung der Daten- und Materiellennutzung. Punkt 6.2 der Richtlinie sieht diesbezüglich eine zweigeteilte Einwilligung vor, wonach die betroffene Person zunächst in das bereits konkretisierte Forschungsvorhaben einwilligt, gleichzeitig aber auch der Verwendung ihrer Daten und Substanzen zu zukünftigen noch nicht konkreten Projekten zustimmt. Allerdings darf dies nicht in Form einer Blankoeinwilligung in alle möglichen biologischen und medizinischen Forschungsvorhaben geschehen. Vielmehr muss der Typ der zukünftigen Forschungsstudien bereits festgelegt und ein wissenschaftlicher Nutzen erkennbar sein. Widerruft ein Datenspender seine Einwilligung in zukünftige Forschungsprojekte, so dürfen seine Daten und Materialien nur noch zur Ergebnisüberprüfung des bereits konkretisierten Projekts verwendet werden und müssen danach gelöscht bzw. zerstört werden. Punkt 7 der Richtlinien des britischen Forschungsrates betrifft die Zustimmung einer Ethikkommission. Diese ist nicht nur bei der Reidentifzierung der Daten und Materialien erforderlich, sondern muss vor jeder Nutzung menschlicher Körpersubstanzen eingeholt werden. Dies gilt insbesondere für eine weitere Nutzung im Rahmen neuer Forschungsprojekte und für den Fall, dass eine Verwendung der Daten trotz fehlender Einwilligung des Spenders notwendig ist. Des weiteren enthalten die Richtlinien des MRC in Punkt 8.1 Regelungen zu einem Informationsrecht des Betroffenen über die Forschungsergebnisse. Bevor dieser jedoch von seinem Recht Gebrauch macht, muss er darüber aufgeklärt werden, welche Bedeutung die Ergebnisse der Untersuchung seiner Daten und Körpersubstanzen auch für seine Angehörigen hat und welche Auswirkung die Kenntnis eventueller genetischer Krankheitsrisiken auf seinen Beruf und seine Versicherung haben könnte.

---

[627] Siehe dazu Punkt 12.3 und Punkt 12.4 der Richtlinien.
[628] Siehe Abdruck der Schlüsselprinzipien dieser Richtlinien unter Punkt 5.2 der Richtlinien zur Verwendung von menschlichem biologischem Material.

b) Nationale Bestimmungen

Auch in Deutschland gibt es einige gesetzliche Regelungen zur Verwendung personenbezogener medizinischer Daten im Bereich der wissenschaftlichen Forschung. So wurde schon im Zusammenhang mit dem Erfordernis einer Einwilligung des Datenspenders auf Bestimmungen dazu im AMG und MPG verwiesen.[629] Die Bestimmungen des BDSG zur Datenerhebung und –nutzung zu Forschungszwecken wurden ebenfalls bereits genannt.[630] Von weiterer Bedeutung für ein Spezialgesetz zu Biobanken sind die noch nicht erwähnten Regelungsvorschläge der Konferenz der Datenschutzbeauftragten zur Sicherung der Selbstbestimmung bei genetischen Untersuchungen, sowie vorhandene Datenschutzkonzepte sogenannter Kompetenznetze des Bundesministeriums für Bildung und Forschung (BMBF). Auch die in den Bundesländern existierenden Krebsregistergesetze kommen als Vorlage für ein Spezialgesetz zu Biobanken in Betracht.[631]

(1) Krebsregistergesetze der Bundesländer

Krebsregister sind für die Ursachenforschung und Verbesserung der Therapiemöglichkeiten von Krebserkrankungen unverzichtbar. Durch die Zusammenführung und den Vergleich von Erfahrungen soll mit ihrer Hilfe die Entwicklung verschiedener Krebsarten vom Verdacht bis zum Tod analysiert werden.[632] Ihrem Sinn und Zweck nach sind Biobanken somit mit Krebsregistern sehr gut zu vergleichen. Der Unterschied der beiden Datenbanken liegt allein darin, dass die in einer Biobank gespeicherten Daten und Materialien nicht nur zur Erforschung von Krebsarten, sondern auch anderer inzwischen weit verbreiteter Krankheiten dienen sollen und dass zusätzlich ein genetischer Zusammenhang bei den jeweiligen Krankheiten untersucht werden soll.

Als gesetzliche Rechtsgrundlage für Krebsregistern wurde 1995 ein bundeseinheitliches Krebsregistergesetz[633] erlassen, welches jedoch Ende 1999 auslief. Diesem Bundesgesetz zufolge sollten die Bundesländer eigene Krebsregister einrichten und unter vorgegebenen Rahmenbedingungen eigene Landeskrebsregistergesetze erlassen. Dieser Pflicht sind alle Bundesländer in unterschiedlicher

---

[629] Vgl. oben unter 3.Teil A) II.
[630] Vgl. oben unter 3. Teil B) I. 3) a).
[631] In diesem Zusammenhang sind auch die vom Wissenschaftlichen Beirat der Bundesärztekammer erlassenen Richtlinien zum Führen einer Hornhautbank (Dt.Ärztebl. 2000, S. 1805 ff.) zu nennen. Diese regeln die Speicherung und Transplantation von Hornhäuten und stützen sich ebenfalls auf das Prinzip des „informed consent".
[632] *Bochnik*, MedR 1994, S. 398.
[633] BGBl. I 1995, S. 3351.

Intensität nachgekommen.[634] Die Erhebung der entsprechenden personenbezogenen medizinischen Daten und Gewebeproben in diesen Datenbanken erfolgt durch Übermittlung durch den behandelnden Arzt. Sehr umstritten ist dabei die Frage nach einer Meldepflicht oder einem Melderecht des Arztes. Für eine Meldepflicht spricht aus Sicht der Forschung, dass dadurch eine vollständige Erfassung der Krebserkrankungen garantiert ist.[635] Dagegen und damit für ein Melderecht spricht jedoch die Tatsache, dass eine verpflichtete Übermittlung zugleich eine Beeinträchtigung der informationellen Selbstbestimmung des Patienten darstellt. Besitzt der behandelnde Arzt ein Melderecht, so kann er mit dem betroffenen Patienten Rücksprache halten und nur mit seiner Einwilligung die Daten weitergeben. Zwar wird von den Befürwortern einer Meldepflicht[636] hervorgebracht, dass der Patient jederzeit das Recht habe, der Meldung seiner Krebserkrankung zu widersprechen. Dies ändert aber nichts daran, dass eine Meldepflicht das Vertrauensverhältnis zwischen Patient und Arzt in hohem Maße beeinträchtigt und den Arzt hinsichtlich seines Arztgeheimnisses in große Bedrängnis bringt.

Aus datenschutzrechtlichen Gründen sind die Krebsregister in eine Vertrauens- und eine Registerstelle unterteilt, die nicht miteinander kommunizieren dürfen und deren Personal nicht ausgetauscht werden darf.[637] Die Vertrauensstelle nimmt die Meldungen der Ärzte entgegen und übermittelt diese in anonymisierter Form an die Registerstelle. Die Daten der Vertrauensstelle müssen dann nach einiger Zeit wieder gelöscht werden.[638] Auch bei Biobanken wäre eine solche Unterteilung und Verschlüsselung der Daten sinnvoll, um jeden möglichen Datenmissbrauch im Vorhinein zu verhindern.

(2) Datenschutzkonzepte existierender Kompetenznetze

Ein großer Mangel der deutschen medizinischen Forschung liegt in ihrer fehlenden Kooperationsstruktur. Sie ist sowohl an Hochschulen als auch an außeruniversitären Forschungseinrichtungen angesiedelt. Ein effektiver Wissenstransfer aus der Grundlagenforschung in die anwendungsnahe Forschung und damit aussagekräftige Forschungsergebnisse bedürfen jedoch der Zusammenarbeit und einer optimalen Nutzung der vorhandenen wissenschaftlichen Kompetenz.[639]

---

[634] *Richter*, Dt.Ärztebl. 2000, S. 1102.
[635] *Richter*, Dt.Ärztebl. 2000, S. 1102.
[636] So z.B. Schleswig-Holstein, Rheinland-Pfalz, Sachsen, Mecklenburg-Vorpommern, *Richter*, Dt.Ärztebl. 2000, S. 1102.
[637] *Richter*, Dt.Ärztebl. 2000, S. 1102 (1103).
[638] *Richter*, Dt.Ärztebl. 2000, S. 1102 (1105).
[639] *Bundesministerium für Bildung und Forschung (BMBF)*, Kompetenznetze in der Medizin, S. 4.

Aus diesem Grund wurden mit finanzieller Unterstützung des Bundesministeriums für Bildung und Forschung (BMBF) überregional angelegte medizinische Netzwerke zu definierten Krankheitsbildern, die durch eine hohe Erkrankungshäufigkeit oder Sterblichkeit gekennzeichnet sind, aufgebaut.[640] Ziel dieser Kompetenznetze ist es, mit Hilfe eines umfassenden Datenmaterials das Wissen auf dem Gebiet der jeweiligen Krankheit zugänglicher zu machen und die Forschung durch interdisziplinäre Forschungsprojekte zu intensivieren.[641]

Datenschutzrechtlich erweisen sich, wie bei Biobanken, auch bei diesen Kompetenznetzen die Einwilligung, Zweckbindung und Datenverschlüsselung als Problempunkte.[642] Das inzwischen anerkannte Modell für die Datenverarbeitung in Kompetenznetzen basiert auf dem Datenschutzkonzept des Kompetenznetzes Parkinson.[643] Grundlage des Datenverkehrs im Kompetenznetz Parkinson ist die Trennung von persönlichen Stammdaten und den medizinischen Daten des Patienten. Die Datenerhebung erfolgt durch die Eingabe der Patientendaten in eine Dateneingabemaske durch den jeweiligen behandelnden Arzt. Dieser gibt jedoch nur die medizinischen Daten zusammen mit einem Pseudonym, welches nicht auf den Patienten rückschließen lässt, in den zentralen Datenserver ein. Die Patientenstammdaten und das zugehörige Pseudonym schickt er an einen unabhängigen Datentreuhänder. Aus Gründen der persönlichen Zuverlässigkeit und zur Sicherung der Daten vor einer Beschlagnahme durch Strafverfolgungsbehörden handelt es sich hierbei um einen Notar. Eine Reidentifizierung der gespeicherten medizinischen Daten ist im Ergebnis somit nur dem behandelndem Arzt und dem Datentreuhänder möglich.[644]

Da die Daten nur pseudonymisiert und nicht anonymisiert werden und so eine Reidentifikation der Daten nicht ausgeschlossen ist, bedarf die Übermittlung der personenbezogenen Daten einer zusätzlichen rechtlichen Legitimation, also der

---

[640] Beispiele sind: Kompetenznetze zur Erforschung chronisch entzündlicher Erkrankungen wie chronische Darmerkrankungen oder Rheuma, Kompetenznetze für die Krebsforschung sowie Kompetenznetze zur Erforschung neurologischer und psychiatrischer Erkrankungen wie Parkinson oder Schlaganfälle. Nähere Informationen zu den einzelnen Konpetenznetzen siehe in: *BMBF*, Kompetenznetze in der Medizin, S. 6 ff.
[641] *Wellbrock*, MedR 2003, S. 77 (80); *Schulte/Wehrmann/Wellbrock*, DuD 2002, S. 605.
[642] *Mand*, MedR 2003, S. 393 (399).
[643] Das Kompetenznetz Parkinson wurde in Marburg unter der Leitung von Prof. Oertel aufgebaut. Es handelt sich dabei um einen Verbund aus 13 Universitätskliniken, Spezialkliniken, niedergelassenen Ärzten und Regionalgruppen der Deutschen Parkinson Vereinigung, *Schulte/Wehrmann/Wellbrock*, DuD 2002, S. 605. Im Rahmen der Erforschung der Krankheit betreibt das Kompetenznetz Parkinson sogar eine eigene DNA-Bank, mit deren Hilfe genetische Zusammenhänge untersucht werden sollen, vgl. *BMBF*, Kompetenznetze in der Medizin, S. 31.
[644] *Mand*, MedR 2003, S. 393 (399 f.).

freiwilligen Einwilligung des Datenspenders. Dieser muss eine schriftliche konkrete Aufklärung des Patienten über den Umfang und Zweck der vorgesehenen Verarbeitung seiner Daten im Kompetenznetz vorausgehen.[645] Eine generelle Einwilligung in künftige noch nicht konkretisierte Forschungsvorhaben ist nur hinsichtlich anonymisierter oder pseudonymisierter Daten wirksam. Ferner muss der Datenspender darauf hingewiesen werden, dass ein Widerruf seiner Einwilligung jederzeit möglich ist. Macht er von diesem Recht Gebrauch, so müssen seine personenbezogenen Daten sowohl beim Arzt als auch beim Datentreuhänder gelöscht werden.[646]

Da die datenschutzrechtlichen Probleme bei Kompetenznetzen und Biobanken dem Grunde nach deckungsgleich sind, empfiehlt es sich, dieses Datenschutzkonzept auch für die inhaltliche Ausgestaltung eines Spezialgesetzes für Biobanken heranzuziehen.

(3) Regelungsvorschläge der Konferenz der Datenschutzbeauftragten zur Selbstbestimmung bei genetischen Untersuchungen

Gegenstand der Konferenz der Datenschutzbeauftragten in Bund und Ländern vom Oktober 2001[647] war die Zulässigkeit genetischer Untersuchungen beim Menschen, der Umgang mit Proben und die Erhebung, Verarbeitung und Nutzung genetischer Daten.

Den aus ihr hervorgegangenen Regelungsvorschlägen werden in einem allgemeinen Teil zunächst Begriffserklärungen und allgemein geltende Prinzipien vorangestellt. So enthält Ziff. 2 der Regelungsvorschläge ein allgemeines Verbot genetischer Diskriminierungen. Ziff. 4 verlangt für jede genetische Untersuchung und Erhebung und Nutzung genetischer Daten eine freiwillige, schriftliche Einwilligung des betroffenen Datenspenders nach umfassender Aufklärung. Der Grundsatz der Zweckbindung ist in Ziff. 7 geregelt, wonach die erhobenen Proben und Daten nur für den Zweck verwandt werden dürfen und nur für die Dauer aufbewahrt werden dürfen, wozu der Betroffene seine Einwilligung erklärt hat, es sei denn, es sind dazu Ausnahmen in einem Gesetz vorbehalten.

Bezüglich der Übertragung auf Biobanken sind vor allem die Regelungsvorschläge zur Nutzung der erhobenen genetischen Daten zu Forschungszwecken von großem Interesse. Spezielle Regelungsvorschläge für die Nutzung und Speicherung genetischer Daten zu Forschungszwecken finden sich in Ziff. 26 ff.

---

[645] *Schulte/Wehrmann/Wellbrock*, DuD 2002, S. 605 (606).
[646] *Schulte/Wehrmann/Wellbrock*, DuD 2002, S. 605 (607).
[647] Siehe Wortlaut der Regelungsvorschläge der Konferenz der Datenschutzbeauftragten vom Oktober 2001 in DuD 2002, S. 150 ff.

Während Ziff. 26 einzelne konkrete Forschungsprojekte betrifft, bezieht sich Ziff. 27 auf Sammlungen von Proben und Daten für zukünftige unbestimmte wissenschaftliche Auswertungen.[648]

Konkrete, zeitlich befristete Forschungsvorhaben sollen nach Ziff. 26 nur zulässig sein, wenn die Proben und genetischen Daten anonymisiert sind und somit der betroffenen Person nicht mehr zugeordnet werden können. Erfordert der Forschungszweck jedoch die Möglichkeit der Zuordnung der Daten, so verlangt Ziff. 26 eine Einwilligung des Datenspenders. Der Inhalt von Aufklärung und Einwilligung im Forschungsbereich ist konkret in Ziff. 28 festgelegt. Für den Fall, dass auf eine Zuordnung nicht verzichtet werden kann, aber eine Einwilligung des Betroffenen nicht eingeholt werden kann, soll die Nutzung der erhobenen Proben und Daten dennoch zulässig sein, solange das öffentliche Interesse an der Durchführung des Forschungsvorhabens die Interessen des Datenspenders überwiegt und der Forschungszweck auf keine andere Weise erreicht werden kann. Des weiteren sieht Ziff. 26 vor, dass bei Bestehen einer Zuordnungsmöglichkeit die Zuordnungsdaten getrennt von den zu untersuchenden genetischen Daten zu speichern sind. Mit Beendigung des konkreten Forschungsprojekts sind alle Daten grundsätzlich zu löschen. Zum Zweck der Selbstkontrolle der Wissenschaft dürfen jedoch die Daten und Proben in pseudonymisierter Form für einen Zeitraum von nicht länger als zehn Jahren aufbewahrt werden. Ziff. 26 bestimmt ferner, dass konkrete Forschungsvorhaben ausnahmslos der vorherigen Zustimmung einer zuständigen Ethikkommission bedürfen. Gemäß Ziff. 27 soll das Sammeln von Proben und genetischen Daten für noch unbestimmte Forschungsprojekte nur dann zulässig sein, wenn der Datenspender über den Zweck und spätere Nutzungsmöglichkeiten aufgeklärt wurde und in die Erhebung und Speicherung seiner Daten auf Vorrat eingewilligt hat. Auch hier soll der Grundsatz der Anonymisierung der Daten gelten. Ist aber die Möglichkeit der Reidentifizierung der Daten erforderlich, so sind die Daten und Proben von einem Treuhänder, Ziff. 30, zu pseudonymisieren und von den Zuordnungsmerkmalen strikt getrennt zu speichern. Ziff. 27 regelt des weiteren, dass im Fall eines Trägerwechsels der Datensammlung alle Verpflichtungen auf den neuen Träger übergehen und eine Übernahme der Zustimmung der zuständigen Ethikkommission bedarf. Soll eine Datensammlung beendet werden, so sind alle biologischen Materialien und Daten zu vernichten bzw. zu löschen.

Da in Biobanken Daten und Proben sowohl für zunächst konkrete Forschungsprojekte als auch für zukünftige unbestimmte Forschungsvorhaben gesammelt werden, können als Vorlage für ein Biobank-Gesetz alle Regelungsvorschläge zu Datensammlungen zu Forschungszwecken herangezogen werden.

---

[648] *Menzel*, DuD 2002, S. 146 (148).

c) Spezialgesetze zu Biobanken anderer Länder

Von besonders großem Nutzen für die inhaltliche Ausgestaltung eines deutschen Biobank-Gesetzes ist der Blick auf bereits bestehende präzise Regelungen anderer Länder zum Aufbau und Betrieb von Biobanken. So haben bislang Island, Estland und Schweden dazu Spezialgesetze erlassen. Einige der wichtigsten Eckpunkte einer gesetzlichen Regelung zu Biobanken sind Bestimmungen zum Verfahren der Erhebung und Speicherung der Daten und Gewebeproben, zu Zugriffsrechten auf die Datenbank sowie zum so genannten „benefit sharing", also der Gewinnverteilung.[649] Anhand dieser zu regelnden Bereiche sollen nachfolgend die zuvor genannten Biobank-Gesetze bzw. -Richtlinien dargestellt werden.

(1) Act on a Health Sector Database, Island

Der „Act on a Health Sector Database" wurde 1998 von dem isländischen Parlament erlassen und gilt als erste gesetzliche Regelung im Zusammenhang mit Biobanken.[650] Das Gesetz sieht vor, dass eine Biobank in Island nur mit einer vom isländischen Gesundheitsministerium zu vergebenen Betreiberlizenz aufgebaut und betrieben werden darf. Eine solche Lizenz ist gesetzlich auf maximal zwölf Jahre zeitlich befristet. Die Erhebung der erforderlichen Daten erfolgt gem. Art. 7 des Act on a Health Sector Database automatisch aus den medizinischen Akten eines jeden Isländers. Sie beruht somit nicht auf einer informierten Einwilligung, sondern dem jeweiligen Datenspender steht laut Art. 8 lediglich ein nachträgliches Widerrufsrecht zu. Bevor die Daten gespeichert werden, müssen sie nach Art. 7 pseudonymisiert werden. Auf diese Weise werden sie nur in verschlüsselter Form verarbeitet, eine spätere Reidentifizierung im Fall eines Widerrufs bleibt jedoch möglich. Alleiniges Zugriffsrecht auf die in der Biobank gespeicherten Daten haben gem. Art. 9 neben dem Betreiber der Biobank nur die nationalen Gesundheitsbehörden zu statistischen Zwecken. Art. 6 und Art. 12 des isländischen Gesetzes verlangen eine Überwachung des Aufbaus und Betriebs der Datenbank durch eine speziell dafür vom Minister für Gesundheit und soziale Sicherheit ernannten Kommission sowie durch die isländische Datenschutzkommission. Des weiteren normiert das Gesetz in Art. 11 ein Forschungsgeheimnis, dessen Verletzung zu den in Art. 13 ff. genannten Straftatbeständen und Schadensersatzansprüchen führt. Eine ausdrückliche Regelung zur Verteilung des aus dem Betrieb der Biobank erlangten Gewinns enthält der isländische

---

[649] *Schneider*, Biobanken im Spannungsfeld zwischen Gemeinwohl und partikularen Interessen, S. 5.
[650] Englischer Text des Gesetzes ist verfügbar auf der Homepage des isländischen Gesundheitsministeriums unter *www.raduneyti.is/interpro/htr/htr.nsf/pages/gagngr-log-ensk*, abgerufen am 13.01.2004.

Act on a Health Sector Database nicht. Nach Art. 4 besteht jedoch die Möglichkeit einer Vereinbarung über Zahlungen des Biobankbetreibers in einen Fond, welcher dem Gesundheitssystem und der Förderung der Forschung zugute kommen soll.

(2) Gesetz über die Humangenforschung, Estland

Das estnische Gesetz über die Humangenforschung[651] trat am 08.01.2001 mit der Zielsetzung in Kraft, die Errichtung und den Betrieb einer Genbank zu regulieren und unterscheidet sich in wesentlichen Punkten von dem zuvor beschriebenen isländischen Gesetz zu Biobanken.

Gemäß § 3 des Gesetzes ist Betreiber der estnischen Genbank eine nichtkommerzielle, vom Freistaat Estland gegründete Stiftung im Geschäftsbereich des Sozialministeriums. Bei dem estnischen Modell erfolgt die Erhebung der Daten sowie Blut- und Gewebeproben durch den Betreiber selbst oder durch einen bevollmächtigten Bearbeiter. So sollen beispielsweise die Hausärzte anhand von Fragebögen Daten zum Gesundheitsstand, zum Lebensstil und zu Umwelteinflüssen sammeln.[652] Alle erhobenen Daten und Proben müssen nach §§ 22 ff. vor ihrer Speicherung von einem speziell dafür ausgewählten Personenkreis verschlüsselt werden und die Kodierungsdaten in einer separaten Datenbank aufbewahrt werden. Die gesammelten Daten sowie Blut- und Gewebeproben dürfen somit nur in pseudonymisierter Form verarbeitet werden. Im Gegensatz zu dem isländischen Biobank-Gesetz verlangen § 9 und § 12 des estnischen Gesetzes eine freiwillige schriftliche Zustimmung des betroffenen Datenspenders in die Sammlung und Verwertung seiner personenbezogenen Daten. Die Zustimmung einer einwilligungsunfähigen Person ist nur unter den in § 13 genannten Voraussetzungen gültig. Danach ist die Einwilligung des gesetzlichen Vertreters, der seinerseits umfassend über den Zweck der Daten- und Probennutzung informiert wurde, erforderlich, und es darf kein entgegenstehender Wille der nicht einwilligungsfähigen Person erkennbar sein. Zwar haben die betroffenen Personen nach dem estnischen Gesetz über die Humangenforschung keinen Anspruch auf eine vollständige Löschung ihrer Daten, sie können jedoch gemäß §§ 10, 21 jederzeit die Vernichtung der Kodierungsdaten, die eine Reidentifizierung ihrer Daten ermöglichen, verlangen und so eine irreversible Anonymisierung erreichen.[653] Im Gegensatz zum isländischen Modell gewährt das estnische Gesetz unter den Voraussetzungen des § 19 nicht nur anderen Wissenschaftseinrichtungen Zugriff auf die gespeicherten Daten und Proben, § 11 enthält auch ein Zugangsrecht des

---

[651] Siehe Übersetzung des Gesetzeswortlauts von v. Redecker in: Jahrbuch für Ostrecht 2001, S. 459 ff.
[652] *Rabbata*, Dt.Ärztebl. 2002, S. 1571.
[653] *v. Redecker/Reimer*, Jahrbuch für Ostrecht 2001, S. 361 (368).

Datenspenders selbst zu seinen eigenen Daten, um sich im Anschluss genetisch beraten lassen zu können. Eine Herausgabe der Daten und Proben an andere Forschungsinstitutionen darf gemäß § 20 nur in codierter Form erfolgen. Ein Zugriff auf die Datenbank zu anderen Zwecken, insbesondere innerhalb Zivil- oder Strafverfahren sowie von Seiten der Arbeitgeber oder Versicherungen ist in §§ 16, 26 und 27 ausdrücklich verboten. Aufsicht über den gesamten Aufbau und Betrieb der estnischen Biobank übt die Aufsichtsbehörde für Datenschutz aus, § 28. Daneben sieht § 29 die Überprüfung und Bewertung der Bearbeitungsverfahren durch ein Ethikkommission vor. Durch § 31 werden neue Straftatbestände in das estnische Strafgesetzbuch eingeführt, wonach jede Verletzung der beschriebenen gesetzlichen Verfahrensvorschriften strafrechtlich sanktioniert wird. Eine Regelung zum Bereich „benefit sharing" ist im estnischen Gesetz über die Humangenforschung nicht enthalten. Nach § 15 stehen alle gesammelten und gespeicherten Proben und Daten im Eigentum des Betreibers der Biobank. Die Datenspender sind nicht berechtigt eine Entschädigung dafür zu verlangen.

(3) Biobanks (Health Care) Act, Schweden

Auch in Schweden wurde im Mai 2002 ein Gesetz zur Errichtung und Durchführung von Biobanken erlassen, welches am 1. Januar 2003 in Kraft trat.[654] Der primäre Unterschied des schwedischen Biobanks Act[655] zu den bereits genannten Spezialgesetzen in Island und Estland besteht darin, dass es keine Regelungen für den Aufbau und Betrieb einer groß angelegten nationalen Biobank enthält. Gemäß Chapter 1, Section 3 soll das schwedische Biobank-Gesetz auf alle Biobanken Anwendung finden, die von einem professionellen Dienstleistungsanbieter im schwedischen Gesundheitswesen aufgebaut werden.[656] Dieser muss nicht selbst Betreiber einer solchen Biobank sein, sondern die Biobank kann unter seiner Leitung sowohl von einer öffentlichen Forschungseinrichtung als auch von einem privaten Unternehmen betrieben werden, solange die Biobank ausschließlich Zwecken der öffentlichen Gesundheitsfürsorge dient.[657] Ein weiterer Unterschied besteht darin, dass in Biobanken im Sinne des schwedischen Gesetzes nur menschliches biologisches Material und somit keine weiteren personenbezogenen Daten über die Gesundheit oder die Lebensumstände des Spenders

---

[654] *Rynning*, in: Biobanks as resources for health, S. 91 (98).
[655] Englische Übersetzung des Gesetzeswortlauts siehe unter *www.jus.umu.se/personal/Lotta%20Wendel/Elsagen/Swedish%20Act%20on%20Biobanks%20Health%20Care.doc,* abgerufen am 14.01.2004.
[656] Der verwendete Begriff „health care provider" wird im Gesetz definiert als jede natürliche und juristische Person, die im Bereich der medizinischen Gesundheitsfürsorge tätig ist oder Inhaber eines Labors ist, vgl. Chapter 1, Section 2 Biobanks Act.
[657] *Rynning*, in: Biobanks as resources for health, S. 91 (106 f.).

gesammelt werden soll. Grundsätzlich muss jede Errichtung einer schwedischen Biobank bei dem nationalen Gesundheitsministerium angemeldet werden, wo alle Biobanken registriert und überwacht werden.[658] Soll eine Biobank zu Forschungszwecken oder zu klinischen Studien errichtet werden, so verlangt Chapter 2, Section 3 zusätzlich eine vorherige Überprüfung und Zustimmung des Forschungsvorhabens durch eine Ethikkommission. Chapter 3 des schwedischen Acts on Biobanks regelt die erforderliche Aufklärung und Einwilligung der spendenden Person. Danach kann biologisches Material nur dann erhoben und in einer Biobank gespeichert werden, wenn die betroffene Person ausdrücklich über den Zweck der Erhebung und Speicherung informiert wurde und schriftlich eingewilligt hat. Handelt es sich um Proben nichteinwilligungsfähiger Personen, so bedarf es gemäß Chapter 3, Section 2 der Aufklärung und Einwilligung des gesetzlichen Vertreters. Sollen die in der Biobank gespeicherten biologische Materialien zu anderen Zwecken verwendet werden, als bei der Einwilligung der Spender vorausgesetzt waren, so fordert das schwedische Gesetz für jeden neuen Zweck eine neue Einwilligung. Bei Biobanken zu Forschungszwecken und für klinische Studien bedeutet dies eine erneute Zustimmung der Ethikkommission. Für den Fall, dass der Spender inzwischen verstorben ist, müssen dessen Angehörige dem neuen Verwendungszweck zustimmen.[659] Auch der schwedische Biobanks Act sieht in Chapter 3, Section 6 das Recht des Spenders vor, jederzeit seine Einwilligung zu widerrufen und die Vernichtung bzw. Anonymisierung seiner Proben zu verlangen. Die Vernichtung der persönlichen Proben führt jedoch nicht gleichzeitig zur Vernichtung der bereits gewonnen Forschungsergebnisse.[660] Detaillierte Vorschriften zum Datenschutz fehlen im schwedischen Spezialgesetz zu Biobanken. Chapter 4, Section 4 verlangt im Fall der Herausgabe der Proben an Dritte eine Anonymisierung oder Verschlüsselung des biologischen Materials, wobei anfallende Kodierungsdaten vom verantwortlichen Dienstleistungsanbieter im Gesundheitswesen sicher aufzubewahren sind. In der Biobank selbst müssen gemäß Chapter 1, Section 2 alle Proben so gespeichert werden, dass sie jederzeit reidentifiziert werden können.[661] Zugangsrechte zu Biobanken sind in Chapter 4 des schwedischen Acts on Biobanks geregelt. Danach muss sich jeder, der Zugriff auf die Biobank haben möchte, bei demjenigen, der für die Biobank verantwortlich ist, bewerben. Eine Übertragung der Biobank oder eines Teils der Biobank in eine andere Biobank und damit an einen neuen Betreiber muss durch das schwedische Gesundheitsministerium genehmigt werden.[662] Nach Chapter 4, Section 8 ist jede Herausgabe der gespei-

---

[658] Vgl. Chapter 2, Section 5 und 6 Biobanks Act.
[659] Vgl. Chapter 3, Section 5 Biobanks Act.
[660] Dazu *Rynning*, in: Biobanks as resources for health, S. 91 (108).
[661] Näher dazu *Rynning*, in: Biobanks as resources for health, S. 91 (109).
[662] Vgl. Chapter 4, Section 7 Biobanks Act.

cherten Proben aus finanziellen Gründen verboten. Sanktionen für den Betreiber einer Biobank und Schadensersatzansprüche des Spenders im Fall der Missachtung der gesetzlichen Vorschriften sind in Chapter 6 des Biobanks Acts geregelt. Bestimmungen über Eigentumsverhältnisse und ein eventuelles „benefit sharing" sieht das schwedische Biobank-Gesetz nicht vor.

2) Einzelne inhaltliche Aspekte

Aus den vorgestellten Stellungnahmen und Empfehlungen internationaler Organisationen und Gremien sowie aus den bereits erlassenen speziellen Biobankgesetzen lassen sich drei Grundprinzipien für den Aufbau und Betrieb einer Biobank ableiten: die Einwilligung des Datenspenders, die Vertraulichkeit und die Verschlüsselung der Daten.[663] Es bedarf somit einer gesetzlichen Regelung derjenigen Bedingungen, unter welchen genetische und medizinische Daten überhaupt erhoben und gespeichert werden dürfen. So ist einerseits der Betroffene vor einem Missbrauch seiner preisgegebenen Informationen und vor möglichen Diskriminierungen zu schützen, andererseits benötigen die an der Datennutzung Interessierten, allen voran die Wissenschaft, Pharmaunternehmen, Gesundheitsbehörden, Arbeitgeber und Versicherungsgeber, klar definierte Zugriffs- und Verwertungsrechte.

a) Generelle Zulässigkeit von Biobanken

Die Besonderheit und Brisanz von Biobanken liegt, wie schon mehrfach betont, darin, dass erstmals nicht nur persönliche und medizinische Daten über eine Person gesammelt werden sollen, sondern dass zusätzlich mit Hilfe der genetischen Daten des Betroffenen genetische Zusammenhänge bei Massenkrankheiten erforscht werden sollen. Ein gesetzliches Totalverbot einer solchen Datenbank wäre offensichtlich mit den Grundrechtspositionen der Betreiber und Nutzer von Biobanken nicht vereinbar und würde auch nicht dem Interesse der Gesellschaft an einer sich fortentwickelnden medizinischen Forschung entsprechen.[664] Soll ein zukünftiges deutsches Gesetz nicht nur auf eine einzelne nationale Biobank Anwendung finden, sondern auf eine Vielzahl von Datenbanken dieser Art, so kommt vergleichsweise zum schwedischen Gesetz die Regelungsmöglichkeit eines Verbots mit Anzeigevorbehalt in Betracht.[665] Danach wäre der Aufbau und Betrieb einer Biobank erst dann zulässig, wenn die Erlaubnis dafür von einer

---

[663] *Godard/Schmidtke/Cassiman/Aymé*, European Journal of Human Genetics 2003, S. 88 (104).
[664] Siehe dazu oben unter 2.Teil E).
[665] Vgl. Chapter 2 des schwedischen Biobanks Acts.

zuständigen Behörde oder einer Ethikkommission eingeholt wurde.[666] Allerdings wirft ein solcher Genehmigungsvorbehalt erhebliche Bedenken hinsichtlich der verfassungsrechtlich garantierten Forschungsfreiheit auf.[667] Da die Sammlung und Nutzung von Daten und Körpersubstanzen mittlerweile fast schon zur Normalität der medizinischen Forschung gehört[668], sollte auch der Aufbau und Betrieb von Biobanken, allerdings nur unter strengen Schutzvorschriften zu Gunsten der betroffenen Spender, gesetzlich zulässig sein.

b) Verwendungszweck von Biobanken

Grundvoraussetzung für die Zulässigkeit von Biobanken ist vor allen Dingen die gesetzlichen Festlegung eines bestimmten Verwendungszwecks. Da die Verwertung genetischer Informationen sehr weit in den Persönlichkeitsbereich der Datenspender hineinreicht, müssen an den gesetzlichen Zweck von Biobanken hohe Anforderungen gestellt werden. Es muss dem Betroffenen möglich sein, den Umfang der Beschränkung seiner informationellen Selbstbestimmung eindeutig wahrzunehmen. Eine Sammlung auf Vorrat zu unbestimmten Zwecken ist unzulässig.[669] Ein deutsches Biobank-Gesetz muss folglich ausdrücklich bestimmen, dass Biobanken nur zur Erforschung von genetisch bedingten Volkskrankheiten und zur Weiterentwicklung von Behandlungsmethoden und Medikamenten genutzt werden dürfen.

c) Diskriminierungsverbot

Eng verbunden mit der Bestimmung des Verwendungszwecks von Biobanken ist die gesetzliche Regelung eines speziellen Diskriminierungsverbotes. Insbesondere die Vielfalt der Nutzungsmöglichkeiten der in einer Biobank gespeicherten medizinischen und genetischen Daten birgt die Gefahr der Ungleichbehandlung von Menschen mit negativen medizinischen und genetischen Eigenschaften gegenüber gesunden Menschen.[670] Um diesem wirksam vorzubeugen, sollte ein Spezialgesetz zu Biobanken ausdrücklich regeln, dass niemand aufgrund seiner Gesundheit und seiner genetischen Konstitution diskriminiert werden darf.

---

[666] Ein Beispiel für eine derartige Regelung in der deutschen Rechtsordnung findet sich bzgl. Versammlungen unter freiem Himmel in § 14 I VersG.
[667] *Nationaler Ethikrat*, Biobanken für die Forschung, S. 47.
[668] *Nationaler Ethikrat*, Biobanken für die Forschung, S. 47.
[669] *Brückl*, Rechtsfragen zur Verwendung von genetischen Informationen über den Menschen, S. 201; *Hofmann*, Rechtsfragen der Genomanalyse, S. 57.
[670] Siehe oben 3. Teil C) VIII. 2) sowie E) V.

d) Rechtsträgerschaft

Ein weiterer Punkt, der in einem Gesetz zu Biobanken geregelt werden muss, ist die Rechtsträgerschaft von Biobanken. Biobanken können sowohl von staatlicher als auch von privater Hand geführt werden. In Betracht kommen auch Mischformen, sogenannte Public-Private-Partnerships.[671] Aus dem Grundgesetz ergeben sich keine Beschränkungen für die Wahl der Rechtsform. Welche dieser beiden Formen der Trägerschaft geeigneter scheint, ist vor allem vor dem Hintergrund eines chancengleichen Zugangs zu den gespeicherten Daten zu beurteilen.[672]

Gegen eine private Trägerschaft spricht, dass aus reinem eigennützigen Gewinnstreben des Betreibers der Biobank die gespeicherten Daten und Informationen ausschließlich nur zu eigenen Forschungsprojekten genutzt werden könnten, mit dem Ziel, konkurrierenden Forschungseinrichtungen im Vorhinein die Möglichkeit der Datenverwertung zu nehmen. Eine derartige Exklusivität der Zugriffsrechte birgt die Gefahr einer unzulässigen Monopolstellung des privaten Betreibers der Biobank, dass also nicht das öffentliche Allgemeininteresse am Nutzen einer solchen Datensammlung im Vordergrund steht, sondern allein der wirtschaftliche Profit des betreibenden Unternehmens.[673] Der Vorteil des Aufbaus einer staatlichen Biobank liegt demzufolge darin, dass mangels entgegenstehender betriebswirtschaftlicher Gesichtspunkte und Konkurrenzangst ein chancengleicher Zugang mehrerer Forschungseinrichtungen leichter zu realisieren wäre. Dies bedeutet allerdings nicht, dass Biobanken privater Betreiber grundsätzlich unzulässig sein sollten. Solange ein fairer Wettbewerb hinsichtlich der Forschung mit den gespeicherten Daten möglich bleibt, spricht nichts gegen eine private Trägerschaft. So kann zum Beispiel Bedingung für eine alleinige Trägerschaft sein, dass die Möglichkeit der kostenfreien Datennutzung für akademische Forschungseinrichtungen sicherzustellen ist. Des weiteren kann die Missbrauchsgefahr einer Exklusivlizenz durch ein Verweigerungsverbot bezüglich der Datenweitergabe an konkurrierende Unternehmen gehemmt werden.[674] Nicht zuletzt kann auch durch die Wahl einer der genannten Mischformen der Public-Private-Partnerships[675] einem privaten Monopol der Datennutzungsrechte

---

[671] Siehe dazu ausführlich oben unter 1. Teil C) II.
[672] *Schrell/Heide*, GRUR Int. 2001, S. 304 (307).
[673] *Sootak*, in: Strafrecht, Biorecht, Rechtsphilosophie, S. 869 (875); *Schrell/Heide*, GRUR Int. 2001, S. 304 (308); *GeneWatch*, Giving Your Genes to BioBank UK – Questions to Ask.
[674] *Sootak*, in: Strafrecht, Biorecht, Rechtsphilosophie, S. 869 (875).
[675] Siehe oben unter 1. Teil C) II. 3).

entgegengewirkt werden. Eine optimale Kombination zwischen privater Durchführung und öffentlicher Kontrolle und Verantwortung bieten danach für den Bereich der Forschung das Konzessionsmodell oder das Beteiligungsmodell.[676]

Soll sich ein zukünftiges deutsches Biobank-Gesetz nicht nur auf den Aufbau einer nationalen Biobank beziehen, sondern für jede Art von Biobank in Deutschland gelten, kann die Zulässigkeit einer Biobank nicht von ihrer Rechtsform abhängig gemacht werden. Allerdings bedarf es einer ausdrücklichen Regelung darüber, dass der Aufbau und Betrieb von Biobanken nur einem bestimmten Personenkreis zu gestatten ist, nämlich denjenigen, die im Bereich des gesetzlichen Verwendungszwecks professionell tätig sind.[677]

Zu beachten ist des weiteren, dass sowohl bei privaten als auch bei staatlich geführten Biobanken die Gefahr besteht, dass der Betreiber in Finanznot gerät und die Datenbank aus finanziellen oder auch aus anderen Gründen an einen Dritten übertragen muss oder will.[678] Es muss in einem Spezialgesetz zu Biobanken folglich auch die Frage geregelt sein, was in einem solchen Fall der Auflösung oder Übernahme mit den gesammelten Materialien und Daten geschieht. Zieht man auch diesbezüglich die Vorschriften des schwedischen Biobank-Gesetzes heran, so sollte eine Übertragung einer Biobank oder von Teilen einer Biobank nur mit der Genehmigung einer zuständigen Behörde zulässig sein.[679]

e) Verfahren der Erhebung und Speicherung der Daten und Proben

Besonderes Augenmerk bei ihrer inhaltlichen Ausgestaltung muss den Bestimmungen über das Verfahren der Erhebung und Speicherung der genetischen, medizinischen und persönlichen Daten sowie der Blut- und Gewebeproben gewidmet werden. Der Konflikt zwischen Forschungsfreiheit und Datenschutz verliert an enormer Schärfe, wenn festgelegte Datensicherungsmaßnahmen so perfekt wie möglich eingehalten werden.[680] Es stellt sich hier somit nicht nur die Frage nach einer grundsätzlichen Anonymisierung der Daten und Proben, sondern auch nach den Voraussetzungen einer Datentreuhänderschaft und Einwilligung des Datenspenders.

---

[676] Vgl. oben unter 1.Teil C) II. 3) c) und d).
[677] So z.B. die Regelung des schwedischen Gesetzes zu Biobanken in Chapter 1, Section 2.
[678] *Schneider*, Jahrbuch Menschenrechte 2003, S. 130 (141).
[679] Vgl. Chapter 4, Section 7 des schwedischen Biobanks Acts.
[680] *Wolters*, Datenschutz und medizinische Forschungsfreiheit, S. 58.

(1) Anonymisierung der Daten und Proben

Die geringsten datenschutzrechtlichen Bedenken im Zusammenhang mit dem Erfassen und Speichern genetischer und medizinischer Daten in einer Biobank ergeben sich dann, wenn die Daten und Proben der Betroffenen anonymisiert erhoben werden. Denn im Fall der Anonymisierung ist der Personenbezug gänzlich aufgehoben, so dass eine Nutzung der Daten und Proben durch Dritte das Verfügungsrecht des betroffenen Spenders nicht beeinträchtigt.[681]

(a) Definition von Anonymität

Ihrer Definition nach sind anonyme Daten solche Angaben über eine Person, die von keinem anderen nachträglich zugeordnet werden können.[682] Es muss sich folglich um personenbeziehbare Daten handeln, denn Daten, die keine Angaben über eine Person enthalten, sind in keiner Weise datenschutzrelevant.[683] Bei den in einer Biobank gesammelten genetischen, medizinischen und sonstigen persönlichen Daten handelt es sich unproblematisch um personenbeziehbare Daten. Die erhobenen Blut- und Gewebeproben stellen allerdings für sich gesehen keine Daten dar, sondern sind vielmehr der Ausgangspunkt für das Herstellen von Daten.[684] Bei Blut- und Gewebeproben ist eine Anonymisierung bereits dadurch ausgeschlossen, dass sie sich durch Referenzproben oder über Ergebnisse anderer Genomanalysen jederzeit einer bestimmten Person eindeutig zuordnen lassen.[685]

Da auch bei der Verwendung anonymer Daten immer ein gewisses Restrisiko der De-Anonymisierung durch zufälliges Zusatzwissen oder aufgrund künftiger technischer Möglichkeiten besteht[686], definiert § 3 VI BDSG die sogenannte „faktische" Anonymisierung. Danach ist von anonymen Daten auszugehen, wenn eine Zuordnung nur mit unverhältnismäßig großem Aufwand an Zeit, Kosten und Arbeitskraft möglich ist. Anonymität ist folglich dadurch gekennzeichnet, dass für Einzelangaben einer Person die Wahrscheinlichkeit der Zuordnung so gering ist, dass sie nach der Lebenserfahrung oder dem Stand der Wissenschaft praktisch ausgeschlossen ist.[687]

---

[681] *Lennartz*, Datenschutz und Wissenschaftsfreiheit, S. 92; *Lorenz*, in: Wege und Verfahren des Verfassungslebens, S. 267 (275); siehe dazu auch *Nationaler Ethikrat*, Biobanken für die Forschung, S. 35.
[682] *Dammann*, in: Simitis, BDSG, § 3 Rn 202.
[683] *Roßnagel/Scholz*, MMR 2000, S. 721 (723); im Ergebnis so auch *Wichmann*, in: Datenschutz und Forschung, S. 55.
[684] Siehe dazu oben unter 2.Teil B) II. 2) b).
[685] *Wellbrock*, MedR 2003, S. 77 (78).
[686] *Lennartz*, Datenschutz und Wissenschaftsfreiheit, S. 87.
[687] *Wellbrock*, MedR 2003, S. 77 (78); *Roßnagel/Scholz*, MMR 2000, S. 721 (724).

(b) Zweckmäßigkeit einer Anonymisierung

Zwar bietet die Anonymisierung der Daten und Proben vor ihrer Erhebung und Speicherung in einer Biobank einen optimalen Datenschutz. Eine gänzliche Anonymisierung wird jedoch im Bereich der medizinischen Genforschung nicht für sinnvoll erachtet.[688] Eine komplette Anonymisierung der Daten und Proben würde sogar den Wert von Biobanken untergraben, denn gerade die Verknüpfung genetischer Daten mit Lebensstil- und Krankendaten soll den wissenschaftlichen Nutzen von Biobanken bringen.[689] Außerdem sollte bei einer Biobank immer die Möglichkeit bestehen bleiben, nachträglich die Sammlung mit weiteren Gesundheitsdaten und Lebensstilveränderungen zu ergänzen.[690] Nicht zuletzt ist gegen eine durchgängige Anonymisierung der Datensätze und Proben einzuwenden, dass es gegebenenfalls für den betroffenen Spender von Bedeutung sein kann, über die Ergebnisse der Forschungsuntersuchungen informiert zu werden.[691]

(2) Pseudonymisierung der Daten und Proben

Da im Zusammenhang mit Biobanken eine Anonymisierung der Daten und Proben nicht zweckmäßig erscheint, kommt mit Rücksicht auf den Verhältnismäßigkeitsgrundsatz als milderes Mittel eine Pseudonymisierung, also Verschlüsselung der Daten und Proben in Betracht. Die Pseudonymisierung der Daten und Proben ermöglicht sowohl Datenschutz als auch die Identifizierbarkeit der jeweiligen betroffenen Person.[692]

(a) Definition von Pseudonymität

Der Begriff „Pseudonym" kommt aus dem Griechischen und bedeutet so viel wie „erfundener Name" oder „Deckname".[693] Pseudonymisieren heißt demnach, die personenbezogenen Identifikationsmerkmale der Daten und Proben durch ein Kennzeichen zu ersetzen, um somit die Bestimmung des Betroffenen auszuschließen bzw. erheblich zu erschweren.[694] Während bei Anonymität der Daten und Proben niemand den Bezug zu dem bestimmten Spender herstellen kann,

---

[688] *Schneider*, Biobanken im Spannungsfeld zwischenGemeinwohl und partikularen Interessen, S. 1; *Wellbrock*, MedR 2003, S. 77 (79); *Deschênes/Cardinal/Knoppers/Glass*, Clin. Genet. 2001, S. 221 (222).
[689] *Schneider*, Jahrbuch für Menschenrechte 2003, S. 130 (134).
[690] *GeneWatch*, Giving Your Genes to BioBank UK – Questions to Ask.
[691] Gemeinsame Erklärung des Nationalen Ethikrates und dem Comité consultatif d'éthique Frankreichs vom 02.10.2003.
[692] *Roßnagel/Scholz*, MMR 2000, S. 721 (724).
[693] *Duden*, Deutsches Universalwörterbuch, unter dem Stichwort „Pseudonym".
[694] *Roßnagel/Scholz*, MMR 2000, S. 721 (724); siehe auch § 3 Abs. 6 a BDSG.

gibt es bei der Pseudonymität eine Zuordnungsregel, wie zum Beispiel eine Liste der verwendeten Kennzeichen, über die eine Reidentifizierung jederzeit möglich ist. Der Vorteil einer Pseudonymisierung besteht folglich darin, dass für den Kenner der Zuordnungsregel die Daten und Proben personenbeziehbar bleiben, für alle anderen, die den Schlüssel nicht kennen, die Pseudonymisierung der Daten und Proben jedoch wie eine Anonymisierung wirkt.[695] Mit Hilfe der Pseudonymisierung kann der Datenverwender die Informationen und Proben unter demselben Pseudonym beliebig verketten und auf diese Weise Profile erstellen, ohne dass die dahinterstehende Person für ihn erkennbar ist.[696]

(b) Pseudonymarten

Grundsätzlich lassen sich drei Arten von Pseudonymen unterscheiden. Zunächst kann sich der betroffene Datenspender selbst ein Pseudonym geben. In diesem Fall kann der Personenbezug ausschließlich nur vom Betroffenen selbst wieder hergestellt werden, so dass für den Datenverwender die erhobenen Daten und Proben keinen Personenbezug aufweisen und ohne datenschutzrechtliche Bedenken genutzt werden können.[697] Die zweite Möglichkeit besteht darin, dass der Datenverwender das entsprechende Pseudonym vergibt und auch selbst über den Zuordnungsparameter verfügt. Hier schützt das Pseudonym nicht gegenüber dem ersten Datenverwender, der ein eigenes Verwendungsinteresse besitzt und die Daten und Proben trotz Pseudonym personenbezogen nutzen kann, sondern erst gegenüber Dritten, an welche er die Daten und Proben pseudonymisiert weitergegeben hat.[698] Schließlich können Pseudonyme auch von vertrauenswürdigen Dritten vergeben werden, die allein die Daten und Proben zuordnen können, aber im Gegensatz zur zweiten Alternative kein Eigeninteresse an der Verwendung der Daten und Proben haben.[699]

(c) Datentreuhandschaft

Im Zusammenhang mit Biobanken stellt die zuletzt genannte Art der Pseudonymisierung die sinnvollste Lösung der Datenzugangsprobleme dar. Der datenschutzrechtliche Vorteil des Einsatzes einer dritten intermediären Instanz, eines sogenannten „Datentreuhänders", liegt insbesondere in der organisatorischen Trennung zwischen dem Inhaber der Kodierungsdaten und dem potentiellen Datennutzer.[700] Mit Hilfe eines Datentreuhänders können nicht nur personenbezo-

---

[695] *Roßnagel*, in: Handbuch Datenschutzrecht, 3.4 Rn 60.
[696] *Scholz*, in: Handbuch Datenschutzrecht, 9.2 Rn 58.
[697] *Roßnagel*, in: Handbuch Datenschutzrecht, 3.4 Rn 61.
[698] *Roßnagel/Scholz*, MMR 2000, S. 721 (725).
[699] *Roßnagel*, in: Handbuch Datenschutzrecht, 3.4 Rn 61.
[700] So auch *Nationaler Ethikrat*, Biobanken für die Forschung, S. 46.

gene Daten der Forschung anonymisiert zur Verfügung gestellt werden oder aus unterschiedlichen Zusammenhängen zusammengeführt werden[701], es ist auch eine gegebenenfalls erforderliche Rückidentifizierung des Datenspenders möglich. Ein zukünftiges deutsches Gesetz zu Biobanken sollte folglich die Verpflichtung der Biobankbetreiber enthalten, ein sicheres technisches Pseudonymisierungsverfahren über einen rechtlich selbständigen Datentreuhänder einzusetzen.[702]

Grundsätzlich sind einem Datentreuhänder drei Funktionen zugeschrieben. Seine primäre Aufgabe besteht in der Verschlüsselung der Daten als Voraussetzung für den Datenzugang. Als Zwischeninstanz zwischen der die Daten haltender Stelle und der Forschungseinrichtung übermittelt er die Daten nach der Pseudonymisierung an die forschende Stelle, also an den Betreiber der Biobank.[703] Daneben kommt dem Datentreuhänder eine Verknüpfungs- und Datensicherungsfunktion zu, wonach er die personenbezogenen Daten von unterschiedlichen Quellen einander zuordnen und verschlüsselt an die Forschungseinrichtung weiterleiten muss.[704] Die dritte Aufgabe eines Datentreuhänders besteht in der Datenerhaltung und Datenbereitstellung. Der Datentreuhänder soll danach weitere personenbezogene Daten als Datenbank für weitere Forschungszwecke vorrätig halten.[705] Im Zusammenhang mit Biobanken ist des weiteren zu erwägen, ob die Instanz einer Treuhandschaft nicht auch noch Aufgaben wahrnehmen sollte, die über die genannten Kontrollfunktionen hinausgehen. So käme in Betracht, dass Datentreuhänder auch dafür Sorge tragen, dass die erhobenen Daten primär für gemeinwohlorientierte Forschung genutzt werden, sowie Transparenz- und Rechenschaftspflichten gegenüber der Gesellschaft genüge geleistet werden.[706]

Voraussetzung für eine funktionierende Datentreuhandschaft ist jedoch die Vertrauenswürdigkeit und Unabhängigkeit des Datentreuhänders. Es muss zum Schutz gegen Missbrauch gewährleistet sein, dass nur der Datentreuhänder Zugriff auf die Kodierungsdaten hat, also nur er den Personenbezug der Daten und Proben herstellen kann.[707] Einen ausreichenden Schutz gegen den Zugriff Dritter auf Schlüsseldateien ließe sich beispielsweise durch ein Zeugnisverweigerungsrecht des Datentreuhänders oder ein Berufsgeheimnis, wie zum Beispiel

---

[701] *Wolters*, Datenschutz und medizinische Forschungsfreiheit, S. 70; *Bizer*, DuD 1999, S. 392.
[702] *Wellbrock*, MedR 2003, S. 77 (82).
[703] *Müller*, in: Datenzugang und Datenschutz, S. 225 (226).
[704] *Bizer*, DuD 1999, S. 392 (394).
[705] *Müller*, in: Datenzugang und Datenschutz, S. 225 (228); *Bizer*, DuD 1999, S. 392 (394).
[706] *Schneider*, Biobanken im Spannungsfeld zwischen Gemeinwohl und partikularen Interessen, S. 8; *Schroeder/Williams*, Ethik in der Medizin 2002, S. 84 (92).
[707] *Bizer*, DuD 1999, S. 392 (394).

bei einem Notar, erreichen.[708] Damit verbunden ist die Frage, wer die Rolle des Datentreuhänders überhaupt übernehmen sollte. Denkbar wären sowohl staatliche als auch berufsständische oder privatwirtschaftliche Beauftragte. Handelt es sich um eine staatlich gegründete nationale Biobank, scheint es angemessen, staatliche Datentreuhänder zu ernennen und deren Rechte und Pflichten gesetzlich festzulegen.[709] Bei privat finanzierten Biobanken erscheint eine rein privatwirtschaftliche Datentreuhandschaft problematisch, da im Fall der Insolvenz des Unternehmens unklar wäre, was mit der Vertraulichkeit der Daten geschieht, also ob beispielsweise die Daten mit in die Konkursmasse fallen. Auch bei einer Übernahme des Unternehmens wäre ungewiss, ob die persönlichen Daten weiterhin vor unberechtigten Zugriffen geschützt sind.[710] Bei privaten bzw. privat finanzierten Biobanken kommt daher die Einrichtung einer Treuhänder-Kommission in Betracht, deren Mitglieder sich aus den an Biobanken beteiligten verschiedenen Interessengruppen, wie z.B. Ärztekammer, Gesundheitswesen und Probanden, zusammensetzen.[711] Denkbar wäre auch, die Organisation der Datentreuhandschaft als Patienten- bzw. Probandenselbstverwaltung auszugestalten.[712] Dagegen spricht jedoch die fehlende Fachkenntnis bezüglich der Pseudonymisierung sowie eine nicht vorhandene Unabhängigkeit. Die Datentreuhandschaft soll gerade als dritte unabhängige objektive Instanz zwischen Datenspender und Datennutzer fungieren.

(3) Einwilligung des Datenspenders

Für den betroffenen Datenspender stellt die Bindung der Nutzung seiner persönlichen Daten und Proben zu medizinischen Forschungszwecken an seine freie Einwilligung ein milderes Mittel im Sinne des Verhältnismäßigkeitsgrundsatzes gegenüber deren Speicherung und Verwertung ohne sein Wissen dar.[713] Der Patient oder Proband darf keineswegs eine experimentelle Verfügungsmasse in der Hand der Forscher sein[714], vielmehr müssen alle Möglichkeiten erschöpft wer-

---

[708] *Vetter*, in: Datenschutz und Forschung, S. 25; *Tinnefeld*, RDV 1995, S. 22 (25).
[709] *Schroeder/Williams*, Ethik in der Medizin 2002, S. 84 (93).
[710] *Schneider*, Biobanken im Spannungsfeld zwischen Gemeinwohl und partikularen Interessen, S. 9.
[711] *Schroeder/Williams*, Ethik in der Medizin 2002, S. 84 (93).
[712] *Schneider*, Biobanken im Spannungsfeld zwischen Gemeinwohl und partikularen Interessen, S. 9.
[713] *Wolfslast*, KritV 1998, S. 74 (78).
[714] *Rosenau*, in: Forschungsfreiheit und Forschungskontrolle in der Medizin, S. 63 (64).

den, um eine Zustimmung der betroffenen Person zu erhalten.[715] Konkrete Regelungen in einem Spezialgesetz für Biobanken zur Notwendigkeit einer Einwilligung des Datenspenders sind somit unabdingbar.[716]

(a) Wirksamkeitsvoraussetzungen

Unter welchen Voraussetzungen eine Einwilligung des Datenspenders in die Erhebung und Verwendung seiner Daten und Proben nur wirksam sein kann, wurde bereits ausführlich dargestellt.[717] Wichtig ist dabei die gesetzliche Festlegung des Umfangs einer der Zustimmung vorausgehenden Aufklärung des betroffenen Spenders sowie besonderer Voraussetzungen hinsichtlich der Einwilligung bei Einwilligungsunfähigen und Verstorbenen, wie zum Beispiel die Notwendigkeit einer Aufklärung und Einwilligung des gesetzlichen Vertreters oder einer zuvor erteilten Genehmigung des Forschungsprojekts durch eine Ethikkommission.[718] Ein zukünftiges Biobank-Gesetz sollte eine Einwilligung in der Form einer vorherigen Zustimmung vorsehen. Lediglich ein Widerrufsrecht des Betroffenen, wie es das isländische Gesetz bestimmt[719], ist nicht ausreichend, da es sich dabei nur um ein begrenztes Gestaltungsrecht handelt. Es würde den Datenspender dazu zwingen, selbst aktiv zu werden, sich zu informieren und dann zu widersprechen. Gegen ein ausschließliches Widerrufsrecht und damit für eine vorherige Einwilligung spricht ferner das organisatorische Problem, dass bei allen potentiellen Datenzulieferern eine Liste derjenigen Personen vorliegen müßte, die einer Datenübermittlung widersprochen haben.[720]

Nichtsdestotrotz muss dem betroffenen Datenspender nach Erteilung seiner Zustimmung ein späteres Widerspruchsrecht zustehen, wobei allerdings eine zeitliche Befristung und die Folgen bei Ausübung dieses Rechts gesetzlich festzulegen sind.[721]

Von erheblicher Brisanz im Rahmen der Einwilligung ist die Verwendung der Daten und Proben zu einem Zweck, der von der ursprünglichen Zustimmung nicht mitumfasst war. So sollten gesetzliche Vorschriften hinsichtlich der Einwilligung auch hierzu gesonderte Regelungen enthalten. Denkbar wäre eine gesetzliche Bestimmung in dem Sinne, dass der Datenspender bereits zu Anfang über die Möglichkeit einer weiteren Verwendung seiner Daten und Proben zu

---

[715] *ZEKO*, Jahrbuch für Wissenschaft und Ethik 2000, S. 451 (456).
[716] Siehe dazu bereits oben unter 4. Teil A) V.
[717] Siehe oben unter 4. Teil A) II.
[718] Siehe dazu ausführlich oben unter 3.Teil A) II.
[719] Vgl. dazu oben unter 3.Teil B) III. 1) c) (1).
[720] *Wellbrock*, MedR 2003, S. 77 (81).
[721] Siehe dazu ausführlich oben unter 3.Teil A) IV.

informieren ist, ihm bei Eintritt der Zweckänderung ein erneutes Widerrufsrecht zuzusprechen ist und die Verwendung der Daten und Proben zu weiteren Zwecken von einer Ethikkommission zu überprüfen ist.[722]

Die Einwilligung des betroffenen Datenspenders sollte sich nicht nur auf die Erhebung und Verwertung seiner Daten und Proben in einer Biobank beschränken. Auch die Übermittlung der Daten an einen Datentreuhänder zu Zwecken der Pseudonymisierung stellt einen potentiellen Eingriff in sein Recht auf informationelle Selbstbestimmung dar.[723] Es bedarf somit einer gesetzlichen Regelung, dass auch hinsichtlich der Verarbeitung der personenbezogenen Daten durch den Datentreuhänder die Zustimmung des Betroffenen einzuholen ist.

(b) Ausnahmen

Fraglich ist, ob die grundsätzliche Forderung nach einer Einwilligung uneingeschränkt gilt, oder ob ein Spezialgesetz zu Biobanken Ausnahmen bestimmen sollte, in denen eine Zustimmung der betroffenen Person zur Erhebung und Verwertung seiner Daten und Proben in Biobanken nicht erforderlich ist. Dem allgemeinen Verständnis nach wäre dies denkbar, wenn ein das Selbstbestimmungsrecht des Einzelnen erheblich überwiegendes öffentliches oder wissenschaftliches Interesse an der Nutzung der Daten sowie Blut- und Gewebeproben gegeben ist.[724] Allerdings kann einer solchen Abwägung zufolge nur eine Nutzung der Daten und Proben trotz fehlender Einwilligung gerechtfertigt sein, nicht aber eine Nutzung gegen den ausdrücklichen Willen des Spenders.[725] Eine weitere Ausnahme der Erhebung und Verarbeitung personenbezogener Daten und Proben ohne Einwilligung kommt in Betracht, wenn Körpersubstanzen ohnehin bereits vom Körper getrennt sind, beispielsweise operativ entferntes Gewebe oder Restmaterial, und ansonsten einfach vernichtet werden würden.[726] Zweifel diesbezüglich bestehen jedoch insofern, dass grundsätzlich vor einer Operation auch die Zustimmung des Patienten hinsichtlich einer späteren Verwendung seiner Körpersubstanzen zu Forschungszwecken eingeholt werden kann.

Bei der Frage nach Ausnahmen der Einwilligungspflicht bleibt die Überlegung, ob die Verwendung von Daten und Proben ohne Einwilligung überhaupt erforderlich ist, oder ob nicht das mit einer entsprechenden Einwilligung gesammelte

---

[722] Siehe oben unter 3.Teil A) III. 3).
[723] *Bizer*, DuD 1999, S. 392 (394).
[724] *Nationaler Ethikrat*, Biobanken für die Forschung, S. 34; *Vetter*, in: Datenschutz und Forschung, S. 22; *Bizer*, DuD 1999, S. 392 (393).
[725] *Nationaler Ethikrat*, Biobanken für die Forschung, S. 35.
[726] *Nationaler Ethikrat*, Biobanken für die Forschung, S. 34.

Forschungsmaterial ausreichend ist. Es sollte dem Gestaltungsraum des Gesetzgebers überlassen sein, ob ausnahmsweise eine Einwilligung zur Erhebung und Verwendung personenbezogener Daten und Proben nicht erforderlich sein sollte. Eine Notwendigkeit einer solchen Regelung scheint jedoch aus genannten Gründen nicht ersichtlich.

f) Dauer der Speicherung und Nutzung

Ein zukünftiges Spezialgesetz zu Biobanken müsste ferner Regelungen über die Dauer der Speicherung und Nutzung der erhobenen Daten und Proben enthalten. In der öffentlichen Diskussion wird gelegentlich gefordert, dass Proben und Daten zu wissenschaftlichen Zwecken mit Abschluß des konkreten Forschungsprojekts oder nach einer bestimmten Zeit (10-20 Jahre) zwingend zu vernichten sind.[727] Anzumerken ist diesbezüglich, dass mit der Löschung der in einer Biobank gesammelten Daten und Proben auch ein wesentlicher Teil des eigenen Erkenntnispotentials für die Zukunft vernichtet wird.[728] Aus diesem Grund wird auf internationaler Ebene empfohlen, die Daten und Proben so lange aufzubewahren, bis sie keinen wissenschaftlichen Nutzen sowohl für den Spender als auch für dessen Angehörigen mehr haben.[729] Mit Rücksicht auf den Sinn und Zweck von Biobanken ist eine Forderung nach starren Fristen der Aufbewahrung und Nutzung von Daten und Proben kontraproduktiv, denn die meisten epidemiologischen Vergleichsstudien sind auf eine langfristige Verfügbarkeit der Daten und Proben angewiesen.[730] Ein Ende der Speicherung sollte daher offen gehalten werden.

Etwas anderes gilt jedoch, wenn der Datenspender von seinem Widerrufsrecht Gebrauch macht und seine zuvor erteilte Einwilligung wieder zurückzieht. In diesem Fall kann der Betroffene die sofortige Vernichtung seiner Daten und Proben verlangen.[731] Allerdings muss ein solcher gesetzlicher Löschungsanspruch nur auf die Kodierungsdaten begrenzt sein, da für die wissenschaftliche Nachprüfung der Forschungsuntersuchungen die Speicherung anonymisierter Daten erforderlich bleibt.[732]

---

[727] *Nationaler Ethikrat*, Biobanken für die Forschung, S. 38.
[728] *Taupitz*, Wortprotokoll der Sitzung des Nationalen Ethikrates vom 22.05.2003, S. 6.
[729] *Godard/Schmidtke/Cassiman/Aymé*, European Journal of Human Genetics 2003, S. 88 (97).
[730] *Nationaler Ethikrat*, Biobanken für die Forschung, S. 39.
[731] Siehe dazu ausführlich oben unter 4. Teil A) IV.
[732] *Deutsche Arbeitsgemeinschaft für Epidemiologie*, DuD 1999, S. 100 (102); ausführlich dazu auch oben unter 4. Teil A) IV.

g) Zugangsrechte

Von besonderer Bedeutung im Rahmen der inhaltlichen Ausgestaltung eines Spezialgesetzes zu Biobanken ist die gesetzliche Regelung von Zugangs- und Nutzungsrechten. Neben dem Betreiber der Biobank können auch der Datenspender selbst oder Dritte, wie die Angehörigen des Datenspenders, andere Forschungseinrichtungen, der Staat oder Arbeit- bzw. Versicherungsgeber, ein Interesse an der Daten- und Probensammlung haben.[733] Aufgrund der hohen Vertraulichkeit medizinischer und genetischer Daten muss jedoch ein wirksamer Schutz vor unbefugten Zugriffen gewährleistet sein.[734]

(1) Datenspender

Der Datenspender selbst wird in der Regel noch keinen direkten Nutzen von der Forschung mit seinen Daten und Proben in Form einer verbesserten Behandlungsmöglichkeit haben, da dies sich allenfalls für zukünftige Patientengenerationen ergeben kann. Dennoch ergibt sich ein individueller Nutzen aus den Forschungsergebnissen in der Hinsicht, dass sie Risiken des Auftretens bestimmter Krankheiten vorhersagen oder eine medikamentöse Unverträglichkeit bestätigen.[735] Sowohl der Menschenrechtskonvention des Europarats, als auch der Allgemeinen Erklärung der UNESCO sowie den Leitlinien von HUGO zufolge unterfällt es der informationellen Selbstbestimmung bzw. dem Recht auf Nichtwissen der betroffenen Person, darüber entscheiden zu können, ob sie über die Forschungsergebnisse informiert werden möchte oder nicht.[736] Auch das estnische Biobank-Gesetz enthält in Art. 11 ein Zugangsrecht des Datenspenders zu seinen eigenen Daten, um sich genetisch beraten lassen zu können.[737]

Andererseits ist eine Rückmeldung von Forschungsergebnissen an jeden Spender mit einem hohen Aufwand für den Betreiber einer Biobank verbunden. Denn eine Rückmeldung über genetische Eigenschaften des Spenders kann erhebliche Auswirkungen auf dessen subjektives Befinden haben, so dass sie grundsätzlich nur durch eine Person erfolgen darf, die über eine spezifische Beratungskompetenz verfügt.[738] Da dies den Rahmen der Forschung sprengen kann, könnten For-

---

[733] Siehe bereits oben unter 3. Teil B) II. 3).
[734] *Mand*, MedR 2003, S. 393 (397).
[735] *Schneider*, Jahrbuch Menschenrechte 2003, S. 130 (137).
[736] Siehe dazu *Knoppers/Hirtle/Lormeau/Laberge/Laflamme*, Genomics 1998, S. 385 (393).
[737] Siehe oben unter 3. Teil B) III. 1) c) (2).
[738] *Nationaler Ethikrat*, Biobanken für die Forschung, S. 44.

scher sogar den Verzicht auf eine Rückmeldung zur Bedingung der Teilnahme an der Forschung machen, wobei bei lebenswichtigen Informationen grundsätzlich eine Verpflichtung zu einer persönlichen Kontaktaufnahme bestehen muss.[739]

Als Ausfluss ihrer informationellen Selbstbestimmung und unter Berücksichtigung der potentiellen individuellen Bedeutung sollte es den betroffenen Spendern der Daten und Proben nicht im Vorhinein verwehrt werden, eine Rückmeldung der sie betreffenden Forschungsergebnisse zu verlangen. Allerdings sollten sie dies vorab im Rahmen ihrer Einwilligungserklärung nach erfolgter Aufklärung über mögliche Konsequenzen angeben. Soll eine Rückmeldung erfolgen, so ist gesetzlich zu bestimmen, dass diese nur im Rahmen einer medizinischen Beratung durch eine kompetente Fachperson vorgenommen werden darf.

(2) Angehörige

Die Besonderheit der in Biobanken gesammelten genetischen Informationen besteht darin, dass sie nicht nur Aussagen über den gesundheitlichen Status des Spenders treffen, sondern auch über den seiner Blutsverwandten. Diese können folglich auch ein Interesse am Zugriff auf die verarbeiteten Daten haben, um auf diese Weise sich über ihre eigenen genetischen Krankheitsrisiken zu informieren. Sollen allerdings Dritte Zugriff auf die in einer Biobank gesammelten Daten und Proben haben, so ist datenschutzrechtlich darin eine Zweckänderung der ursprünglichen Erhebung zu sehen, die der vorherigen Zustimmung des betroffenen Spenders bedarf.[740] Danach wären Zugangsrechte der Angehörigen grundsätzlich von der Einwilligung des Datenspenders abhängig. Probleme diesbezüglich könnten sich insbesondere in der Fallgestaltung ergeben, dass der Datenspender selbst keine Rückmeldung wünscht, jedoch einer seiner Angehörigen ein Zugriffsrecht geltend macht. Zwar besteht allgemein eine moralische, soziale oder biologische Verantwortung der Probanden für Familienmitglieder mit ähnlicher genetischer Disposition, dies ändert jedoch nichts an dem Vorrang des Rechts auf Nichtwissen oder informationeller Selbstbestimmung gegenüber einer fremden Informationsherrschaft.[741] Allerdings kann gesetzlich eine Ausnahme vorgesehen werden, wann ein Angehöriger trotz fehlender Zustimmung des Spenders dennoch Kenntnis der Analyseergebnisse erlangen sollte. Dies

---

[739] *Nationaler Ethikrat*, Biobanken für die Forschung, S. 44.
[740] *Kilian*, NJW 1998, S. 787 (791); i.E. auch *Hofmann*, Rechtsfragen der Genomanalyse, S. 48; *Stumper*, DuD 1995, S. 511 (514).
[741] *Schroeder/Williams*, Ethik in der Medizin 2002, S. 84 (90).

sollte unter strengen Voraussetzungen nur bei einem überwiegenden Interesse des Blutsverwandten gelten, beispielsweise bei einer hohen Wahrscheinlichkeit der Möglichkeit einer frühzeitigen Behandlung oder einer Änderung der Lebensplanung.[742]

(3) Andere Forschungseinrichtungen

Von überaus großem Interesse sind die Daten- und Probensammlungen einer Biobank für andere Forschungseinrichtungen. Wählt man die Form eines Exklusivvertrages zugunsten eines privaten Biobankbetreibers, wie es bei dem isländischen Biobankprojekt der Fall ist[743], werden andere Forschungsgruppen, insbesondere nonprofit-Forschungseinrichtungen und Universitäten, vom Zugang zu den in der Biobank gesammelten Daten und Proben ausgeschlossen.[744] Zum Zwecke einer optimalen Ausschöpfung des Potentials von Biobanken für die Gesamtbevölkerung und unter dem Aspekt einer freien wissenschaftlichen Forschung wird jedoch international gefordert, möglichst vielen Forschern Zugang zu den Daten und Proben zu gewähren.[745]

Andererseits können aber die Forscher, die entscheidende Vorarbeiten zur Anlegung von Biobanken erbracht haben, zu Recht erwarten, dass sie zunächst von ihren Investitionen selbst profitieren und exklusiv für eigene Forschungszwecke nutzen können.[746] Diesem Konflikt zwischen Recht auf Exklusivnutzung und Zugriff anderer Forscher kann in der Weise gesetzlich Rechnung getragen werden, dass den Forschern, die eine Biobank anlegen, ein zeitlich befristetes exklusives Nutzungsrecht zugesprochen wird, und dass nach Fristablauf auch andere Forschungseinrichtungen auf die Daten- und Probensammlungen zugreifen dürfen. Letzteres kann jedoch nur für eine öffentliche Biobank gelten. Eine erzwungene Öffnung privater Biobanken zugunsten anderer Forscher käme einer

---

[742] *Meyer*, Der Mensch als Datenträger, S. 136; *Deschênes/Cardinal/Knoppers/Glass*, Clin. Genet. 2001, S. 221 (227); siehe auch *HUGO Ethics Committee*, Statement on DNA Sampling: Control and Access.
[743] Siehe oben unter 3. Teil B) III. 1) c) (1).
[744] *Schneider*, Biobanken im Spanungsfeld zwischen Gemeinwohl und partikularen Interessen, S. 4; *Schrell/Heide*, GRUR Int. 2001, S. 304 (308).
[745] *Nationaler Ethikrat*, Biobanken für die Forschung, S. 58; *Knoppers/Hirtle/Lormeau/Laberge/Laflamme*, Genomics 1998, S. 385 (395); *GeneWatch*, Giving Your Genes to BioBank UK – Questions to Ask. Das estnische Gesetz über die Humangenforschung hat die Bedeutung der freien wissenschaftlichen Forschung anerkannt und gewährt anderen Forschungseinrichtungen einen kostengünstigen Zugang zu der Biobank, *Schrell/Heide*, GRUR Int. 2001, S. 304 (308).
[746] *Nationaler Ethikrat*, Biobanken für die Forschung, S. 58.

Enteignung gleich und wäre nur gegen eine Entschädigung zulässig.[747] Der Zugriff anderer Forschungsinstitute auf private Biobanken darf gesetzlich somit nur gegen eine kostendeckende Nutzungsgebühr gewährt werden.[748]

Aus datenschutzrechtlichen Gesichtspunkten ist die alles entscheidende Frage im Zusammenhang mit Zugangsrechten anderer Forschungseinrichtungen die nach einem sicheren Übermittlungsverfahren. So können anonymisierte Daten ohne rechtliche Beschränkungen an andere Forscher übermittelt werden, da bei einer anonymisierten Weitergabe eine Persönlichkeitsverletzung nicht in Betracht kommt.[749] Hingegen dürfen reidentifizierbare Daten nur mit Zustimmung des betroffenen Spenders übertragen werden.[750] Dies wiederum würde jedoch eine vorherige Aufklärung der Betroffenen über den Verwendungszweck der Daten und Proben durch die anderen Forschungsinstitute erfordern. Aus Gründen eines zu hohen organisatorischen Aufwands sollte ein Spezialgesetz zu Biobanken demnach vorsehen, dass primär nur anonymisierte Daten anderen Forschern zur Verfügung gestellt werden dürfen. Ist es gegebenenfalls doch notwendig, reidentifizierbare Daten zu übermitteln, so ist gesetzlich zu bestimmen, dass die entsprechenden Kodierungsdaten in der Hand des ursprünglichen Datentreuhänders bleiben und dass weiterhin nur er eine Entschlüsselung vornehmen darf. Als weitere Schutzvorkehrung zur Sicherung einer zweckgebundenen wissenschaftlichen Nutzung der Daten und Proben durch andere Forschungsinstitute kommt die gesetzliche Festlegung eines Bewerbungs- bzw. Genehmigungsverfahrens in Betracht.[751] Die Gewährung von Zugangsrechten wäre dadurch von einer Überprüfung des jeweiligen Forschungsprojekts der anderen Wissenschaftseinrichtung abhängig. Aber auch hier wären wiederum die aus der Forschungsfreiheit resultierenden verfassungsrechtlichen Bedenken gegen einen Genehmigungsvorbehalt zu beachten.[752]

---

[747] *Nationaler Ethikrat*, Biobanken für die Forschung, S. 58.
[748] *Schneider*, Biobanken im Spannungsfeld zwischen Gemeinwohl und partikularen Interessen, S. 5.
[749] *Taupitz*, JZ 1992, S. 1089 (1099).
[750] *ASHG*, Am.J.Hum.Genet. 1996, S. 471 (473); siehe auch bereits oben unter 3.Teil B) III. 2) f) (2).
[751] Siehe vergleichbare Regelung in Chapter 4 des schwedischen Biobank-Gesetzes oben unter 4. Teil B) III. 1) c) (3).
[752] Siehe oben unter 4.Teil B) III. 2) a).

(4) Staatliche Behörden

Für staatliche Behörden ist der Zugriff auf die in einer Biobank gespeicherten Daten und Proben insbesondere im Rahmen von Zivil- und Strafverfahren von großer Bedeutung.[753] Die bereits durch den Betreiber der Biobank erhobenen Daten sowie Blut- und Gewebeproben könnten zur Ermittlung von Straftätern oder zum Nachweis von Vaterschaften herangezogen werden und somit Ermittlungsverfahren oder anhängige Gerichtsverfahren erheblich vereinfachen. Dadurch würde jedoch nicht nur der rechtsstaatliche Grundsatz der Unschuldsvermutung in Frage gestellt, Bedenken diesbezüglich ergeben sich erneut aufgrund der Tatsache, dass auch der Zugriff staatlicher Behörden auf Biobanken eine Zweckänderung der ursprünglichen Datenerhebung bedeutet und somit der Einwilligung der betroffenen Spender bedarf. Da die Einwilligung eines jeden Datenspenders organisatorisch nur mit unvertretbarem Aufwand realisierbar wäre und der strafrechtliche Grundsatz der Unschuldsvermutung zwingend einzuhalten ist, ist ein staatlicher Zugriff auf die in einer Biobank gespeicherten Daten und Proben innerhalb von Zivil- und Strafverfahren gesetzlich zu verbieten.

Etwas anderes gilt, wenn der Zugriff staatlicher Behörden auf die Daten und Proben einer Biobank rein gesundheitspolitischen Zwecken dienen soll. So könnten die Daten und Analyseergebnisse beispielsweise staatliche Gesundheitsbehörden zu weiteren Förderungsmaßnahmen zu Gunsten einzelner Krankheitsbilder veranlassen oder zu einer Anpassung bzw. Verbesserung des Gesundheitswesens hinsichtlich inzwischen weit verbreiteter Volkskrankheiten führen. Für ein Zugangsrecht staatlicher Gesundheitsbehörden spricht ferner, dass eine gesundheitspolitische Verwertung der Daten keine Identifizierbarkeit der Daten erfordert, mithin eine Weitergabe anonymisierter bzw. pseudonymisierter[754] Daten ohne datenschutzrechtliche Bedenken möglich ist. Ein Zugriff des Staates auf die Daten und Forschungsergebnisse zu ausschließlich rein gesundheitspolitischen oder gesundheitsstatistischen Zwecken, allerdings nur in anonymisierter Form, kann demnach in einem Spezialgesetz zu Biobanken gewährt werden.[755]

---

[753] Dazu ausführlich oben unter 3. Teil B) II. 3) a) (3) (d).
[754] Von einem Datentreuhänder pseudonymisierte Daten und Proben wirken gegenüber Dritten wie anonymisiert, solange die Kodierungsdaten ausschließlich in der Hand des Datentreuhänders verbleiben, siehe oben unter 4.Teil B) III. 2) d) (2) (c).
[755] Vgl. Art. 9 des isländischen Acts on a Health Sector Database.

(5) Versicherungen

Fraglich ist, ob Versicherungsunternehmen ein Zugangsrecht auf die in Biobanken gesammelten Daten und Proben gesetzlich zugesprochen werden sollte. Das Interesse von Versicherungen an Biobanken liegt darin, mit Hilfe von genetischen und medizinischen Informationen die Krankheitsrisiken potentieller Versicherungsnehmer besser einschätzen zu können. Allerdings besteht diesbezüglich die Gefahr, dass Versicherungen mit Kenntnis der erlangten Daten eine Vorauswahl ihrer zukünftigen Versicherten treffen und Personen mit einem hohen genetischen Krankheitsrisiko nur Versicherungen mit hohen Zuschlägen anbieten bzw. ihnen einen Vertragsabschluss ganz verwehren.[756] Ein solches Sortieren der Menschen nach Risiken widerspricht dem Diskriminierungsverbot in Art. 3 I GG und dem Prinzip einer Solidargemeinschaft, auf dem auch das Versicherungssystem beruht.[757] Insbesondere bei Krankenversicherungen handelt es sich zwar um eine Risikoversicherung, so dass der Versicherer berechtigt sein sollte, die Prämien nach dem Risiko festzusetzen. Auch könnte durch die Erhebung von zusätzlichen Risikozuschlägen bei ungünstiger genetischer Konstitution eine gerechtere kostensparendere Beitragsverteilung und Beitragsstabilität erreicht werden.[758] Gegen diese Ansicht spricht aber, dass Versicherungsbeiträge grundsätzlich einkommensabhängig sind und dass eine Festsetzung der Beiträge nach Risikofaktoren zu einer unbefugten zwangsweisen Kenntnis des Arbeitgebers über das hohe Krankheitsrisiko des Betroffenen führt, da dieser in der Regel die Hälfte des Krankenversicherungsbeitrags entrichtet.[759] Auch der Verweis auf die bereits übliche Praxis, Versicherungsprämien nach dem Alter, also einer statistisch vermuteten Krankheitsanfälligkeit, festzulegen[760], vermag für einen Zugriff von Versicherungen auf Biobanken nicht zu überzeugen. Es besteht ein entscheidender Unterschied an Sicherheit zwischen altersbedingt vermuteten und genetisch festgestellten Krankheitsrisiken.

Im Bereich der gesetzlichen Krankenversicherung ist ein Zugriff von Versicherungen auf medizinische und genetische Daten als zwingend unzulässig anzusehen, denn eine Krankenversicherung ist von so essentieller Notwendigkeit, gemäß § 5 Sozialgesetzbuch Kapitel V (SGB V) besteht eine Krankenversicherungspflicht, dass sie niemanden aufgrund seiner Gene verwehrt werden darf.[761]

---

[756] Siehe dazu bereits oben unter 3. Teil B) II. 3) a) (3) (c).
[757] *Tinnefeld/Ehlmann*, Einführung in das Datenschutzrecht, S. 27; so auch *Schnittler*, DuD 1993, S. 290 (291).
[758] *Hofmann*, Rechtsfragen der Genomanalyse, S. 198; *Deutsch*, VersR 1994, S. 1 (4).
[759] *Meyer*, ArztR 2001, S. 172 (177).
[760] *Kern*, MedR 2001, S. 9 (12).
[761] *Hofmann*, Rechtsfragen der Genomanalyse, S. 197.

Eine gesetzliche Ausnahme kann allenfalls im Bereich der privaten Kranken- und Lebensversicherung getroffen werden. Hier sind im Rahmen der vorvertraglichen Anzeigepflicht gemäß § 16 Versicherungsvertragsgesetz (VVG) Fragen nach familienanamnistischen Angaben üblich und auch zulässig.[762] Unter Berücksichtigung der Interessen der Versicherung, die Kosten im Versicherungsfall abdecken zu können, und den gegenüberstehenden Interessen des Versicherungsnehmers an dem Schutz seiner Persönlichkeit ist ein ausnahmsweise erteiltes Zugangsrecht privater Versicherungen aber nur bei einer überdurchschnittlich hohen Versicherungssumme gerechtfertigt.[763]

Ausgehend vom eigentlichen Sinn und Zweck von Biobanken sollen die erhobenen Daten und Proben ausschließlich der gesundheitsbezogenen Forschung zu Gute kommen. Eine Verwendung zu Versicherungszwecken und damit ein Zugangsrecht von Versicherungen ist daher in Anlehnung an die international verbreitete Rechtsansicht[764] in einem deutschen Spezialgesetz zu Biobanken, außer der genannten möglichen Ausname im Bereich der privaten Versicherung, strikt zu verbieten.[765]

(6) Arbeitgeber

Schließlich ist zu diskutieren, ob Arbeitgebern ein Zugriffsrecht auf die in einer Biobank erhobenen und verwerteten Daten und Proben gesetzlich zu gewähren ist. Der Zugang zu diesen Informationen wäre für einen Arbeitgeber vor allem in der Hinsicht interessant, dass er bei der Einstellung eines Arbeitnehmers mit Kenntnis der medizinischen und genetischen Daten dessen psychische und physische Eignung für die vorgegebene Arbeitsaufgabe überprüfen könnte.[766]

Für eine Berücksichtigung der genetischen Veranlagung für Krankheiten bei der Einstellung eines Arbeitnehmers spricht der Schutz des Arbeitnehmers vor arbeitsbedingten Gefahren für die eigene Gesundheit. So könnte auf diese Weise eine genetisch bedingte Anfälligkeit des Arbeitnehmers gegen bestimmte Arbeitsstoffe am Arbeitsplatz festgestellt werden.[767] Dadurch hätte der Arbeitgeber wiederum die Möglichkeit, die Kosten für den Betrieb wegen krankheitsbeding-

---

[762] *Buyten/Simon*, VersR 2003, S. 813 (814); *Schnittler*, DuD 1993, S. 290 (291).
[763] *Menzel*, DuD 2002, S. 146 (147); siehe auch Regelungsvorschlag Nr. 21 der Konferenz der Datenschutzbeauftragten vom Oktober 2001, DuD 2002, S. 150 (153).
[764] So z.B. Art. 12 der Menschenrechtskonvention zur Biomedizin des Europarates oder § 27 des estnischen Gesetzes über die Humangenforschung.
[765] *Nationaler Ethikrat*, Biobanken für die Forschung, S. 50; *Schneider*, Jahrbuch Menschenrechte 2003, S. 130 (140); *Wellbrock*, MedR 2003, 77 (82).
[766] Siehe dazu bereits oben unter 3. Teil B) II. 3) a) (3) (b).
[767] *Hofmann*, Rechtsfragen der Genomanalyse, S. 4; *Schnittler*, DuD 1993, S. 290 (291).

ter Ausfälle so gering wie möglich zu halten.[768] Dagegen ist jedoch einzuwenden, dass das Verlangen des Arbeitgebers nach genetischen und personenbezogenen Daten in den Kernbereich der Persönlichkeit des Betroffenen eingreift.[769] Die genetische Veranlagung eines Menschen ist so schicksalhaft mit seiner Person verbunden, dass sie weder von ihm zu verantworten noch beeinflussbar ist.[770] Der Mensch sollte nicht nach dem Arbeitsplatz ausgesucht werden, sondern primär muss gelten, den Arbeitsplatz so zu gestalten, wie es dem Schutzbedürfnis des Menschen entspricht.[771] Außerdem folgt aus einem genetischen Krankheitsrisiko nicht immer zwingend eine spätere tatsächliche Erkrankung.[772]

Eine ausdrückliche Regelung über die Verwendung genetischer Daten im Bereich des Arbeitsrechts besteht nach aktueller Rechtslage nicht. Die Frage nach einem Zugriffsrecht des Arbeitgebers auf die in einer Biobank gespeicherten Daten und Proben steht jedoch in engem Zusammenhang mit der Zulässigkeitsfrage ärztlicher Untersuchungen im Arbeitsverhältnis bzw. eines Fragerechts des Arbeitgebers nach dem Gesundheitszustand des Arbeitnehmers. Nach bestehender Rechtslage unterliegt der sich bewerbende Arbeitnehmer außer in den gesetzlich festgeschriebenen Ausnahmefällen[773] grundsätzlich keiner Pflicht, sich auf Verlangen des Arbeitgebers hin ärztlich untersuchen zu lassen.[774] Dem Grundsatzurteil des Bundesarbeitsgerichts (BAG) vom 07.06.1984 zufolge sind Fragen des Arbeitgebers nach dem Gesundheitszustand des Arbeitnehmers nur insoweit zulässig, als ein berechtigtes, billigenswertes und schutzwürdiges Interesse an der Beantwortung der Frage für das Arbeitsverhältnis besteht.[775] Dieses Interesse muss jedoch objektiv so stark sein, dass dahinter das Interesse des Arbeitnehmers am Schutz seines Persönlichkeitsrechts zurücktritt.[776] Die Besonderheit hinsichtlich des Zugriffs des Arbeitgebers auf die in einer Biobank verwerteten Daten und Proben liegt darin, dass der Arbeitgeber dadurch Informationen über seinen potentiellen Arbeitnehmer erhalten könnte, die weit über sein rechtlich anerkanntes Fragerecht hinausgehen.[777] Hält man demnach in Anleh-

---

[768] *Wiese*, RPG 2002, S. 81 (82).
[769] Siehe ausführlich dazu oben unter 3. Teil B) II.
[770] *Wiese*, RPG 2002, S. 81 (84); *Heilmann*, AuA 1995, S. 157 (158).
[771] *Bickel*, VerwArch 87 (1996), S. 169 (181); *Wallace*, A UK Biobank: good for public health?.
[772] *Wiese*, DuD 1993, S. 274 (276).
[773] So z.B. § 18 I BSeuchG, § 32 JArbSchG, § 67 StrlSchV, § 37 RöV; vgl. Aufzählungen bei *Hofmann*, Rechtsfragen der Genomanalyse, S. 159.
[774] *Hofmann*, Rechtsfragen der Genomanalyse, S. 156; *Meyer*, ArztR 2001, S. 172 (176).
[775] BAG, Urteil v. 07.06.1984 – 2 AZR 270/83; siehe dazu auch BAG, Urteil v. 11.11.1993 – 2 AZR 467/93 und BAG, Urteil v. 05.10.1995 – 2 AZR 923/94.
[776] BAG, Urteil v. 07.06.1984 – 2 AZR 270/83; *Hofmann*, Rechtsfragen der Genomanalyse, S. 161.
[777] *Meyer*, ArztR 2001, S. 172 (177).

nung an die geltenden Zulässigkeitsvoraussetzungen eines Fragerechts des Arbeitgebers ausnahmsweise auch ein Zugriffsrecht des Arbeitgebers auf die Daten einer Biobank für zulässig, so muss gesetzlich ausdrücklich festgelegt sein, dass sich ein solches Zugangsrecht nur auf diejenigen Daten beschränkt, welche einen konkreten Bezug zum vorgesehenen Arbeitsverhältnis aufweisen. Auch bei der Weitergabe der Informationen an den Arbeitgeber handelt es sich um eine Zweckänderung der ursprünglichen Datenerhebung, so dass dem Arbeitgeber nur mit ausdrücklicher Einwilligung des jeweiligen Datenspenders Zugang zu den Informationen aus einer Biobank gewährt werden darf.

Um diejenigen Arbeitnehmer, die ohne Verschulden Krankheitsanlagen in sich tragen, umfassend vor einer sozialen Diskriminierung zu schützen, sollte im Ergebnis ein Zugriff der Arbeitgeber auf die in einer Biobank gesammelten Daten und Proben unter Berücksichtigung der genannten Ausnahmefälle gesetzlich verboten werden.[778] Dies gilt sowohl für privatrechtliche als auch für öffentlich-rechtliche Dienstverhältnisse.[779]

h) „benefit sharing"

Ein weiterer Punkt, der insbesondere aus Sicht der Datenspender einer gesetzlichen Regelung in einem zukünftigen Gesetz zu Biobanken bedarf, ist die gerechte Verteilung des aus der Forschung mit den Daten und Proben einer Biobank gezogenen finanziellen Gewinns. Ein auffallendes Mißverhältnis bei der Gewinnverteilung entsteht dadurch, dass die Daten und Körpersubstanzen der Spender erst durch die Bearbeitung der Forscher einen entscheidenden Wert gewinnen.[780] Dies hat zur Konsequenz, dass alle weiteren Glieder der Kette, also der Betreiber der Biobank, die Forscher und Pharmafirmen, beträchtliche Gewinne erzielen können, der betroffene Spender selbst jedoch leer ausgeht.[781] Es muss gesetzlich somit eine Lösung gefunden werden, wonach alle Beteiligten von der Verwertung der in einer Biobank gesammelten Daten und Proben profitieren können.

---

[778] *Nationaler Ethikrat*, Biobanken für die Forschung, S. 50; *Schneider*, Biobanken im Spannungsfeld zwischen Gemeinwohl und partikularen Interessen, S. 2; *Wellbrock*, MedR 2003, S. 77 (82); *Menzel*, DuD 2002, S. 146 (147); so auch die Regelung in § 26 des estnischen Gesetzes über die Humangenforschung.

[779] *Hofmann*, Rechtsfragen der Genomanalyse, S. 171.

[780] *Chadwick/Berg*, Nature 2001, S. 38 (320); *Schrell/Heide*, GRUR Int. 2001, S. 304 (308).

[781] *Schneider*, Biobanken im Spannungsfeld zwischen Gemeinwohl und partikularen Interessen, S. 6.

(1) Privilegierter Zugang zu neuen Therapien

Die für die betroffene Person sinnvollste Form der Gewinnbeteiligung wäre es, als Gegenleistung für ihre Spende einen bevorzugten Zugang zu Therapien zu erhalten, die mit Hilfe der in den Biobanken gesammelten Informationen neu entwickelt wurden.[782] Probleme bezüglich der Realisierung dieser Beteiligung ergeben sich daraus, dass oft ein zu langer Zeitraum zwischen der Spende und der darauf beruhenden neuen Entwicklung liegt. So geht man momentan von einer Dauer von 10-15 Jahren zwischen der Identifikation eines Gens bis zur Verfügbarkeit einer Behandlungsmethode aus.[783] Zu diesem Zeitpunkt könnte der Spender jedoch nicht mehr reidentifizierbar oder sogar verstorben sein. Neue auf den Forschungsergebnissen beruhende Behandlungsmaßnahmen werden somit nur der jüngeren Spendergeneration bzw. denjenigen zu Gute kommen, bei denen die entsprechende Krankheit noch nicht zu weit fortgeschritten ist.

(2) Finanzieller Ausgleich

Als weitere Möglichkeit einer Gewinnbeteiligung der Datenspender an Forschungsprojekten mit Informationen aus einer Biobank kommt eine finanzielle Vergütung der Spende in Betracht. Die Kommerzialisierung des menschlichen Körpers und seines Genoms ist allerdings nach allgemein anerkannter Rechtsansicht ausnahmslos verboten.[784] Finanzielle Anreize bei der Entscheidung für oder gegen die Organ- oder Genspende würden die erforderliche Freiwilligkeit

---

[782] Gemeinsame Erklärung des Nationalen Ethikrats und dem Comité consultatif d'éthique Frankreichs vom 02.10.2003.
[783] *Schroeder/Williams*, Ethik in der Medizin 2002, S. 84 (88).
[784] So z.B. § 21 der Menschenrechtskonvention zur Biomedizin des Europarats, Art. 4 der Allgemeinen Erklärung der UNESCO über das menschliche Genom und Menschenrechte, § 15 II des estnischen Gesetzes über die Humangenforschung oder Chapter 4 Section 8 des schwedischen Biobanks Acts. So hat es auch der kalifornische Supreme Court in seinem Präzedenzfall „John Moore" entschieden. John Moore, der wegen einer seltenen Leukomieerkrankung behandelt wurde, hatte seinen behandelnden Arzt verklagt, da dieser ohne Wissen Moores dessen Zellmaterial wissenschaftlich für eine neue Medikamentenentwicklung genutzt hatte und durch den Verkauf seiner Entwicklung an ein Pharmaunternehmen einen erheblichen finanziellen Gewinn gemacht hatte. Das Gericht erkannte zwar an, dass das Recht auf Aufklärung und Einwilligung von John Moore verletzt wurde. Eine finanzielle Beteiligung wurde ihm wegen des ethischen Grundsatzes der Unverkäuflichkeit des Körpers jedoch nicht zugesprochen, siehe dazu *Dahl/Rendtorff*, in: The Use of Human Biobanks – Ethical, Social, Economical and Legal Aspects, S. 55 f.; *Schneider*, Jahrbuch Menschenrechte, S. 130 (142).

der Spende, insbesondere bei Spendern aus ärmeren Bevölkerungskreisen, untergraben und müssen daher ausgeschlossen sein.[785] Ferner dient dieses Verbot der Kommerzialisierung des Körpers dazu, um einen unzulässigen Handel mit Daten und Körpersubstanzen zu verhindern.[786] Das Verbot umfasst aber nicht eine angemessene Aufwandsentschädigung für die Unkosten, die dem Daten- und Probenspender durch die Erhebung seiner Informationen entstehen.[787] Eine ähnliche Regelung dazu findet sich beispielsweise für Blutspenden in § 10 des Transfusionsgesetzes.

(3) Zahlung in Fonds

Als eine für alle Seiten gerechte Lösung für den aufgeworfenen Konflikt hat die Ethikkommission von HUGO den Vorschlag gemacht, die Betreiber von Biobanken und die Pharmaindustrie statt zu einer individuellen Vergütung zu einer allgemeinen finanziellen Unterstützung des Gesundheitssystems zu verpflichten.[788] Auf diese Weise kommt der finanzielle Profit der forschenden Unternehmen nicht nur den teilnehmenden Datenspendern, sondern der ganzen Bevölkerung zu Gute.[789] Denkbar wäre demnach, einen Prozentanteil aus den Patent-Lizenzen und Umsätzen der pharmazeutischen Biomedizin[790] festzulegen, der in spezielle gemeinnützige Fonds fließen soll.[791] In Betracht kommen dafür projektbezogene, krankheitsbezogene, gruppenbezogene oder speziell den Patientenschutzinteressen gewidmete Fonds.[792]

Im Ergebnis ist einem solchen „kollektiven benefit sharing" zuzustimmen, allerdings ist bei obligatorischen Zahlungen zu bedenken, dass diese in Konkurrenz zum allgemeinen Besteuerungssystem treten. Es wäre unbedingt notwendig, ge-

---

[785] *Nationaler Ethikrat*, Biobanken für die Forschung, S. 59; Schneider, Biobanken im Spannungsfeld zwischen Gemeinwohl und partikularen Interessen, S. 7; *Sootak*, in: Strafrecht, Biorecht, Rechtsphilosophie, S. 869 (871); *Knoppers*, Nature Genetics 1999, S. 23 (24).
[786] *Domeij*, in: The Use of Human Biobanks – Ethical, Social, Economical and Legal Aspects, S. 83 (85); *Schneider*, Jahrbuch Menschenrechte, S. 130 (143).
[787] *Nationaler Ethikrat*, Biobanken für die Forschung, S. 59; im Ergebnis auch *HUGO Ethics Committee*, Statement on benefit-sharing.
[788] Siehe ausführlich in: *HUGO Ethics Committee*, Statement on benefit-sharing.
[789] *Godard/Schmidtke/Cassiman/Aymé*, European Journal of Human Genetics 2003, S. 88 (102 f.).
[790] Vorschläge liegen bei 1-3 % des Nettoprofits, jedoch nicht höher als 10 %, siehe *Godard/Schmidtke/Cassiman/Aymé*, European Journal of Human Genetics 2003, S. 88 (98); *GeneWatch*, Giving Your Genes to BioBank UK – Questions to Ask.
[791] *Schneider*, Biobanken im Spannungsfeld zwischen Gemeinwohl und partikularen Interessen, S. 8.
[792] *Nationaler Ethikrat*, Biobanken für die Forschung, S. 60.

setzlich sicherzustellen, dass diese Abgaben keine neue Form der Besteuerung darstellen und somit nicht im Staatshaushalt untergehen, sondern ausschließlich zum Schutz der Interessen der Patienten und Spender verwendet werden.[793] Entscheidend ist daneben auch hier, die betroffenen Personen im Vorhinein über eine kommerzielle Verwendung der Daten und Proben und über die Form der Gewinnbeteiligung aufzuklären.[794]

i) Forschungsgeheimnis

Das Vertrauensverhältnis zwischen Forscher und Proband ist vergleichbar mit dem Sonderverhältnis zwischen Arzt und Patient. Vermehrt wird daher gefordert, parallel zum anerkannten Arztgeheimnis auch diese Personen, die sich ebenfalls beruflich mit medizinischen und genetischen Informationen und Materialien befassen, einer Schweigeverpflichtung zu unterwerfen.[795] Nach bestehender Rechtslage ergibt sich eine Schweigepflicht anderer Berufsgruppen bislang allenfalls aus dem allgemeinen Datenschutzrecht oder aus speziellen Satzungen und Verträgen.[796]

Der Vorteil einer gesetzlichen Verankerung eines medizinischen Forschungsgeheimnisses in einem zukünftigen deutschen Biobank-Gesetz liegt darin, dass auf diese Weise Forschern der freie Zugang zu notwendigen Daten gewährleistet werden kann, ohne zu überprüfen, ob die Angaben tatsächlich gebraucht werden.[797] Durch die Einführung eines Forschungsgeheimnisses ist folglich eine Lockerung der sonst für das Datenschutzrecht kennzeichnenden engen Zweckbindung der Datennutzung möglich.[798] Das Recht des Betroffenen, die Nutzung

---

[793] *Schneider*, Biobanken im Spannungsfeld zwischen Gemeinwohl und partikularen Interessen, S. 8.
[794] *Deutsche Forschungsgemeinschaft*, Prädiktive genetische Diagnostik, S. 47; *Schneider*, Biobanken im Spannungsfeld zwischen Gemeinwohl und partikularen Interessen, S. 7; *Deschênes/Cardinal/Knoppers/Glass*, Clin. Genet. 2001, S. 221 (229).
[795] *Brückl*, Rechtsfragen zur Verwendung von genetischen Informationen über den Menschen, S. 220; *v. Ferber*, Jahrbuch für Wissenschaft und Ethik 2000, S. 211 (226); *ZEKO*, Jahrbuch für Wissenschaft und Ethik 2000, S. 451 (457); *Ehlers/Tillmanns* RPG 1998, S. 87 (90).
[796] *Nationaler Ethikrat*, Biobanken für die Forschung, S. 50. *Weichert* hingegen hält die in den Datenschutzgesetzen enthaltenen Forschungsklauseln, wie z.B. § 40 II BDSG oder § 25 III Niedersächsisches Datenschutzgesetz, als Legitimierung von Forschungsprojekten für ausreichend und spricht sich daher gegen die Notwendigkeit eines Forschungsgeheimnisses aus, siehe dazu MedR 1996, S. 258 ff.
[797] *Simitis*, in: Datenschutz und Forschung, S. 30; i. E. so auch *Kilian*, NJW 1998, S. 787; *Bochnik*, MedR 1994, S. 398 (399).
[798] *Nationaler Ethikrat*, Biobanken für die Forschung, S. 51. Argumente für eine Lockerung der Zweckbindung siehe bereits oben unter 4. Teil A) III. 3).

seiner Daten zu Forschungszwecken zu verweigern, bleibt trotz eines gesetzlich normierten Forschungsgeheimnisses unberührt.[799] Dennoch kann in Ausnahmefällen das Vorliegen einer strengen Schweigepflicht die Abwägung für eine Verwendung personenbezogener Daten ohne die Einwilligung des Betroffenen erleichtern.[800] Nicht zuletzt wird wissenschaftlichen Forschern durch ein mit dem Arztgeheimnis vergleichbares Forschungsgeheimnis ein Zeugnisverweigerungsrecht eingeräumt und die Daten und Proben vor einer staatlichen Beschlagnahme geschützt[801], was wiederum mehr Schutz vor staatlichen Zugriffen auf die Informationen bedeutet.

Die Regelung eines Forschungsgeheimnisses setzt jedoch gleichzeitig die Festsetzung einer Strafbedrohung bei Verletzung dieser Schweigeverpflichtung voraus. Vergleichsweise zu § 203 StGB für den Missbrauch der ärztlichen Schweigepflicht müssen demnach konsequenter Weise auch strafrechtliche Sanktionen für die Verletzungen der Schweigepflicht eines Forschers im Strafgesetzbuch erlassen werden.

Abschließend spricht für die Einführung eines Forschungsgeheimnisses, dass dadurch jede forschungsfremde Verwendung der in einer Biobank gesammelten Daten und Proben mit Hilfe strafrechtlicher Sanktionen unterbunden wird.[802] Dies stärkt das Vertrauen der betroffenen Spender und erhöht die Bereitschaft, Körpersubstanzen sowie Informationen für medizinische Forschungszwecke zur Verfügung zu stellen.[803]

j) Kontrollinstanzen

Aufgrund ihrer komplexen Organisationsstruktur und der aufgezeigten verfassungs- und datenschutzrechtlichen Bedenken müssen Biobanken einer besonderen Kontrolle unterliegen. Ein Gesetz zur Regulierung von Biobanken sollte somit auch Vorschriften über die Einrichtung einer speziellen Kontrollinstanz zur Überwachung des laufenden Betriebs einer Biobank sowie über die Einschaltung einer Ethikkommission zur Begutachtung der konkreten Forschungsprojekte enthalten.

---

[799] *Bochnik*, MedR 1994, S. 398 (399).
[800] *Vetter*, in: Datenschutz und Forschung, S. 27.
[801] *Tinnefeld*, DuD 1999, S. 35 (38); Ärzten steht gemäß § 383 I Nr. 6 ZPO (vgl. *Reichold*, in: Thomas/Putzo, ZPO, § 383 Rn 6) oder gemäß § 53 I Nr. 3 StPO ein Zeugnisverweigerungsrecht zu; die Beschlagnahmefreiheit ärztlicher Befunde und Unterlagen ist in § 97 StPO geregelt.
[802] *Wellbrock*, MedR 2003, S. 77 (82).
[803] *Nationaler Ethikrat*, Biobanken für die Forschung, S. 51.

(1) Überwachung des Betriebs

Der laufende Betrieb einer Biobank besteht aus der Gewinnung, Speicherung, Handhabung und Nutzung von Körpersubstanzen und Daten. Für jeden dieser Tätigkeitsbereiche gelten ethische Standards und rechtliche Anforderungen. Die Aufgabe einer unabhängigen Kontrollinstanz besteht also darin, die Einhaltung dieser Vorschriften zu überwachen.[804] Dazu gehört unter anderem die Überprüfung, dass die Spender der Daten und Körpersubstanzen hinreichend aufgeklärt wurden und eine wirksame Zustimmung gegeben haben, dass die Nutzung der Proben und Daten im Einklang mit der Einwilligung steht oder dass die Körpersubstanzen und Informationen nur an diejenigen weitergegeben werden, denen ein gesetzliches Zugriffsrecht zusteht.[805]

Zu berücksichtigen ist, dass bereits das allgemeine Datenschutzgesetz für datenverarbeitende Stellen, die wie Biobanken personenbezogene Daten erheben und verarbeiten, in §§ 4 f und 4 g BDSG die Pflicht enthält, einen externen Datenschutzbeauftragten zur Erfüllung der genannten Aufgaben zu bestellen. Die Einrichtung einer zusätzlichen internen Kontrollinstanz ist demnach nicht mehr erforderlich.[806] Zur Überwachung des laufenden Betriebs einer Biobank genügt in einem Spezialgesetz zu Biobanken folglich der Verweis auf §§ 4 f und 4 g BDSG.

(2) Begutachtung durch eine Ethikkommission

Auf internationaler Rechtsebene ist die Begutachtung von Forschungsprojekten an Personen durch eine zuständige Ethikkommission bereits rechtlich anerkannt.[807] Auch im Bereich der deutschen Arzneimittel- und Medizinprodukteforschung ist die Pflicht der Forscher, ein vorheriges Votum einer Ethikkommission für ihre wissenschaftlichen Vorhaben einzuholen, ausdrücklich gesetzlich normiert.[808] Die Errichtung und Nutzung von Biobanken ist zwar im Vergleich zur Arznei- und Medizinprodukteforschung nicht mit körperlichen Gefahren für die Betroffenen verbunden, es drohen jedoch erhebliche Geheimnis- bzw. Persönlichkeitsverletzungen für das spendende Individuum.[809] Da sich die Schutzinteressen des Datenspenders bei der Nutzung und Verwertung seiner persönli-

---

[804] Gemeinsame Erklärung des Nationalen Ethikrats und dem Comité consultatif d'éthique Frankreichs vom 02.10.2003.
[805] *Nationaler Ethikrat*, Biobanken für die Forschung, S. 48.
[806] *Nationaler Ethikrat*, Biobanken für die Forschung, S. 48.
[807] So z.B. in Art. 16 iii) der Menschenrechtskonvention zur Biomedizin des Europarates, Nr. 13 der Deklaration des Weltärztebundes von Helsinki sowie Art. 16 der Allgemeinen Erklärung der UNESCO über das menschliche Genom und Menschenrechte.
[808] Vgl. § 40 I AMG sowie § 17 VI, VII MPG.
[809] Siehe dazu ausführlich oben unter 3. Teil B).

chen gesundheitlichen und genetischen Informationen einerseits und seiner körperlichen Integrität andererseits gleichen, sollten auch Forschungsvorhaben mit Daten aus einer Biobank von der Zustimmung einer Ethikkommission abhängig gemacht werden.[810]

Die Einschaltung einer Ethikkommission zur Begutachtung der Forschungsprojekte ist insbesondere dann erforderlich, wenn die erhobenen und in einer Biobank gespeicherten Daten und Proben zu weiteren Zwecken als den ursprünglich angegebenen genutzt werden sollen. Ist gesetzlich eine vorherige Zustimmung einer Ethikkommission als Voraussetzung für jede neue Verwendung der Daten und Proben festgeschrieben und wird der Spender bei Abgabe seiner Einwilligung über die Pflicht der Begutachtung jeder Datennutzung durch eine Ethikkommission informiert, weckt dies Vertrauen in mögliche später geplante Forschungsvorhaben und rechtfertigt somit eine gelockerte Zweckbindung der Einwilligung der Betroffenen.[811] Eine positive Stellungnahme einer Ethikkommission ist auch zum Schutz nichteinwilligungsfähiger Daten- und Probenspender geboten.[812]

Um eine umfassende und faire Beratung einer solchen Ethikkommission bei der Begutachtung von Forschungszwecken zu gewährleisten, sollte diese unabhängig und interdisziplinär besetzt sein. Wichtig ist des weiteren, sicherzustellen, dass Ethikkommissionen nicht für die allgemeine Kontrolle der Rechtmäßigkeit oder des Missbrauchs von Forschung zuständig sind.[813]

IV. Zusammenfassung

Zwar sind in bestehenden Gesetzen, wie beispielsweise in dem allgemeinen Datenschutzgesetz oder den entsprechenden Landesdatenschutzgesetzen sowie dem AMG oder MPG bereits Regelungen zur Forschung mit menschlichen Daten und Körpersubstanzen enthalten, sie reichen jedoch für die speziellen Anforderungen an Biobanken nicht aus. Die Besonderheit von Biobanken liegt darin, dass es sich dabei nicht um eine reine Datenbank oder eine reine Materialsammlung handelt, sondern eine Verknüpfung verschiedener Datenarten mit genetischem Material erfolgt. Aufgrund dessen und aus Gründen der Rechtsklarheit und zur Rechtfertigung der im Zusammenhang mit dem Aufbau und dem Be-

---

[810] Siehe Vorschriften dazu in den bereits existierenden nationalen Spezialgesetzen zu Biobanken: Art. 12 des isländischen Acts on a Health Sector Database, § 29 des estnischen Gesetzes über die Humangenetik sowie Chapter 2 Section 3 des schwedischen Biobanks Acts.
[811] Siehe dazu bereits ausführlich oben unter 4. Teil A) III. 3) sowie *Deschênes/Cardinal/ Knoppers/Glass*, Clin. Genet. 2001, S. 221 (230).
[812] Dazu bereits oben unter 4. Teil A) II. 4) b) (3) (e).
[813] *Nationaler Ethikrat*, Biobanken für die Forschung, S. 50.

trieb einer Biobank möglichen Grundrechtsverletzungen bedarf es eines eigenen Spezialgesetzes. Die Gesetzgebungsbefugnis für ein solches Biobank-Gesetz steht gemäß Art. 74 I, Art. 72 II GG in Form der konkurrierenden Gesetzgebungskompetenz dem Bund zu.

Für die inhaltliche Ausgestaltung eines deutschen Spezialgesetzes zu Biobanken können neben den genannten deutschen Rechtsvorschriften sowohl internationale Bestimmungen und Stellungnahmen zur biomedizinischen Forschung mit dem menschlichen Genom, als auch in anderen Staaten bereits speziell erlassene Biobank-Gesetze als Vorlage herangezogen werden. Aus Gründen der Rechtssicherheit für die betroffenen Daten- und Probenspender ist dabei seitens des Gesetzgebers ein besonderes Augenmerk auf eine detaillierte Regelung des Erhebungs- und Nutzungsverfahrens sowie der Zulässigkeit von Zugriffsrechten Dritter zu werfen.

5. Teil: Schlussbetrachtungen

In Deutschland gibt es bislang keine Pläne für eine nationale bevölkerungsbezogene Biobank.[814] Dennoch werden, wie es das Beispiel des Herzzentrums Ludwigshafen zeigt, bereits kleinere Biobanken in privater Trägerschaft aufgebaut. Biobanken stellen eine neue effektive Informationsquelle für die medizinische Forschung dar. Mit ihrer Hilfe können sowohl Ursachen als auch neue Behandlungsmethoden für inzwischen in der Bevölkerung weit verbreitete Krankheiten, wie Alzheimer, Krebserkrankungen oder Herz-Kreislauf-Erkrankungen, erforscht werden. Auch im Bereich der pharmazeutischen Forschung können Biobanken für die Entwicklung neuer Medikamente von großem Nutzen sein. Andererseits lösen Biobanken aber auch Ängste und Misstrauen der Datenspender gegenüber einer unkontrollierten Datenverwendung aus. Im Zusammenhang mit Biobanken kommt es demnach vor allem zu einem Konflikt zwischen der in Art. 5 III GG grundrechtlich geschützten Forschungsfreiheit der Betreiber und Nutzer von Biobanken und der informationellen Selbstbestimmung der betroffenen Datenspender aus Art. 2 I i.V.m. Art.1 I GG. Die verfassungsrechtliche Zulässigkeit von Biobanken verlangt einen Ausgleich dieser gegenüberstehenden Interessen.

Fortschritte in der medizinischen Forschung sind notwendig und liegen auch im Allgemeininteresse. Sie sollten daher durch eine zu starke Gewichtung der informationellen Selbstbestimmung gegenüber der Forschungsfreiheit nicht blockiert werden. Es ist nicht Wissen als solches, das die Rechte der Betroffenen verletzt, sondern sein gezielter Einsatz gegen die Interessen und Rechte von Menschen.[815] Zwingende Voraussetzung für eine akzeptierte Genomforschung und damit auch für den Aufbau von Biobanken ist also ein fairer Dialog zwischen Öffentlichkeit und Wissenschaft.[816] Die Datenspender müssen in die Erhebung und Verwendung ihrer Daten und Proben einwilligen und zuvor in verständlicher Weise ausreichend informiert werden, um die Ziele und Konsequenzen der Forschung einschätzen zu können. Je vorsichtiger und transparenter bei der medizinischen Forschung mit der Nutzung von persönlichen Daten und Proben umgegangen wird, um so eher werden die Betroffenen bereit sein, in die Verwendung ihrer Daten und Proben zu Forschungszwecken einzuwilligen.[817]

Aus verfassungsrechtlicher Sicht muss im Ergebnis bei der Errichtung und dem Betrieb von Biobanken gewährleistet sein, dass die personenbezogenen Daten und Proben ausschließlich nur mit Einwilligung des betroffenen Spenders erho-

---

[814] *Wellbrock*, MedR 2003, S. 77 (82).
[815] *Reich*, Jahrbuch Menschenrechte 2003, S. 109 (117).
[816] *BMBF*, in: Das Nationale Genomforschungsnetz, S. 43.
[817] *Ehlers/Tillmanns*, RPG 1998, S. 87 (93).

ben und verarbeitet werden. Des weiteren ist sicherzustellen, dass die in einer Biobank gespeicherten Daten und Proben nur zu medizinischen Forschungszwecken genutzt werden dürfen. Da eine Anonymisierung der Daten und Proben dem Sinn und Zweck einer Biobank, nämlich der Verknüpfung von genetischen Daten mit Krankendaten und Informationen zum Lebensstil, widerspricht, bedarf es ferner des Einsatzes eines unabhängigen Datentreuhänders. Aus Gründen der Rechtsklarheit und Rechtssicherheit aller Beteiligten liegt es nahe, ein Spezialgesetz für Biobanken zu erlassen. Dieses sollte neben den genannten Voraussetzungen insbesondere auch Regelungen hinsichtlich der Beteiligung nicht einwilligungsfähiger Personen, einer gerechten Gewinnbeteiligung sowie einer Weitergabe der Daten und Proben an Dritte enthalten.

6. Teil: Zusammenfassende Thesen

1) Biobanken unterscheiden sich von bisherigen medizinischen Datenbanken insofern, als sie neben der langfristigen Aufbewahrung von Substanzen des menschlichen Körpers, wie Zell- und Gewebematerialien, zusätzlich auch die Speicherung der aus dem biologischen Material gewonnenen genetischen Daten und der Angaben über die Krankheitsgeschichte und den Lebensstil des Datenspenders sowie seiner Verwandten vorsehen.

2) Die Anwendungsbereiche von Biobanken liegen in den Forschungsgebieten der Populationsgenetik sowie der Pharmakogenetik, also in der Erforschung der Ursachen und neuer Behandlungsmethoden für genetisch bedingte Krankheiten sowie in der Analyse von genetisch bedingten Unterschieden in der Abbaufähigkeit oder Reaktion von chemischen Stoffen.

3) Hinsichtlich ihrer Erscheinungsformen unterscheidet man inhaltlich zwischen krankheits- und populationsbezogenen Biobanken. Als Organisationsform einer Biobank kommt sowohl eine staatlich geführte als auch eine von einer privaten Gesellschaft getragene Datenbank in Betracht. Zu denken ist aber auch Mischformen, an sogenannte Public-Private-Partnerships.

4) Als Vorreiter einer populationsbezogenen Biobank gelten das isländische Genomprojekt und der Aufbau einer Biobank in Estland.

5) Im Zusammenhang mit Biobanken ergibt sich ein Spannungsfeld zwischen den Grundrechten der betroffenen Datenspender, dem Allgemeininteresse an einer fortschrittlichen medizinischen Forschung und den Forschungsinteressen der Datennutzer. Auf Seiten der betroffenen Grundrechte der Datenspender kommt insbesondere dem Recht auf informationelle Selbstbestimmung, dem Recht auf Nichtwissen, dem Eigentumsrecht sowie dem Diskriminierungsverbot eine entscheidende Bedeutung zu. Diesen stehen die Rechte der Betreiber von Biobanken auf Forschungsfreiheit sowie Berufsfreiheit gegenüber. Nicht zu vernachlässigen sind die Grundrechte der Angehörigen der Datenspender. Auch ihr Recht auf informationelle Selbstbestimmung und Recht auf Nichtwissen sowie ihr Schutz vor genetischen Diskriminierungen müssen im Rahmen der Diskussion über die Zulässigkeit von Biobanken Beachtung finden.

6) Eine Lösungsmöglichkeit für den aufgeworfenen Grundrechts- und Interessenkonflikt stellt die rechtfertigende Einwilligung der betroffenen Datenspender dar, der sogenannte „free and informed consent". Diese unterliegt strengen Voraussetzungen: u.a. Freiwilligkeit, vorherige Aufklärung, Einwilligungsfähigkeit.

7) Die Forschung mit Daten nicht einwilligungsfähiger Menschen ist grundsätzlich möglich, unterliegt aber zusätzlichen Schutzbestimmungen: Grundsatz der Subsidiarität, minimale Risiken für Einwilligungsunfähigen, Aufklärung und Einwilligung des gesetzlichen Vertreters, vorherige Zustimmung einer Ethikkommission.

8) Für den Fall einer Zweckerweiterung der Datennutzung bedarf es einer vorherigen Information hierüber sowie einer Verpflichtung der Biobankbetreiber, die Zustimmenden über den Verlauf der aktuellen Studie und das Bevorstehen neuer Projekte rechtzeitig zu informieren. Zudem muss dem Datenspender ein zeitlich befristetes Widerrufsrecht zustehen.

9) Um Rechtsklarheit für alle Beteiligten und vor allem Rechtssicherheit für die Datenspender zu erreichen, sollte eine spezialgesetzliche Regelung erlassen werden. Die Gesetzgebungskompetenz dafür liegt gem. Art. 74 I, 72 II GG in Form der konkurrierenden Gesetzgebungskompetenz beim Bund.

10) Die inhaltliche Ausgestaltung einer solchen Regelung orientiert sich an einer Vielzahl nationaler und internationaler gesetzlicher Bestimmungen bzw. Empfehlungen, die sich mit dem Umgang mit persönlichen und genetischen Daten im Bereich der medizinischen Forschung befassen. Dazu zählen vor allem die Menschenrechtskonvention zur Biomedizin des Europarates, die Leitlinien des internationalen Humangenomprojektes sowie die Spezialgesetze zu Biobanken in Island, Estland, Schweden und Großbritannien.

11) Die wichtigsten in einem Gesetz zu regelnden Problembereiche sind die generelle Zulässigkeit von Biobanken, der Verwendungszweck von Biobanken, ein Diskriminierungsverbot, das Verfahren der Erhebung und Speicherung der Daten und Proben sowie die Dauer der Speicherung und Nutzung. Von besonderer Bedeutung ist zudem eine gerechte Verteilung des finanziellen Gewinns, die Einrichtung von Kontrollinstanzen wie auch eine klare Bestimmung darüber, wer Zugriff auf die in einer Biobank gesammelten Daten und Materialien nehmen darf.

Literaturverzeichnis

Amelung, Knut	Die Einwilligung in die Beeinträchtigung eines Grundrechtsgutes, Berlin 1981.
ders.	Über die Einwilligungsfähigkeit (Teil II), ZStW 104 (1992), S. 821 ff.
American Society of Human Genetics	ASHG Report – Statement on Informed Consent for Genetic Research, Am.J.Hum.Genet. 1996, S. 471 ff.
Annas, George J.	Rules for research on human genetic variation – lessons from Iceland, N.Engl.J.Med. 2000, S. 1830 ff.
Austin, Melissa A./ Harding, Sarah/ McElroy, Courtney	Genebanks: A Comparison of Eight Proposed International Genetic Databases, Community Genetics 2003, S. 37 ff.
Badura, Peter	Staatsrecht – Systematische Erläuterung des Grundgesetzes für die Bundesrepublik Deutschland, 3. Auflage, München 2003, zitiert: StaatsR.
Becker, Joachim	Rechtsrahmen für Public Private Partnership – Regelungsbedarf für neue Kooperationsformen zwischen Verwaltung und Privaten?, ZRP 2002, S. 303 ff.
Beljin, Sasa/ Fenger, Hermann	Internationales Humangenomprojekt (HUGO) und ausländische Projekte, in: Genmedizin und Recht – Rahmenbedingungen und Regelungen für Forschung, Entwicklung, Klinik und Verwaltung, Hrsg. S. F. Winter/ H. Fenger/ H.-L. Schreiber, München 2001, S. 269 ff.
Berger, Abi	Private company wins rights to Icelandic gene database, BMJ 1999, S. 11.

Bernat, Erwin	Die Forschung an Einwilligungsunfähigen, in: Forschungsfreiheit und Forschungskontrolle in der Medizin, Hrsg. Erwin Deutsch, Berlin u.a. 2000.
Bickel, Heribert	Möglichkeiten und Risiken der Gentechnik – Ethische und rechtliche Grenzen, VerwArch 87 (1996), S. 169 ff.
Bizer, Johann	Der Datentreuhänder – Lösungsmodell für den Datenzugang der Forschung, DuD 1999, S. 392 ff.
Bleckmann, Albert	Probleme des Grundrechtsverzichts, JZ 1988, S. 57 ff.
Bochnik, Hans Joachim	Ein „medizinisches Forschungsgeheimnis" im Datenschutzgesetz könnte deutsche Forschungsblockaden beseitigen, MedR 1994, S. 398 ff.
Bördlein, Ingeborg	Isländisches Genomprojekt – Den Genen der Wikinger auf der Spur, Dt.Ärztebl. 1999, S. 1156 ff.
Brückl, Daniel	Rechtsfragen zur Verwendung von genetischen Informationen über den Menschen: ein Beitrag zur rechtlichen Steuerung der Verwendung von Wissen, Berlin 2001.
Buchborn, Eberhard	Konsequenzen der Genomanalyse für die ärztliche Aufklärung in der prädiktiven Medizin, MedR 1996, S. 441 ff.
Bundesministerium für Bildung und Forschung	Kompetenznetze in der Medizin – Forschung für den Menschen, Lindlar, Stand: April 2002.
Bundesministerium für Bildung und Forschung	Wissenschaft und Öffentlichkeit – ein notwendiger öffentlicher Diskurs, in: Krankheitsbekämpfung durch Genomforschung – Das nationale Genomforschungsnetz, Hrsg. Bundesministerium für Bildung und Forschung, Bonn Stand: Januar 2003, S. 43 f.

Busch, Ralf	Die Speicherung von DNA-Identifizierungsmustern in der DNA-Analyse-Datei, NJW 2002, S. 1754 ff.
Buyten, Rüdiger/ Simon, Jürgen	Gendiagnostik beim Abschluss privater Kranken- und Lebensversicherungsverträgen – Ein Überblick über die internationale Lage im Vergleich, VersR 2003, S. 813 ff.
Calliess, Christian/ Ruffert, Matthias (Hrsg.)	Kommentar des Vertrages über die Europäische Union und des Vertrages zur Gründung der Europäischen Gemeinschaft – EUV/EGV, 2. Auflage, Neuwied u.a. 2002, zitiert: *Verfasser*, in: Callies/Ruffert, EUV/EGV.
Chadwick, Ruth	The Icelandic database – do modern times need modern sagas?, BMJ 1999, S. 441 ff.
Chadwick, Ruth/ Berg, Kare	Solidarity and equity: new ethical frameworks for genetic databases, Nature 2001, S. 318 ff.
Dahl Rendtorff, Jacob	Biobanks and the Rights to the Human Body, in: The Use of Human Biobanks – Ethical, Social, Economical and Legal Aspects, Hrsg. M. G. Hansson, Uppsala 2001, S. 55 ff.
Damm, Reinhard	Persönlichkeitsschutz und medizintechnische Entwicklung, JZ 1998, S. 926 ff.
ders.	Gesetzgebungsprojekt Gentestgesetz – Regelungsprinzipien und Regelungsmaterien, MedR 2004, S. 1 ff.
Degenhart, Christoph	Staatsrecht I – Staatsorganisationsrecht, 19. Auflage, Heidelberg 2003, zitiert: StaatsR I.

Deschênes, M./ Cardinal, G./ Knoppers, BM./ Glass, KC.	Human genetic research, DNA banking and consent: a question of ‚form'?, Clin.Genet. 2001, S. 221 ff.
Deutsch, Erwin	Medizinische Genetik und Genomanalyse – Rechtliche Probleme, VersR 1994, S. 1 ff.
Deutsch, Erwin/ Spickhoff, Andreas	Medizinrecht, 5. Auflage, Berlin u.a. 2003.
Deutsch, Erwin/ Taupitz, Jochen	Deklaration von Helsinki des Weltärztebundes, in: Genmedizin und Recht – Rahmenbedingungen und Regelungen für Forschung, Entwicklung, Klinik und Verwaltung, Hrsg. S. F. Winter/ H. Fenger/ H.-L. Schreiber, München 2001, S. 205 ff.
Deutsche Arbeitsgemein-schaft für Epidemiologie	Epidemiologie und Datenschutz – Was bei der Planung von Studien zu beachten ist, Dt.Ärztebl. 1999, S. 800 ff.
Deutsche Arbeitsgemein-schaft für Epidemiologie	Epidemiologie und Datenschutz, DuD 1999, S. 100 ff.
Deutsche Forschungsgemeinschaft	Prädiktive genetische Diagnostik, verfügbar auf der Homepage der Deutschen Forschungsgemeinschaft unter www.dfg.de/aktuelles_presse/reden_stellungnahmen/ 2003/download/praediktive_genetische_diagnostik. pdf, abgerufen am 04.06.2005.
Dietlein, Johannes	Die Lehre von den grundrechtlichen Schutzpflichten, Berlin 1992.
Domeij, Bengt	Prohibitions against the transfer of human tissue and cells for profit, in: The Use of Human Biobanks – Ethical, Social, Economical and Legal Aspects, Hrsg. M. G. Hansson, Uppsala 2001, S. 83 ff.

Donner, Hartwig/ Simon, Jürgen	Genomanalyse und Verfassung, DÖV 1990, S. 907 ff.
Dreier, Horst (Hrsg.)	Grundgesetz Kommentar, Band I (Präambel, Art. 1-18), Tübingen 2004, zitiert: *Verfasser*, in: Dreier, GG.
Dudenredaktion (Hrsg.)	Duden – Deutsches Universalwörterbuch, 4. Auflage, Mannheim u.a. 2001.
Duttge, Gunnar	Was bleibt noch von der Wissenschaftsfreiheit? – Zur Hypertrophie des Datenschutzes, NJW 1998, S. 1615 ff.
Eberbach, Wolfram	Familienrechtliche Aspekte der Humanforschung an Minderjährigen, FamRZ 1982, S. 450 ff.
Eckhoff, Rolf	Der Grundrechtseingriff, Köln u.a. 1992.
Ehlers, Alexander P.F./ Tillmanns, Christian H.	Verletzung der ärztlichen Schweigepflicht durch die Weitergabe von Patientendaten zu Forschungszwecken an den Doktoranden?, RPG 1998, S. 87 ff.
Ehlers, Dirk (Hrsg.)	Europäische Grundrechte und Grundfreiheiten, Berlin 2003.
Elzer, Oliver	Die Grundrechte Einwilligungsfähiger in klinischen Prüfungen – ein Beitrag zum EMRÜ-Biomedizin, MedR 1998, S. 122 ff.
Engels, Eve-Marie	Wortprotokoll der Jahrestagung das Nationalen Ethikrates zum Thema Biobanken vom 24. Oktober 2002, verfügbar unter: *www.ethikrat.org/texte/pdf/Jahrestagung_2002_Wort protokoll.pdf*, abgerufen am 04.06.2005.
Eppelt, Martina Dorothee	Grundverzicht und Humangenetik: Der Verzicht auf Grundrechte, insbesondere im Rahmen der Einwilligung in die Anwendung neuerer, humangenetischer Diagnose- und Therapieformen, Herdecke 1999.

Eriksson, Stefan	Mapping the debate on informed consent, in: Biobanks as resources for health, Hrsg. M. G. Hansson/ M. Levin, Uppsala 2003, S. 165 ff.
Eser, Albin	Biomedizin und Menschenrechte – Die Menschenrechtskonvention des Europarates zur Biomedizin – Dokumentation und Kommentare, Frankfurt a.M. 1999.
Esser, Josef/ Schmidt, Eike	Schuldrecht Band 1 Allgemeiner Teil – Teilband 2: Durchführungshindernisse und Vertragshaftung, Schadensausgleich und Mehrseitigkeit beim Schuldverhältnis, 8. Auflage, Heidelberg 2000.
Ferber, Christian v.	Schutz der Persönlichkeitssphäre bei der Datenverarbeitung im Gesundheitswesen und in der patientenorientierten Forschung – Worauf kann der Patient vertrauen?, Jahrbuch für Wissenschaft und Ethik 2000, S. 211 ff.
Fischer, Gerfried	Medizinische Versuche am Menschen - Zulässigkeitsvoraussetzungen und Rechtsfolgen, Göttingen 1979.
ders.	Der Einfluss der Europäischen Richtlinie 2001 zur Klinischen Prüfung von Arzneimitteln auf Versuche an Kindern und anderen einwilligungsunfähigen Personen, in: Strafrecht, Biorecht, Rechtsphilosophie – Festschrift für Hans-Ludwig Schreiber zum 70. Geburtstag, Hrsg. K. Amelung/ W. Beulke/ H. Lilie/ H. Rosenau/ H. Rüping / G. Wolfslast, Heidelberg 2003, S. 685 ff.
Fischer, Gerfried/ Lilie, Hans	Hallesche Schriften zum Recht, 7: Ärztliche Verantwortung im europäischen Rechtsvergleich, Köln 1999.
Flöhl, Rainer	Genforschung mit Herzkranken, FAZ vom 10.01.2001, S. N1.

Freier, Friedrich v. Kindes- und Patientenwohl in der Arzneimittelforschung am Menschen – Anmerkungen zur geplanten Novellierung des AMG, MedR 2003, S. 610 ff.

Freund, Georg/ Weiss, Natalie Zur Zulässigkeit der Verwendung menschlichen Körpermaterials für Forschungs- und andere Zwecke, MedR 2004, S. 315 ff.

Freund, Georg/ Heubel, Friedrich Forschung mit einwilligungsunfähigen und beschränkt einwilligungsfähigen Personen, MedR 1997, S. 347 ff.

Fröhlich, Uwe Forschung wider Willen? – Rechtsprobleme biomedizinischer Forschung mit nichteinwilligungsfähigen Personen, Berlin u.a. 1999.

Fulda, Gerhard F. UNESCO-Deklaration über das menschliche Genom und Menschenrechte, in: Genmedizin und Recht – Rahmenbedingungen und Regelungen für Forschung, Entwicklung, Klinik und Verwaltung, Hrsg. S. F. Winter/ H. Fenger/ H.-L. Schreiber, München 2001, S. 195 ff.

Gallwas, Hans-Ulrich Der allgemeine Konflikt zwischen dem Recht auf informationelle Selbstbestimmung und der Informationsfreiheit, NJW 1992, S. 2785 ff.

Garstka, Hansjürgen Das Genom als Datei? – Thesen zum 10. Einbecker Workshop DNA-Diagnostik und Persönlichkeitsrecht, in: Genetische Untersuchungen und Persönlichkeitsrecht, Hrsg. C. Dierks/ A. Wienke/ W. Eberbach/ J. Schmidtke/ H.-D. Lippert, Berlin u.a. 2003, S. 83 f.

GeneWatch Giving Your Genes to BioBank UK – Questions to Ask, verfügbar unter: *www.genewatch,org/HumanGen/GeneticResearch.htm*, abgerufen am 04.06.2005.

Godard, Beatrice/ Schmidtke, Jörg/ Cassiman, Jean-Jacques/ Aymé, Ségolène	Data storage and DNA banking for biomedical research: informed consent, confidentiality, quality issues, ownership, return of benefits. A professional perspective, European Journal of Human Genetics 2003, S. 88 ff.
Görlitzer, Klaus-Peter	Maßgeschneiderte Medikamente – Eine Vision der Pharmaindustrie und die möglichen Risiken und Nebenwirkungen ihrer Realisierung, Bioskop Nr. 17 2002, S. 8 f.
ders.	Großbritannien will Genproben von einer halben Million Menschen zentral speichern und beforschen lassen, Bioskop Nr. 18 2002, S. 12 f.
Grand, Carmen/ Atia-Off, Katrin	Genmedizin und Datenschutz, in: Genmedizin und Recht – Rahmenbedingungen und Regelungen für Forschung, Entwicklung, Klinik und Verwaltung, Hrsg. S. F. Winter/ H. Fenger/ H.-L. Schreiber, München 2001, S. 529 ff.
Greiling, Dorothea	Public Private Partnership, WiSt 2002, S. 339 ff.
Gulcher, Jeffrey R./ Stefánsson, Kári	The Icelandic Healthcare Database and informed consent, N.Engl.J.Med. 2000, S. 1827 ff.
Heilmann, Joachim	Rechtsprobleme von Einstellungsuntersuchungen, AuA 1995, S. 157 ff.
Helgesson, Gert	A Swedish standard fpr information and consent procedures in biobank research, in: Biobanks as resources for health, Hrsg. M. G. Hansson/ M. Levin, Uppsala 2003, S. 149 ff.
Helle, Jürgen	Schweigepflicht und Datenschutz in der medizinischen Forschung, MedR 1996, S. 13 ff.

Herdegen, Matthias	Die Erforschung des Humangenoms als Herausforderung für das Recht, JZ 2000, S. 633 ff.
Hermes, Georg	Das Grundrecht auf Schutz von Leben und Gesundheit – Schutzpflicht und Schutzanspruch aus Art. 2 Abs. 2 Satz 1 GG, Heidelberg 1987.
Ho, Mae-Wan/ Papadimitriou, Nick	Human DNA „BioBank" Worthless, verfügbar unter: *www.i-sis.org.uk/DNAdatabaseproblems.php*, abgerufen am 04.06.2005.
Hofmann, Constantin	Rechtsfragen der Genomanalyse, Frankfurt a.M. u.a. 1999.
Hofmann, Hasso	Die versprochene Menschenwürde, AöR 118 (1993), S. 353 ff.
HUGO Ethics Committee	Statement on DNA Sampling: Control and Access, verfügbar unter: *www.hugo-international.org/ Statement_on_DNA_Sampling.htm*, abgerufen am 04.06.2005.
HUGO Ethics Committee	Statement on benefit-sharing, verfügbar unter: *www.hugo-international.org/Statement_on_Benefit_ Sharing.htm*, abgerufen am 04.06.2005.
Ipsen, Knut	Völkerrecht, 5. Auflage, München 2004.
Isensee, Josef/ Kirchhof, Paul (Hrsg.)	Handbuch des Staatsrechts der Bundesrepublik Deutschland, Band V – Allgemeine Grundrechtslehren, Heidelberg 1992, zitiert: *Verfasser*, in HStR V; Band VI – Freiheitsrechte, Heidelberg 1989, zitiert: *Verfasser*, in HStR VI.
Jarass, Hans D./ Pieroth, Bodo	Grundgesetz für die Bundesrepublik Deutschland – Kommentar, 7. Auflage, München 2004, zitiert: *Verfasser*, in: Jarass/Pieroth, GG.

Jürgens, Andreas	Fremdnützige Forschung an einwilligungsfähigen Personen nach deutschem Recht und nach dem Menschenrechtsübereinkommen für Biomedizin, KritV 1998, S. 34 ff.
Kaye, Jane/ Martin, Paul	Safeguards for research using large scale DNA collections, BMJ 2000, S. 1146 ff.
Keller, Rolf	Das Recht und die medizinische Forschung, MedR 1991, S. 11 ff.
Kern, Bernd-Rüdiger	Unerlaubte Diagnostik – Das Recht auf Nichtwissen, in: Genetische Untersuchungen und Persönlichkeitsrecht, Hrsg. C. Dierks/ A. Wienke/ W. Eberbach/ J. Schmidtke/ H.-D. Lippert, Berlin u.a. 2003, S. 55 ff.
ders.	Fremdbestimmung bei der Einwilligung in ärztliche Eingriffe, NJW 1994, S. 753 ff.
ders.	Rechtliche Aspekte der Humangenetik, MedR 2001, S. 9 ff.
Kilian, Wolfgang	Medizinische Forschung und Datenschutzrecht – Stand und Entwicklung in der Bundesrepublik Deutschland und in der Europäischen Union, NJW 1998, S. 787 ff.
Kimms, Frank/ Schlünder, Irene	Verfassungsrecht II – Grundrechte, München 1998, zitiert: VerfR II.
King, Marie-Claire/ Marks, Joan H./ Mandell, Jessica B.	Breast and Ovarian Cancer Risks Due to Inherited Mutations in BRCA1 and BRCA2, Science 2003, S. 643 ff.
Klein, Hans H.	Die grundrechtliche Schutzpflicht, DVBl 1994, S. 489 ff.

Kluth, Winfried	DNA-Diagnostik und Persönlichkeitsrecht: Grundrechtskollisionen, in: Genetische Untersuchungen und Persönlichkeitsrecht, Hrsg. C. Dierks/ A. Wienke/ W. Eberbach/ J. Schmidtke/ H.-D. Lippert, Berlin u.a. 2003, S. 85 ff.
Knoppers, Bartha Maria	Status, sale and patenting of human genetic material: an international survey, nature genetics 1999, S. 23 ff.
Knoppers, Bartha Maria/ Hirtle, Marie/ Lormeau, Sébastien/ Laberge, Claude M./ Laflamme, Michelle	Control of DNA Samples and Information, Genomics 1998, S. 385 ff.
Koch, Klaus	Schenk mir dein Erbgut, SZ vom 06.02.2001, S. V2/15.
Krings, Günter	Grund und Grenzen grundrechtlicher Schutzpflichten – Die subjektiv-rechtliche Rekonstruktion der grundrechtlichen Schutzpflichten und ihre Auswirkung auf die verfassungsrechtliche Fundierung des Verbrauchervertragsrechts, Berlin 2003.
Laage-Hellman, Jens	The industrial use of biobanks in Sweden: an overview, in: The Use of Human Biobanks – Ethical, Social, Economical and Legal Aspects, M. G. Hansson, Uppsala 2001, S. 15 ff.
ders.	Clinical genomics companies and biobanks – The use of biosamples in commercial research in the genetics of common diseases, in: Biobanks as resources for health, Hrsg. M. G. Hansson/ M. Levin, Uppsala 2003, S. 51 ff.
Ladeur, Karl Heinz	Datenschutz – vom Abwehrrecht zur planerischen Optimierung von Wissensnetzwerken, DuD 2000, S. 12 ff.

Lehne, Werner	Endlich freie Bahn für eine umfassende Gendatenbank?, KrimJ 2002, S. 193 ff.
Lennartz, Hans-Albert	Datenschutz und Wissenschaftsfreiheit, Braunschweig u.a., 1989.
Lexikon-Redaktion Urban & Schwarzenberg	Roche-Lexikon Medizin, 5. Auflage, München u.a. 2003.
Lindberg, Bo S.	Clinical Data – a necessary requirement for realising the potential of biobanks, in: Biobanks as resources for health, Hrsg. M. G. Hansson/ M. Levin, Uppsala 2003, S. 21 ff.
Lippert, Hans-Dieter	Forschung an und mit Körpersubstanzen – wann ist die Einwilligung des ehemaligen Trägers erforderlich?, MedR 2001, S. 406 ff.
Lorenz, Dieter	Wissenschaft darf nicht alles! – Zur Bedeutung der rechte anderer als Grenze grundrechtlicher Gewährleistung, in: Wege und Verfahren des Verfassungslebens – Festschrift für Peter Lerche zum 65. Geburtstag, Hrsg. Peter Badura und Rupert Scholz, München 1993, S. 267 ff., zitiert: Festschrift für Lerche.
Lowrance, William W.	The promise of human genetic databases – High ethical as well as scientific standards are needed, BMJ 2001, S. 1009 f.
Malacrida, Michael	Der Grundrechtsverzicht, Diss. Uni Zürich, 1992.
Malorny, Michael	Der Grundrechtsverzicht, JA 1974, S. 475 ff.
Mand, Elmar	Datenschutz in Medizinnetzen, MedR 2003, S. 393 ff.

Mangoldt, Hermann v./ *Klein, Friedrich/* *Starck, Christian*	Das Bonner Grundgesetz – Kommentar, Band 1 (Präambel, Art. 1-19), 4. Auflage, München 1999; Band 2 (Art. 20-78), 4. Auflage, München 2000, zitiert: *Verfasser*, in: v. Mangoldt/Klein/Starck, GG.
Manssen, Gerrit	Staatsrecht I – Grundrechtsdogmatik, München 1995 zitiert: StaatsR I.
Maunz, Theodor/ *Dürig, Günter*	Grundgesetz – Kommentar, Band I (Art. 1-11), München 2003, zitiert: *Verfasser*, in: Maunz/Dürig, GG.
Maurer, Hartmut	Staatsrecht I – Grundlagen, Verfassungsorgane, Staatsfunktionen, 3. Auflage, München 2003, zitiert: StaatsR I
McEwen, Jean E./ *Reilly, Philip R.*	A Survey of DNA Diagnostic Laboratories Regarding DNA Banking, Am.J.Hum.Genet. 1995, S. 1477 ff.
Menzel, Hans-Joachim	Regelungsvorschlag zur Selbstbestimmung bei genetischen Untersuchungen – Erläuterungen zum Konferenzbeschluss vom 26. Oktober 2001, DuD 2002, S. 146 ff.
Meschke, Andreas/ *Dahm, Franz-Josef*	Die Befugnis der Krankenkassen zur Einsichtnahme in Patientenunterlagen, MedR 2002, S. 346 ff.
Meyer, Evelyn	Persönlichkeitsschutz durch „Recht am Nichtwissen" am Beispiel der Genomanalyse – Aktuelle und zukünftige Rechtsprobleme, ArztR 2001, S. 172 ff.
Meyer, Ingo	Der Mensch als Datenträger, Berlin 2001.
Meyer, Jürgen (Hrsg.)	Kommentar zur Charta der Grundrechte der Europäischen Union, Baden-Baden 2003.

Meyer-Ladewig, Jens	Konvention zum Schutz der Menschenrechte und Grundfreiheiten – Handkommentar, Baden-Baden 2003, zitiert: *Verfasser*, in: Hk-EMRK.
Mullari, Tambet/ Redecker, Niels v./ Sild, Tarmo	Estlands Genbankgesetz – eine Weltneuheit, WiRO 2001, S. 201 ff.
Müller, Paul J.	Datentreuhänder – Ein Plädoyer für eine volle Ausschöpfung von Datenschutzmaßnahmer, in: Datenzugang und Datenschutz, Hrsg. M. Kaase / H.-J. Krupp / M. Pflanz / E.K. Scheuch / S. Simitis, Königstein im Taunus 1980, S. 225 ff.
Müller, Rolf	Die kommerzielle Nutzung menschlicher Körpersubstanzen: rechtliche Grundlagen und Grenzen, Berlin 1997.
Münch, Ingo v.	Staatsrecht II – Staatsangehörigkeit; Allgemeine Grundrechtslehren; die einzelnen Grundrechte; Wirtschaftsverfassung; Internationaler Schutz der Menschenrechte; Europäische Union und Europäische Gemeinschaft, 5. Auflage, Stuttgart u. a. 2002.
Münch, Ingo v./ Kunig, Philip (Hrsg.)	Grundgesetz-Kommentar, Band 1 (Präambel bis Art. 19), 5. Auflage, München 2000, zitiert: *Verfasser*, in: v. Münch/Kunig, GG.
Murswiek, Dietrich	Die staatliche Verantwortung für die Risiken der Technik – Verfassungsrechtliche Grundlagen und immissionsschutzrechtliche Ausformung, Berlin 1985.
Musielak, Hans-Joachim	Grundkurs BGB, 8. Auflage, München 2003.
Nationaler Ethikrat	Biobanken für die Forschung, verfügbar unter: *www.ethikrat.org/themen/pdf/Stellungnahme_Bioban ken_04-03-17.pdf*, abgerufen am 04.06.2005.

Nationaler Ethikrat, u.a.	Gemeinsame Erklärung des Nationalen Ethikrates und des Comité consultatif d'éthique Frankreichs vom 02.10.2003, verfügbar unter: http://www.ethikrat.org/themen/pdf/gemeinsame_Erkl aerung_NER-CCNE.pdf, abgerufen am 04.06.2005.
Nipperdey, Hans Carl	Die Grundrechte, Bd. II, Berlin 1954.
Nitz, Gerhard/ Dierks, Christian	Nochmals: Forschung an und mit Körpersubstanzen – wann ist die Einwilligung des ehemaligen Trägers erforderlich?, MedR 2002, S. 400 ff.
Ohly, Ansgar	„Volenti non fit iniuria" – Die Einwilligung im Privatrecht, Tübingen 2002, zitiert: Die Einwilligung im Privatrecht.
Palandt, Otto (Begr.)	Bürgerliches Gesetzbuch, 63. Auflage, München 2004, zitiert: *Verfasser*, in: Palandt, BGB.
Parliamentary Office of Science and Technology	The UK Biobank, postnote July 2002 Number 180, S. 1 ff.
Paul, Martin/ Ganten, Detlev	Herz-Kreislauf-Erkrankungen, in: Krankheitsbekämpfung durch Genomforschung – Das nationale Genomforschungsnetz, Hrsg. Bundesministerium für Bildung und Forschung, Bonn Stand: Januar 2003.
Paul, Norbert W./ Roses, Allen D.	Pharmacogenetics and pharmacogenomics: recent developments, their clinical relevance and some ethical, social and legal implications, JMM 2003, S. 135 ff.
Picker, Eduard	Menschenrettung durch Menschennutzung?, JZ 2000, S. 693 ff.
Pieroth, Bodo/ Schlink, Bernhard	Grundrechte, Staatsrecht II, 19. Auflage, Heidelberg 2003.

Pietzcker, Jost	Drittwirkung – Schutzpflicht – Eingriff, in: Das akzeptierte Grundgesetz – Festschrift für Günter Dürig zum 70. Geburtstag, Hrsg. Hartmut Maurer, München 1990, S. 345 ff.
Proping, Peter	Wortprotokoll der Sitzung des Nationalen Ethikrates vom 22. Mai 2003, verfügbar unter: *www.ethikrat.org/texte/pdf/Sitzung_2003-05-22_ Protokoll.pdf*, abgerufen am 04.06.2005.
Rabbata, Samir	Biobanken – Eine Frage des Umgangs, Dt.Ärztebl. 2002, S. 1571 ff.
Raestrup, O.	Versicherung und Genomanalyse, VersMed 1990, S. 37 ff.
Rebmann, Kurt/ Säcker, Franz Jürgen/ Rixecker, Roland (Hrsg.)	Münchener Kommentar zum Bürgerlichen Gesetzbuch – Band 1, Allgemeiner Teil (§§ 1-240, AGB-Gesetz), 4. Auflage, München 2001; Band 8, Familienrecht II (§§ 1589-1921, SGB VIII), 4. Auflage, München 2002, zitiert: *Verfasser*, in: MüKo, BGB.
Redecker, Niels v./ Reimer, Ekkehart	Staatliche Genbanken unter dem Grundgesetz – Estland als Vorbild für Deutschland?, Jahrbuch für Ostrecht 2001, S. 361 ff.
Reich, Jens Georg	Die Aufklärung des Human-Genoms und ihre menschen- und bürgerrechtlichen Folgen, Jahrbuch Menschenrechte 2003, S. 109 ff.
Richter, Eva A.	Krebsregistrierung in Deutschland – Jedes Bundesland hat sein eigenes Gesetz, Dt.Ärztebl. 2000, S. 1102 ff.
Ring, Lena/ Kettis Lindblad, Åsa	Public and patient perception of biobanks an informed consent, in: Biobanks as resources for health, Hrsg. M. G. Hansson/ M. Levin, Uppsala 2003, S. 197 ff.
Robbers, Gerhard	Der Grundrechtsverzicht – Zum Grundsatz ‚volenti non fit iniuria' im Verfassungsrecht, JuS 1985, S. 925 ff.

Rosenau, Henning	Landesbericht Deutschland, in: Forschungsfreiheit und Forschungskontrolle in der Medizin – Zur geplanten Revision der Deklaration von Helsinki, Hrsg. Erwin Deutsch und Jochen Taupitz, Berlin u.a. 2000.
Roßnagel, Alexander (Hrsg.)	Handbuch Datenschutzrecht, München 2003.
Roßnagel, Alexander/ Scholz, Philip	Datenschutz durch Anonymität und Pseudonymität – Rechtsfragen der Verwendung anonymer und pseudonymer Daten, MMR 2000, S. 721 ff.
Rötzer, Florian	Neues Unternehmen sucht DNA-Spender, verfügbar unter: *www.heise.de/tp/deutsch/special/leb/6945/1.html*, abgerufen am 04.06.2005.
Rudloff-Schäffer, Cornelia	Übereinkommen über Menschenrechte und Biomedizin des Europarats vom 4. April 1997, in: Genmedizin und Recht – Rahmenbedingungen und Regelungen für Forschung, Entwicklung, Klinik und Verwaltung, Hrsg. S. F. Winter/ H. Fenger/ H.-L. Schreiber, München 2001, S. 63 ff.
Rynning, Elisabeth	The use of human biobanks – public law aspects, in: The Use of Human Biobanks – Ethical, Social, Economical and Legal Aspects, Hrsg. M. G. Hansson, Uppsala 2001, S. 87 ff.
dies.	Public law aspects on the use of biobank samples – privacy versus the interests of research, in: Biobanks as resources for health, Hrsg. M. G. Hansson/ M. Levin, Uppsala 2003, S. 91 ff.
Sachs, Michael	Verfassungsrecht II – Grundrechte, 2. Auflage, Berlin u.a. 2003, zitiert: VerfR II.
Sachs, Michael (Hrsg.)	Grundgesetz – Kommentar, 3. Auflage, München 2003, zitiert: *Verfasser*, in: Sachs, GG.

Schaar, Peter	Tätigkeitsbericht des Bundesbeauftragten für Datenschutz 2001-2002, verfügbar unter: *www.bfd.bund.de/information/19tb0102.pdf*, abgerufen am 04.06.2005.
Schimmelpfeng-Schütte, Ruth	Das Neugeborenen-Screening: Kein Recht auf Nichtwissen? Material für eine deutsche Gendatei?, MedR 2003, S. 214 ff.
Schladebach, Marcus	Genetische Daten im Datenschutzrecht – Die Einordnung genetischer Daten in das Bundesdatenschutzgesetz, CR 2003, S. 225 ff.
Schmalz, Dieter	Grundrechte, 4. Auflage, Baden-Baden 2001.
Schmidtke, Jörg	Wo stehen wir in der Gendiagnostik heute? – Zum Leistungsstand der Humangenetik, in: Genetische Untersuchungen und Persönlichkeitsrecht, Hrsg. C. Dierks/ A. Wienke/ W. Eberbach/ J. Schmidtke/ H.-D. Lippert, Berlin u.a. 2003, S. 25 ff.
Schmitter, Hermann	Der „Genetische Fingerabdruck" – Entwicklung der Forensischen Serologie, in: Festschrift für Horst Herold zum 75. Geburtstag, Hrsg. Bundeskriminalamt, Wiesbaden 1998, S. 397 ff.
Schneider, Ingrid	Biobanken im Spannungsfeld zwischen Gemeinwohl und partikularen Interessen, verfügbar unter: *http://fesportal.fes.de/pls/portal30/docs/FOLDER/ST ABSABTEILUNG/BIOBANKENSCHNEIDER.PDF*, abgerufen am 04.06.2005.
dies.	Ausverkauf der Gene, Jahrbuch Menschenrechte 2003, S. 130 ff.
Schneider, Peter M./ Rittner, Christian	Genprofile von Sexualstraftätern – Rechtliche und organisatorische Aspekte zur Einrichtung eines zentralen Registers für DNA-Profile von Straftätern (sogenannte Gen-Datenbanken), ZRP 1998 S, 64 ff.

Schnittler, Christoph	Genomanalyse: Stand der politischen Diskussion und rechtliche Regelungen in Deutschland, DuD 1993, S. 290 ff.
Schreiber, Hans-Ludwig	Die Nutzen-Risiko-Abwägung in der medizinischen Forschung am Menschen, in: Forschungsfreiheit und Forschungskontrolle in der Medizin – Zur geplanten Revision der Deklaration von Helsinki, Hrsg. Erwin Deutsch und Jochen Taupitz, Berlin u.a. 2000.
Schreiber, Stefan/ Lehrach, Hans	Umweltbedingte Erkrankungen, in: Krankheitsbekämpfung durch Genomforschung – Das nationale Genomforschungsnetz, Hrsg. Bundesministerium für Bildung und Forschung, Bonn Stand: Januar 2003.
Schreiber, Stephan	Das Transfusionsgesetz vom 1. Juli 1998, Frankfurt a.M. 2001.
Schrell, Andreas/ Heide, Nils	Der Aufbau von Gendatenbanken und ihre wirtschaftliche Verwertung am Beispiel Estland, GRUR Int. 2001, S. 304 ff.
Schroeder, Doris/ Williams, Garrath	DNA-Banken und Treuhandschaft, Ethik in der Medizin 2002, S. 84 ff.
Schulte, Jörg/ Wehrmann, Rüdiger/ Wellbrock, Rita	Das Datenschutzkonzept des Kompetenznetzes Parkinson, DuD 2002, S. 605 ff.
Schulz, Lorenz	Genetische Datenbanken und Selbstbestimmung: Das Beispiel Island, DuD 2001, S. 12 ff.
Schuster, Herbert	DNA-Diagnostik bei komplexen Krankheiten, in: Genetische Untersuchungen und Persönlichkeitsrecht, Hrsg. C. Dierks/ A. Wienke/ W. Eberbach/ J. Schmidtke/ H.-D. Lippert, Berlin u.a. 2003, S. 35 ff.
Schweitzer, Michael	Staatsrecht III – Staatsrecht, Völkerrecht, Europarecht, 8. Auflage, Heidelberg 2004.

Simitis, Spiros	Datenschutz und Wissenschaftsfreiheit, in: Datenzugang und Datenschutz, Hrsg. M. Kaase/ H.-J. Krupp/ M. Pflanz/ E.K. Scheuch/ S. Simitis, Königstein im Taunus 1980, S. 83 ff.
ders.	Wortmeldung bei dem 7. Wiesbadener Forum Datenschutz, in: Datenschutz und Forschung, Hrsg. Rainer Hamm und Klaus Peter Möller, Baden-Baden 1999, S. 29 ff.
ders. (Hrsg.)	Kommentar zum Bundesdatenschutzgesetz, 5. Auflage, Baden-Baden 2003, zitiert: *Verfasser*, in: Simitis, BDSG.
ders.	Das Volkszählungsurteil oder der lange Weg zur Informationsaskese – (BVerfGE 65, 1), KritV 2000, S. 359 ff.
Soergel, Hs. Th. (Begr.)	Kommentar zum Bürgerlichen Gesetzbuch – Band 1, Allgemeiner Teil (§§ 1-103), 13. Auflage, Stuttgart u.a. 2000; Band 21, Erbrecht 1 (§§ 1922-2063), 13. Auflage, Stuttgart u.a. 2001, zitiert: *Verfasser*, in: Soergel, BGB.
Sokol, Bettina	Der Fall „deCODE": Das isländische Beispiel für den Einsatz genetischer Forschung, DuD 2001, S. 5 ff.
Sootak, Jaan	Estland und Island – Wegweiser in der Kodifizierung des Genbankenrechts, in: Strafrecht, Biorecht, Rechtsphilosophie – Festschrift für Hans-Ludwig Schreiber zum 70. Geburtstag, Hrsg. K. Amelung/ W. Beulke/ H. Lilie/ H. Rosenau/ H. Rüping / G. Wolfslast, Heidelberg 2003, S. 869 ff.
Spranger, Tade Matthias	Grenzen der Genomanalyse – Rechtliche Rahmenbedingungen und wissenschaftliche Entwicklungen, SuP 2000, S. 227 ff.
ders.	Fremdnützige Forschung an Einwilligungsunfähigen, Bioethik und klinische Arzneimittelprüfung, MedR 2001, S. 238 ff.

Stein, Ekkehart/ Götz, Frank	Staatsrecht, 18. Auflage, Tübingen 2002, zitiert: StaatsR
Steinmüller, Wilhelm	Genetisches Selbstbestimmungsrecht – Eine Skizze zur sozialen Bewältigung der Genomanalyse, DuD 1993, S. 6 ff.
Stern, Klaus	Das Staatsrecht der Bundesrepublik Deutschland, Band III/1 – Allgemeine Lehren der Grundrechte, München 1988, zitiert: StaatsR Bd. III/1.
Sternberg-Lieben, Detlev	Die objektiven Schranken der Einwilligung im Strafrecht, Tübingen 1997.
Streinz, Rudolf	Europarecht, 6. Auflage, Heidelberg 2003.
Stumper, Kai	DNA-Analysen und ein Recht auf Nichtwissen, DuD 1995, S. 511 ff.
Sturm, Gerd	Probleme eines Verzichts auf Grundrechte, in: Menschenwürde und freiheitliche Rechtsordnung – Festschrift für Willi Geiger zum 65. Geburtstag, Hrsg. G. Leibholz/ H.-J. Faller/ P. Mikat/ H. Reis, Tübingen 1974, S. 173 ff.
Taupitz, Jochen	Wortprotokoll der Sitzung des Nationalen Ethikrates vom 22. Mai 2003, verfügbar unter: *www.ethikrat.org/texte/pdf/Sitzung_2003-05-22_Protokoll.pdf*, abgerufen am 04.06.2005.
ders.	Wem gebührt der Schatz im menschlichen Körper, AcP 191 (1991), S. 201 ff.
ders.	Privatrechtliche Rechtspositionen um die Genomanalyse: Eigentum, Persönlichkeit, Leistung, JZ 1992, S. 1089 ff.
ders.	Forschung am Menschen – Die neue Deklaration von Helsinki – Vergleich mit der bisherigen Fassung, Dt.Ärztebl. 2001, S. 2413 ff.

Taupitz, Jochen	Forschung mit Kindern, JZ 2003, S. 109 ff.
Taupitz, Jochen/ Fröhlich, Uwe	Medizinische Forschung mit nichteinwilligungsfähigen Personen – Stellungnahme der Zentralen Ethikkommission, VersR 1997, S. 911 ff.
Thomas, Heinz/ Putzo, Hans/ Reichold, Klaus/ Hüßtege, Rainer	Zivilprozessordnung, 25. Auflage, München 2003, zitiert: *Verfasser*, in: Thomas/Putzo, ZPO.
Tinnefeld, Marie-Theres	Persönlichkeitsrecht und Modalitäten der Datenerhebung im Bundesdatenschutzgesetz, NJW 1993, S. 1117 ff.
dies.	Anmerkung zu einem Informationsrecht für die Forschung, RDV 1995, S. 22 ff.
dies.	Freiheit der Forschung und europäischer Datenschutz, DuD 1999, S. 35 ff.
dies.	Menschenwürde, Biomedizin und Datenschutz – Zur Aufklärung neuer Risiken im Arbeits- und Versicherungswesen, ZRP 2000, S. 10 ff.
Tinnefeld, Marie-Theres/ Böhm, Ingolf	Genomanalyse und Persönlichkeitsrecht – Chancen und Gefährdungen, DuD 1992, S. 62 ff.
Tinnefeld, Marie-Theres/ Ehlmann, Eugen	Einführung in das Datenschutzrecht, 3. Auflage, München 1998.
Tisch, Horst/ Arloth, Frank	Deutsches Rechts-Lexikon, Band 1 (A-F), Band 2 (G-P), Band 3 (Q-Z), 3. Auflage, München 2001.
Tjaden, Markus	Genomanalyse als Verfassungsproblem, Frankfurt a.M. 2001.

Traufetter, Gerald	Geisel der eigenen Gene, Der Spiegel 43/2003, S. 216 ff.
Tröndle, Herbert/ Fischer, Thomas	Strafgesetzbuch und Nebengesetze, 52. Auflage, München 2004. zitiert: *Tröndle/Fischer*, StGB.
Vetter, Reinhard	Datenschutz und Forschungsfreiheit – Widerspruch oder Weg zur mehrseitigen Grundrechtsrealisierung, in: Datenschutz und Forschung, Hrsg. Rainer Hamm und Klaus Peter Möller, Baden-Baden 1999, S. 21 ff.
Vollmer, Silke	Genomanalyse und Gentherapie: die verfassungsrechtliche Zulässigkeit der Verwendung und Erforschung gentherapeutischer Verfahren am noch nicht erzeugten und ungeborenen menschlichen Leben, Diss. Uni Konstanz, 1989.
Wachenhausen, Heike	Medizinische Versuche und klinische Prüfung an Einwilligungsunfähigen, Frankfurt a.M. u.a. 1998.
Wallace, Helen	A UK Biobank: good for public health?, verfügbar unter: *www.opendemocracy.net/debates/article-9-79-1381.jsp*, abgerufen am 04.06.2005.
Weichert, Thilo	Datenschutz und medizinische Forschung – Was nützt ein „medizinisches Forschungsgeheimnis"?, MedR 1996, S. 258 ff.
ders.	Der Schutz genetischer Informationen – Strukturen und Voraussetzungen des Gendatenschutzes in Forschung, Medizin, Arbeits- und Versicherungsrecht, DuD 2002, S. 133 ff.
Wellbrock, Rita	Datenschutzrechtliche Aspekte des Aufbaus von Biobanken für Forschungszwecke, MedR 2003, S. 77 ff.
Wessels, Johannes/ Beulke, Werner	Strafrecht Allgemeiner Teil, 33. Auflage, Heidelberg 2003.

Wichmann, H.-Erich	Epidemiologie und Datenschutz – Wege zur partnerschaftlichen Zusammenarbeit, in: Datenschutz und Forschung, Hrsg. Rainer Hamm/ Klaus Peter Möller, Baden-Baden 1999, S. 54 ff.
Wiese, Günther	Gibt es ein Recht auf Nichtwissen, in: Festschrift für Hubert Niederländer, Hrsg. E. Jayme/ A. Laufs/ K. Misera/ G. Reinhart/ R. Serick, Heidelberg 1991, S. 475 ff.
ders.	Das „Recht auf Nichtwissen" – Die genetische Veranlagung von Arbeitnehmern, RPG 2002, S. 81 ff.
Wilde, Klaus Rüdiger	Der Verzicht Privater auf subjektiv öffentliche Rechte, Diss. Uni Hamburg, 1966.
Winter, Stefan F.	Einführung, in: Genmedizin und Recht – Rahmenbedingungen und Regelungen für Forschung, Entwicklung, Klinik und Verwaltung, Hrsg. S. F. Winter/ H. Fenger/ H.-L. Schreiber, München 2001, S. 7 ff.
Wolff, Hans/ Bachof, Otto/ Stober, Rolf	Verwaltungsrecht, Band 3, 5. Auflage, München 2004.
Wolfslast, Gabriele	Einwilligungsfähigkeit im Lichte der Bioethik-Konvention, KritV 1998, S. 74 ff.
Wolters, Klaus	Datenschutz und medizinische Forschungsfreiheit, Diss. Uni München, 1988.
Wunder, Michael	Unrecht durch Ungleichbehandlung oder Gleichbehandlung im Unrecht?, JZ 2001, S. 344 f.
Zentrale Ethikkommission bei der Bundesärztekammer	Stellungnahme: „Zum Schutz nicht-einwilligungsfähiger Personen in der medizinischen Forschung", Dt.Ärztebl. 1997, S. 811 ff.

Zentrale Ethikkommis- Zur Verwendung von patientenbezogenen Informati-
sion bei der Bundesärz- onen für die Forschung in der Medizin und im Ge-
tekammer sundheitswesen,
Jahrbuch für Wissenschaft und Ethik 2000, S. 451 ff.

Die Reihe RECHT UND MEDIZIN wird von den Professoren Deutsch (Göttingen), Laufs (Heidelberg) und Schreiber (Göttingen) herausgegeben. Ihre Aufgabe ist es, Monographien und Dissertationen auf dem Gebiet des medizinischen Rechts zu veröffentlichen. Dieses Gebiet, das an Bedeutung noch zunehmen wird, umfaßt auf der juristischen Seite sowohl zivilrechtliche als auch straf- und öffentlich-rechtliche Fragestellungen. Die Fragen können von der juristischen oder von der medizinischen Seite aus untersucht werden. Übergreifendes Ziel ist es, den medizin-rechtlichen Fragen nicht etwa ein gängiges juristisches Denkschema überzuwerfen, sondern die besonderen Probleme der Regelung medizinischer Sachverhalte eigenständig aufzufassen und darzustellen.

Die Adressen der drei Herausgeber sind:

Prof. Dr. Dr. h.c. Erwin Deutsch (Zivilrecht und Rechtsvergleichung)
Höltystraße 8
37085 Göttingen

Prof. Dr. Dr. h.c. Adolf Laufs (Zivilrecht und Rechtsgeschichte)
Kohlackerweg 12
69151 Neckargemünd

Prof. Dr. Dr. h.c. Hans-Ludwig Schreiber (Strafrecht und Rechtstheorie)
Grazer Str. 14
30519 Hannover

RECHT UND MEDIZIN

Band 1 Erwin Deutsch: Das Recht der klinischen Forschung am Menschen. Zulässigkeit und Folgen der Versuche am Menschen, dargestellt im Vergleich zu dem amerikanischen Beispiel und den internationalen Regelungen. 1979.

Band 2 Thomas Carstens: Das Recht der Organtransplantation. Stand und Tendenzen des deutschen Rechts im Vergleich zu ausländischen Gesetzen. 1979.

Band 3 Moritz Linzbach: Informed Consent. Die Aufklärungspflicht des Arztes im amerikanischen und im deutschen Recht. 1980.

Band 4 Volker Henschel: Aufgabe und Tätigkeit der Schlichtungs- und Gutachterstellen für Arzthaftpflichtstreitigkeiten. 1980.

Band 5 Hans Lilie: Ärztliche Dokumentation und Informationsrechte des Patienten. Eine arztrechtliche Studie zum deutschen und amerikanischen Recht. 1980.

Band 6 Peter Mengert: Rechtsmedizinische Probleme in der Psychotherapie. 1981.

Band 7 Hazel G.S. Marinero: Arzneimittelhaftung in den USA und Deutschland. 1982.

Band 8 Wolfram Eberbach. Die zivilrechtliche Beurteilung der *Humanforschung*. 1982.

Band 9 Wolfgang Deuchler: Die Haftung des Arztes für die unerwünschte Geburt eines Kindes ("wrongful birth"). Eine rechtsvergleichende Darstellung des amerikanischen und deutschen Rechts. 1984.

Band 10 Hermann Schünemann: Die Rechte am menschlichen Körper. 1985.

Band 11 Joachim Sick: Beweisrecht im Arzthaftpflichtprozeß. 1986.

Band 12 Michael Pap: Extrakorporale Befruchtung und Embryotransfer aus arztrechtlicher Sicht; insbesondere: Der Schutz des werdenden Lebens in vitro. 1987.

Band 13 Sabine Rickmann: Zur Wirksamkeit von Patiententestamenten im Bereich des Strafrechts. 1987.

Band 14 Joachim Czwalinna: Ethik-Kommissionen - Forschungslegitimation durch Verfahren. 1987.

Band 15 Günter Schirmer: Status und Schutz des frühen Embryos bei der *In-vitro*-Fertilisation. Rechtslage und Diskussionsstand in Deutschland im Vergleich zu den Ländern des angloamerikanischen Rechtskreises. 1987.

Band 16 Sabine Dönicke: Strafrechtliche Aspekte der Katastrophenmedizin. 1987.

Band 17 Erwin Bernat: Rechtsfragen medizinisch assistierter Zeugung. 1989.

Band 18 Hartmut Schulz: Haftung für Infektionen. 1988.

Band 19 Herbert Harrer: Zivilrechtliche Haftung bei durchkreuzter Familienplanung. 1989.

Band 20 Reiner Füllmich: Der Tod im Krankenhaus und das Selbstbestimmungsrecht des Patienten. Über das Recht des nicht entscheidungsfähigen Patienten, künstlich lebensverlängernde Maßnahmen abzulehnen. 1990.

Band 21 Franziska Knothe: Staatshaftung bei der Zulassung von Arzneimitteln. 1990.

Band 22 Bettina Merz: Die medizinische, ethische und juristische Problematik artifizieller menschlicher Fortpflanzung. Artifizielle Insemination, In-vitro-Fertilisation mit Embryotransfer und die Forschung an frühen menschlichen Embryonen. 1991.

Band 23 Ferdinand van Oosten: The Doctrine of Informed Consent in Medical Law. 1991.

Band 24 Stephan Cramer: Genom- und Genanalyse. Rechtliche Implikationen einer "Prädiktiven Medizin". 1991.

Band 25 Knut Schulte: Das standesrechtliche Werbeverbot für Ärzte unter Berücksichtigung wettbewerbs- und kartellrechtlicher Bestimmungen. 1992.

Band 26 Young-Kyu Park: Das System des Arzthaftungsrechts. Zur dogmatischen Klarstellung und sachgerechten Verteilung des Haftungsrisikos. 1992.

Band 27 Angela Könning-Feil: Das Internationale Arzthaftungsrecht. Eine kollisionsrechtliche Darstellung auf sachrechtsvergleichender Grundlage. 1992.

Band 28 Jutta Krüger: Der Hamburger Barmbek/Bernbeck-Fall. Rechtstatsächliche Abwicklung und haftungsrechtliche Aspekte eines medizinischen Serienschadens. 1993.

Band 29 Alexandra Goeldel: Leihmutterschaft – eine rechtsvergleichende Studie. 1994.

Band 30 Thomas Brandes: Die Haftung für Organisationspflichtverletzung. 1994.

Band 31 Winfried Grabsch: Die Strafbarkeit der Offenbarung höchstpersönlicher Daten des ungeborenen Menschen. 1994.

Band 32 Jochen Markus: Die Einwilligungsfähigkeit im amerikanischen Recht. Mit einem einleitenden Überblick über den deutschen Diskussionsstand. 1995.

Band 33 Meltem Göben: Arzneimittelhaftung und Gentechnikhaftung als Beispiele modernen Risikoausgleichs mit rechtsvergleichenden Ausblicken zum türkischen und schweizerischen Recht. 1995.

Band 34 Regine Kiesecker: Die Schwangerschaft einer Toten. Strafrecht an der Grenze von Leben und Tod – Der Erlanger und der Stuttgarter Baby-Fall. 1996.

Band 35 Doris Voll: Die Einwilligung im Arztrecht. Eine Untersuchung zu den straf-, zivil- und verfassungsrechtlichen Grundlagen, insbesondere bei Sterilisation und Transplantation unter Berücksichtigung des Betreuungsgesetzes. 1996.

Band 36 Jens-M. Kuhlmann: Einwilligung in die Heilbehandlung alter Menschen. 1996.

Band 37 Hans-Jürgen Grambow: Die Haftung bei Gesundheitsschäden infolge medizinischer Betreuung in der DDR. 1997.

Band 38 Julia Röver: Einflußmöglichkeiten des Patienten im Vorfeld einer medizinischen Behandlung. Antezipierte Erklärung und Stellvertretung in Gesundheitsangelegenheiten. 1997.

Band 39 Jens Göben: Das Mitverschulden des Patienten im Arzthaftungsrecht. 1998.

Band 40 Hans-Jürgen Roßner: Begrenzung der Aufklärungspflicht des Arztes bei Kollision mit anderen ärztlichen Pflichten. Eine medizinrechtliche Studie mit vergleichenden Betrachtungen des nordamerikanischen Rechts. 1998.

Band 41 Meike Stock: Der Probandenschutz bei der medizinischen Forschung am Menschen. Unter besonderer Berücksichtigung der gesetzlich nicht geregelten Bereiche. 1998.

Band 42 Susanne Marian: Die Rechtsstellung des Samenspenders bei der Insemination / IVF. 1998.

Band 43 Maria Kasche: Verlust von Heilungschancen. Eine rechtsvergleichende Untersuchung. 1999.

Band 44 Almut Wilkening: Der Hamburger Sonderweg im System der öffentlich-rechtlichen Ethik-Kommissionen Deutschlands. 2000.

Band 45 Jonela Hoxhaj: Quo vadis Medizintechnikhaftung? Arzt-, Krankenhaus- und Herstellerhaftung für den Einsatz von Medizinprodukten. 2000.

Band 46 Birgit Reuter: Die gesetzliche Regelung der aktiven ärztlichen Sterbehilfe des Königreichs der Niederlande – ein Modell für die Bundesrepublik Deutschland? 2001. 2. durchgesehene Auflage 2002.

Band 47 Klaus Vosteen: Rationierung im Gesundheitswesen und Patientenschutz. Zu den rechtlichen Grenzen von Rationierungsmaßnahmen und den rechtlichen Anforderungen an staatliche Vorhaltung und Steuerung im Gesundheitswesen. 2001.

Band 48 Bong-Seok Kang: Haftungsprobleme in der Gentechnologie. Zum sachgerechten Schadensausgleich. 2001.

Band 49 Heike Wachenhausen: Medizinische Versuche und klinische Prüfung an Einwilligungsunfähigen. 2001.

Band 50 Thomas Hasenbein: Einziehung privatärztlicher Honorarforderungen durch Inkassounternehmen. 2002.

Band 51 Oliver Nowak: Leitlinien in der Medizin. Eine haftungsrechtliche Betrachtung. 2002.

Band 52 Christina Herrig: Die Gewebetransplantation nach dem Transplantationsgesetz. Entnahme – Lagerung – Verwendung unter besonderer Berücksichtigung der Hornhauttransplantation. 2002.

Band 53 Matthias Nagel: Passive Euthanasie. Probleme beim Behandlungsabbruch bei Patienten mit apallischem Syndrom. 2002.

Band 54 Miriam Ina Saati: Früheuthanasie. 2002.

Band 55 Susanne Schneider: Rechtliche Aspekte der Präimplantations- und Präfertilisationsdiagnostik. 2002.

Band 56 Uta Oelert: Allokation von Organen in der Transplantationsmedizin. 2002.

Band 57 Jens Muschner: Die haftungsrechtliche Stellung ausländischer Patienten und Medizinalpersonen in Fällen sprachbedingter Mißverständnisse. 2002.

Band 58 Rüdiger Wolfrum / Peter-Tobias Stoll / Stephanie Franck: Die Gewährleistung freier Forschung an und mit Genen und das Interesse an der wirtschaftlichen Nutzung ihrer Ergebnisse. 2002.

Band 59 Frank Hiersche: Die rechtliche Position der Hebamme bei der Geburt. Vertikale oder horizontale Arbeitsteilung. 2003.

Band 60 Hartmut Schädlich: Grenzüberschreitende Telemedizin-Anwendungen: Ärztliche Berufserlaubnis und Internationales Arzthaftungsrecht. Eine vergleichende Darstellung des deutschen und US-amerikanischen Rechts. 2003.

Band 61 Stefanie Diettrich: Organentnahme und Rechtfertigung durch Notstand? Zugleich eine Untersuchung zum Konkurrenzverhältnis von speziellen Rechtfertigungsgründen und rechtfertigendem Notstand gem. § 34 StGB. 2003.

Band 62 Anne Elisabeth Stange: Gibt es psychiatrische Diagnostikansätze, um den Begriff der schweren anderen seelischen Abartigkeit in §§ 20, 21 StGB auszufüllen? 2003.

Band 63 Christiane Schief: Die Zulässigkeit postnataler prädiktiver Gentests. Die Biomedizin-Konvention des Europarats und die deutsche Rechtslage. 2003.

Band 64 Maike C. Erbsen: Praxisnetze und das Berufsrecht der Ärzte. Der Praxisverbund als neue Kooperationsform in der ärztlichen Berufsordnung. 2003.

Band 65 Markus Schreiber: Die gesetzliche Regelung der Lebendspende von Organen in der Bundesrepublik Deutschland. 2004.

Band 66 Thela Wernstedt: Sterbehilfe in Europa. 2002.

Band 67 Axel Thias: Möglichkeiten und Grenzen eines selbstbestimmten Sterbens durch Einschränkung und Abbruch medizinischer Behandlung. Eine Untersuchung aus straf- und betreuungsrechtlicher Perspektive unter besonderer Berücksichtigung der Problematik des apallischen Syndroms. 2004.

Band 68 Jutta Müller: Ärzte und Pflegende, die keine Organe spenden wollen. Transplantatmangel muss nicht sein. 2004.

Band 69 Ihna Link: Schwangerschaftsabbruch bei Minderjährigen. Eine vergleichende Untersuchung des deutschen und englischen Rechts. 2004.

Band 70 Susann Tiebe: Strafrechtlicher Patientenschutz. Die Bedeutung des Strafrechts für die individuellen Patientenrechte. 2005.

Band 71 Jörg Gstöttner: Der Schutz von Patientenrechten durch verfahrensmäßige und institutionelle Vorkehrungen sowie den Erlass einer Charta der Patientenrechte. 2005.

Band 72 Oliver Jürgens: Die Beschränkung der strafrechtlichen Haftung für ärztliche Behandlungsfehler. 2005.

Band 73 Stephanie Gropp: Schutzkonzepte des werdenden Lebens. 2005.

Band 74 Clemens Winter: Robotik in der Medizin. Eine strafrechtliche Untersuchung. 2005.

Band 75 Barbara Eck: Die Zulässigkeit medizinischer Forschung mit einwilligungsunfähigen Personen und ihre verfassungsrechtlichen Grenzen. Eine Untersuchung der Rechtslage in Deutschland und rechtsvergleichenden Elementen. 2005.

Band 76 Anastassios Kantianis: Palliativmedizin als Sterbebegleitung nach deutschem und griechischem Recht. 2005.

Band 77 Ulrike Morr: Zulässigkeit von Biobanken aus verfassungsrechtlicher Sicht. 2005.

www.peterlang.de